中学教科書ワーク　学習カード
ポケット スタディ
理 科 2 年

Pocket Study

JN085508

次の化学式が表す物質は何？

H_2

1

次の化学式が表す物質は何？

O_2

2

次の化学式が表す物質は何？

N_2

3

次の化学式が表す物質は何？

H_2O

4

次の化学式が表す物質は何？

CO_2

5

次の化学式が表す物質は何？

NH_3

6

次の化学式が表す物質は何？

$NaCl$

7

次の化学式が表す物質は何？

CuO

8

次の化学式が表す物質は何？

FeS

9

水素

水素を化学式で表すと？

水素原子の記号はH だよ。「水そうに葉（水素：H）」と覚えるのはどう？

使い方

- ⦿ミシン目で切りとり，穴をあけてリングなどを通して使いましょう。
- ⦿カードの表面の問題の答えは裏面に，裏面の問題の答えは表面にあります。

窒素

窒素を化学式で表すと？

窒素の「窒」には，つまるという意味があるよ。窒素だけを吸うと，息がつまってしまうよ。

酸素

酸素を化学式で表すと？

酸素原子の記号はO だよ。「酸素を吸おう！（酸素：O）」と覚えよう。

二酸化炭素

二酸化炭素を化学式で表すと？

「二酸化炭素」は，二つの酸素と炭素の化合物だね。

水

水を化学式で表すと？

水の化学式は，「葉にお水を！」（H_2O）と覚えるのはいかが？

塩化ナトリウム

塩化ナトリウムを化学式で表すと？

塩化ナトリウムは食塩のことだけれど，塩化の「塩」は塩素のことを表しているよ。

アンモニア

アンモニアを化学式で表すと？

アンモニアの化学式は，「アンモニアのにおい，ひさん…」（NH_3）と覚えるのはどう？

硫化鉄

硫化鉄を化学式で表すと？

「硫」は硫黄のことを表しているよ。「イエスと言おう！（S：硫黄）」と覚えよう。

酸化銅

酸化銅を化学式で表すと？

酸化銅は酸素と銅が結びついているよ。銅原子は，「親友どうし（Cu：銅）」と覚えよう。

次のつくりを何という？

生物のからだをつくる，一番小さなつくり

10

次のからだのつくりを何という？

気管支の先にある小さなふくろ

11

次のからだのつくりを何という？

水や無機養分などが通る管

12

次のからだのつくりを何という？

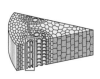

葉でつくられた養分が通る管

13

次のからだのはたらきを何という？

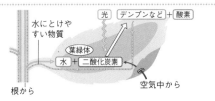

植物が光を受けて養分をつくるはたらき

14

次のからだのはたらきを何という？

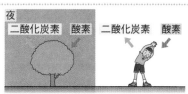

酸素をとり入れて二酸化炭素を出すはたらき

15

次のからだの現象を何という？

植物の気孔から水蒸気が出ていくこと

16

次のからだのはたらきを何という？

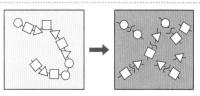

動物が養分を吸収しやすい形に変えるはたらき

17

次のからだのはたらきを何という？

動物が不要な物質をからだの外に出すこと

18

次のからだのはたらきを何という？

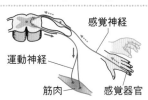

意識とは無関係に起こる動物の反応

19

肺胞

肺胞はどのようなからだのつくり？

肺胞のまわりにある毛細血管で，酸素と二酸化炭素がやりとりされるよ。

細胞

生物のからだで，細胞はどれぐらい小さなつくり？

ほとんどの細胞は，顕微鏡を使って観察しないと見えないくらい小さいよ。

師管

師管は何が通る管？

師管は根から茎・葉までつながったつくりだね。

道管

道管は何が通る管？

道管を通るものは，「水道管」と，「水」をつけて覚えよう。

呼吸

呼吸はどのようなからだのはたらき？

呼吸はすべての生物が生きていくために行っているはたらきだよ。

光合成

光合成はどのようなからだのはたらき？

光合成は「光」を使って，植物が生きていくために必要なものをつくりだしているね。

消化

動物は養分をそのままからだに吸収できないから，消化しているんだね。

消化はどのようなからだのはたらき？

蒸散

蒸散をすることで，植物は根から水を吸い上げているよ。

蒸散はどのようなからだの現象？

反射

反射は意識して起こる反応より，ずっと早く反応できるんだね。

反射はどのようなからだのはたらき？

排出

「肝腎要」の「肝臓」と「腎臓」が，排出に関係しているよ。

排出はどのようなからだのはたらき？

次の単位には何を使う？

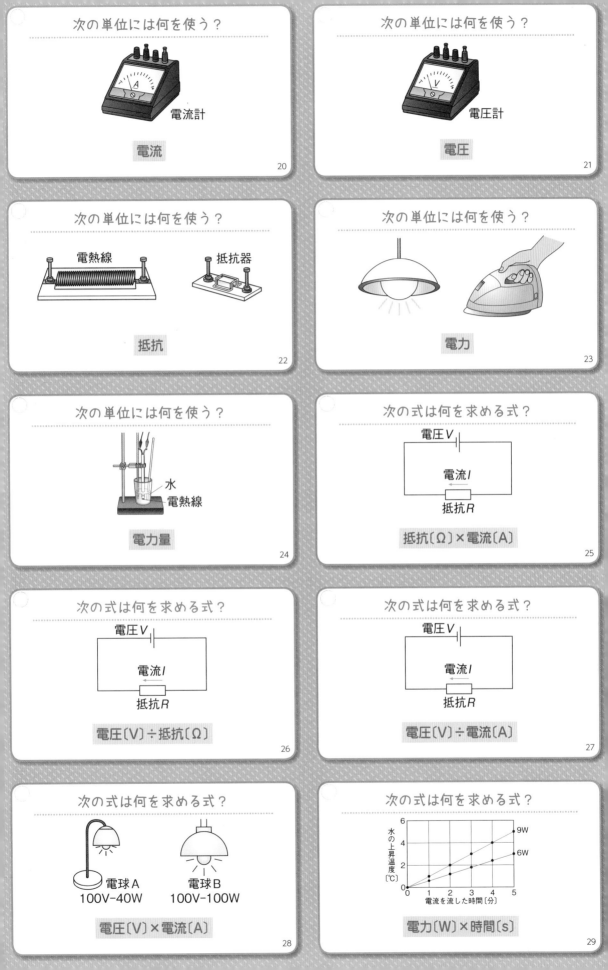

電流計

電流

20

次の単位には何を使う？

電圧計

電圧

21

次の単位には何を使う？

電熱線　　　　抵抗器

抵抗

22

次の単位には何を使う？

電力

23

次の単位には何を使う？

水
電熱線

電力量

24

次の式は何を求める式？

電圧V

電流I

抵抗R

抵抗〔Ω〕×電流〔A〕

25

次の式は何を求める式？

電圧V

電流I

抵抗R

電圧〔V〕÷抵抗〔Ω〕

26

次の式は何を求める式？

電圧V

電流I

抵抗R

電圧〔V〕÷電流〔A〕

27

次の式は何を求める式？

電球A
100V-40W

電球B
100V-100W

電圧〔V〕×電流〔A〕

28

次の式は何を求める式？

水の上昇温度〔℃〕

9W

6W

電流を流した時間〔分〕

電力〔W〕×時間〔s〕

29

ボルト(V)

ボルトは何の単位？

一般的な単1，単2，単3，単4の乾電池。どれも電圧は1.5Vなんだって。

アンペア(A)

アンペアは何の単位？

アンペアは，フランスのアンペールさんにちなんでつけられたんだって。

ワット(W)

ワットは何の単位？

「$\overset{.}{ワ}$ッと驚く$\overset{.}{電}$気の$\overset{.}{力}$」と覚えるのはどう？

オーム(Ω)

オームは何の単位？

「Ω」はギリシャ文字のオメガだよ。$\overset{オー}{O}$を使わないのは，$\overset{ゼロ}{0}$と似ているかららしいよ。

電圧〔V〕

電流と抵抗から電圧を求める式は？

オームの法則を確かめよう。$\overset{.}{V} = \overset{.}{R} \times \overset{.}{i}$と表せたね。「$\overset{.}{オ}$ーム博士は$\overset{.}{ブ}$リが好き」と覚えよう。

ジュール(J)

ジュールは何の単位？

ほかに，ワット時(Wh)やキロワット時(kWh)も使うことがあるよ。

抵抗〔Ω〕

電流と電圧から抵抗を求める式は？

オームの法則の式を変形しよう。「$\overset{Ω}{オ}$ウムが$\overset{V}{バ}$イオリンを割った。$\overset{÷}{あ}\sim\overset{A}{あ}$」と覚えよう。

電流〔A〕

電圧と抵抗から電流を求める式は？

オームの法則の式を変形しよう。「$\overset{A}{あ}$，$\overset{V}{バ}$イオリンを$\overset{÷}{割}$ったオウムだ！」と覚えよう。

電力量〔J〕

電力量を求める式は？

「$\overset{J}{住}$民が$\overset{W}{ワ}$ッと$\overset{×}{か}$け$\overset{秒}{こ}$む病院」と覚えるのはどう？

電力〔W〕

電力を求める式は？

「$\overset{.}{電}$気の$\overset{V}{力}$をぶつけ$\overset{A}{合}$う」と覚えるのはどう？

次の前線を何という？

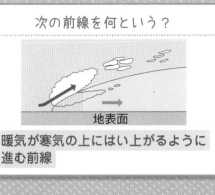

地表面

暖気が寒気の上にはい上がるように
進む前線

30

次の前線を何という？

地表面

寒気が暖気をおし上げるように進む前線

31

次の前線を何という？

寒気と暖気がぶつかり合って，
ほとんど位置が動かない前線

32

次の前線を何という？

寒冷前線が温暖前線に追いついて
できる前線

33

次の空気の動きを何という？

地上から上空へ向かう空気の動き

34

次の空気の動きを何という？

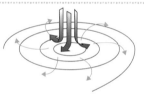

上空から地上へ向かう空気の動き

35

次の空気の動きを何という？

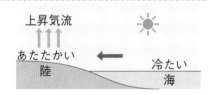

上昇気流

あたたかい　陸　←　冷たい　海

晴れた日の昼，海から陸に向かう風

36

次の空気の動きを何という？

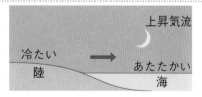

上昇気流

冷たい　陸　→　あたたかい　海

晴れた日の夜，陸から海に向かう風

37

次の空気の動きを何という？

冬　　夏

大陸と海洋のあたたまり方のちがい
による，季節に特徴的な風

38

次の空気の動きを何という？

北極

赤道

日本付近の上空に1年中ふく，
強い西風

39

寒冷前線

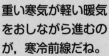

重い寒気が軽い暖気をおしながら進むのが，寒冷前線だね。

寒冷前線はどのように進む前線？

温暖前線

軽い暖気が重い寒気をおしながら進むのが，温暖前線だね。

温暖前線はどのように進む前線？

閉そく前線

漢字では「閉塞（へいそく）」だよ。2つの前線の間が閉まり，塞（ふさ）がれた前線なんだね。

閉そく前線はどのようにしてできる前線？

停滞前線

停滞前線は，動きが停（と）まって，滞（とどこお）っている前線なんだね。

停滞前線はどのような前線？

下降気流

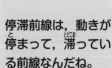

下降気流では，上空の空気がどんどん地上にきて，高気圧になるよ。

下降気流はどのような空気の動き？

上昇気流

上昇気流では，地上の空気がどんどん上空にいって，低気圧になるよ。

上昇気流はどのような空気の動き？

陸風

「海に入っていた人も，夜は陸に上がろうね。（夜に陸風）」と考えよう。

陸風はどのような風？

海風

「海に行ったら，昼に海に入ろう。（昼に海風）」と考えよう。

海風はどのような風？

偏西風

「偏」はかたよるという意味だよ。西にかたよった風が偏西風だね。

偏西風はどのような風？

季節風

夏の季節風は，大きな海（太平洋）からふくんだ。夏に海のイメージがあると覚えやすい？

季節風はどのような風？

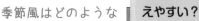

学校図書版
理科 2 年　もくじ

ステージ1　ステージ2　ステージ3　単元末総合問題

| | | | 教科書ページ | この本のページ | | | 単元末総合問題 |
				ステージ1 確認のワーク	ステージ2 定着のワーク	ステージ3 実力判定テスト	
2-1		**化学変化と原子・分子**					
第1章		物質のなりたちと化学変化(1)	14〜32	2〜3	4〜7	8〜9	28〜29
		物質のなりたちと化学変化(2)	33〜41	10〜11	12〜13	14〜15	
第2章		化学変化と物質の質量(1)	42〜48				
		化学変化と物質の質量(2)	49〜57	16〜17	18〜19	20〜21	
第3章		化学変化の利用	58〜73	22〜23	24〜25	26〜27	
2-2		**動植物の生きるしくみ**					
第1章		生物のからだと細胞	74〜87	30〜31	32〜33	34〜35	60〜61
第2章		植物のつくりとはたらき(1)	88〜94				
		植物のつくりとはたらき(2)	95〜107	36〜37	38〜39	40〜41	
第3章		動物のつくりとはたらき(1)	108〜113	42〜43	44〜45	46〜47	
		動物のつくりとはたらき(2)	114〜126	48〜49	50〜51	52〜53	
		動物のつくりとはたらき(3)	127〜143	54〜55	56〜57	58〜59	
2-3		**電流とそのはたらき**					
第1章		電流と電圧(1)	144〜166	62〜63	64〜65	66〜67	88〜89
		電流と電圧(2)	167〜181	68〜69	70〜73	74〜75	
第2章		電流と磁界	182〜203	76〜77	78〜79	80〜81	
第3章		電流の正体	204〜217	82〜83	84〜85	86〜87	
2-4		**天気とその変化**					
第1章		大気の性質と雲のでき方	218〜241	90〜91	92〜95	96〜97	110〜111
第2章		天気の変化	220〜223 242〜253	98〜99	100〜101	102〜103	
第3章		日本の天気	254〜275	104〜105	106〜107	108〜109	

プラスワーク	理科の力をのばそう	112〜116

特別ふろく	定期テスト対策	予想問題	117〜132
		スピードチェック	別冊
	学習サポート	ポケットスタディ(学習カード)	要点まとめシート
		どこでもワーク(スマホアプリ)	ホームページテスト

※付録について，くわしくは表紙の裏や巻末へ

解答と解説	別冊

写真提供：アフロ，アーテファクトリー，気象庁

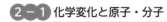

解答 p.1

確認のワーク ステージ1　第1章　物質のなりたちと化学変化(1)

同じ語句を何度使ってもかまいません。

教科書の要点　(　)にあてはまる語句を，下の語群から選んで答えよう。

1 化学変化と原子　教 p.14〜24

(1)　物質そのものが変化して，もとの物質とは別の種類の物質ができることを(①★　　　)という。

(2)　物質が酸素と結びつく化学変化を(②★　　　)といい，できた物質を(③　　　)という。

(3)　激しく光や熱を出しながら物質が酸素と結びつくことを，特に(④★　　　)という。

(4)　物質をつくっている，それ以上分割することのできない小さな粒子を(⑤★　　　)という。

(5)　物質を構成する原子の種類を元素といい，元素を表す記号を(⑥　　　)という。また，元素を整理した表を(⑦　　　)という。

└性質の似た元素が縦にならぶ。

2 物質の結びつきと原子　教 p.25〜29

(1)　鉄Feと硫黄Sが結びつくと，(①　　　)FeSという物質ができる。銅Cuと硫黄Sが結びつくと，(②　　　)CuSという物質ができる。

└硫黄と結びついた金属を「硫化〜」という。

(2)　FeやCuのように，1種類だけの原子からできている物質を(③★　　　)という。FeSやCuSのように，2種類またはそれ以上の種類の原子が結びついてできている物質を(④★　　　)という。

3 分子からできている物質の化学式　教 p.30〜32

(1)　いくつかの原子が結びついて，1つの単位となった粒子を(①★　　　)という。

(2)　元素記号で表した物質の記号を(②★　　　)という。

(3)　分子からできている物質の化学式は，分子をつくっている原子の種類と数で，次のように表す。

[例]　水素…H_2　　水…(③　　　)

(4)　物質には，1種類の物質からできている(④　　　)と，複数の物質が混ざり合った(⑤　　　)がある。

まるごと暗記

酸化

- 激しい酸化→燃焼
- おだやかな金属の酸化→「さびる」

ワンポイント

原子は100種類以上あり，その大きさや質量は原子の種類によって異なる。

まるごと暗記

化合物の化学式

硫化鉄→FeS
硫化銅→CuS
水→H_2O
二酸化炭素→CO_2
塩化ナトリウム→NaCl
酸化銅→CuO

プラスα

空気は窒素や酸素などの気体が混ざり合った**混合物**である。

語群

1 原子／酸化／元素記号／燃焼／化学変化／酸化物／周期表　2 化合物／単体／硫化銅／硫化鉄　3 混合物／H_2O／分子／純粋な物質／化学式

★の用語は，説明できるようになろう！

 教科書の 図 □にあてはまる語句を，下の語群から選んで答えよう。

 同じ語句を何度使ってもかまいません。

2-1

1 酸素と結びつく化学変化　教 p.18〜20

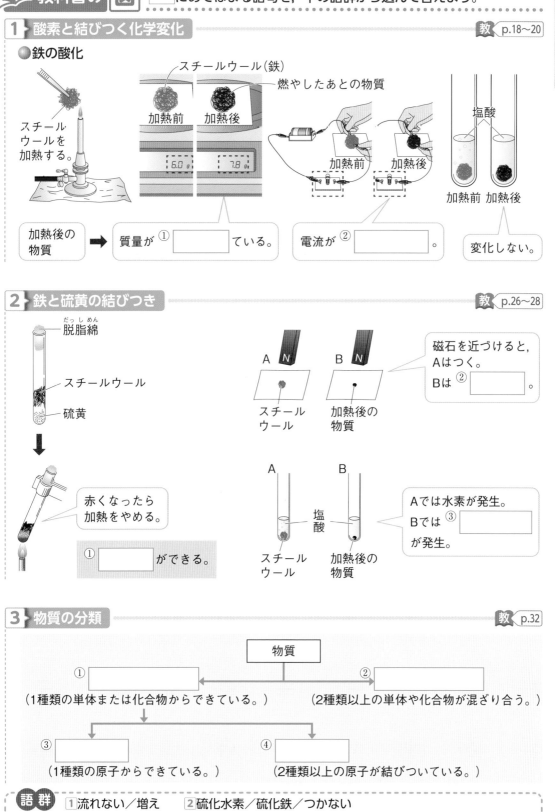

●鉄の酸化

スチールウール（鉄）
燃やしたあとの物質
スチールウールを加熱する。
加熱前　加熱後
6.0 g　7.8 g
塩酸
加熱前　加熱後
加熱前　加熱後

加熱後の物質 ➡ 質量が① □ ている。
電流が② □ 。
変化しない。

2 鉄と硫黄の結びつき　教 p.26〜28

脱脂綿
スチールウール
硫黄

赤くなったら加熱をやめる。

① □ ができる。

A N　B N
スチールウール　加熱後の物質

磁石を近づけると，Aはつく。
Bは② □ 。

A　B
塩酸
スチールウール　加熱後の物質

Aでは水素が発生。
Bでは③ □ が発生。

3 物質の分類　教 p.32

物質
① □（1種類の単体または化合物からできている。）
② □（2種類以上の単体や化合物が混ざり合う。）
③ □（1種類の原子からできている。）
④ □（2種類以上の原子が結びついている。）

語群 1 流れない／増え　2 硫化水素／硫化鉄／つかない
3 化合物／単体／純粋な物質／混合物

わからない用語は，教科書の 要点 の★で確認しよう！

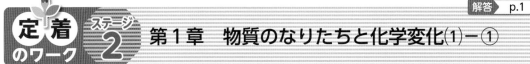

解答▶ p.1

定着のワーク ステージ2 第1章　物質のなりたちと化学変化(1)−①

1 教 p.17 探究1 **物質そのものの変化**　右の図のようにしてスチールウールを加熱し，燃やす前のスチールウールと燃やしたあとの物質を調べた。これについて，次の問いに答えなさい。

 記述

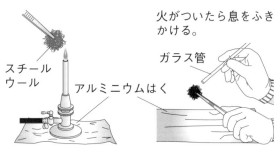

火がついたら息をふきかける。

スチールウール

ガラス管

アルミニウムはく

(1)　スチールウールに火がついたら，ガラス管でスチールウールに息をふきかけた。その理由を答えなさい。
（　　　　　　　　　　　　　　　　）

(2)　燃やしたあとの物質はどのような色になっているか。次の**ア〜エ**から選びなさい。（　　）

金属には特有の光沢があるよ。

　ア　金属光沢のある灰色
　イ　金属光沢のある黒色
　ウ　金属光沢のない灰色
　エ　金属光沢のない黒色

(3)　燃やす前のスチールウールと燃やしたあとの物質の質量を比べた。次の**ア〜ウ**から正しいものを選びなさい。 ヒント （　　）
　ア　燃やす前のスチールウールの質量より，燃やしたあとの物質の質量の方が大きかった。
　イ　燃やす前のスチールウールの質量より，燃やしたあとの物質の質量の方が小さかった。
　ウ　燃やす前のスチールウールの質量と，燃やしたあとの物質の質量は同じであった。

(4)　燃やす前のスチールウールと燃やしたあとの物質が電気を通すかどうかを調べた。次の**ア〜エ**から正しいものを選びなさい。（　　）
　ア　燃やす前のスチールウールは電気を通したが，燃やしたあとの物質は電気を通さなかった。
　イ　燃やしたあとの物質は電気を通したが，燃やす前のスチールウールは電気を通さなかった。
　ウ　燃やす前のスチールウールも燃やしたあとの物質も，電気を通した。
　エ　燃やす前のスチールウールも燃やしたあとの物質も，電気を通さなかった。

(5)　①燃やす前のスチールウールと②燃やしたあとの物質をそれぞれごく少量試験管に入れ，塩酸をたらした。それぞれどのようになったか。 ヒント
①（　　　　　　　　　　　　　　　　）
②（　　　　　　　　　　　　　　　　）

(6)　スチールウールを燃やしたときのように，激しく光や熱を出しながら，酸素と結びつく化学変化を何というか。
（　　　　　　　　　　　　　　　　）

 ❶(3)燃やしたあとの物質は，スチールウールと酸素が結びついたものである。　(5)塩酸と反応して水素が発生する物質がある。

2 **原子の性質** 下の図は，原子の性質を表したものである。これについて，あとの問いに答えなさい。

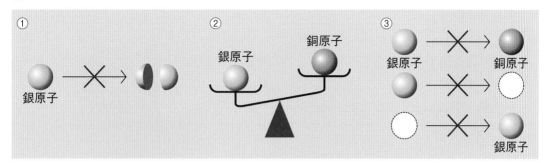

(1) 図の①〜③について説明した文を，次の**ア**〜**ウ**からそれぞれ選びなさい。

①（ 　 ） ②（ 　 ） ③（ 　 ）

ア 原子は，ほかの種類の原子に変わったり，なくなったり，新しくできたりしない。

イ 原子は，それ以上分けることができない。

ウ 原子は，種類によって質量や大きさが決まっている。

(2) 原子は何種類あるか。次の**ア**〜**エ**から選びなさい。 （ 　 ）

ア 50種類以下 　 **イ** 100種類以上

ウ 500種類以上 　 **エ** 1000種類以上

(3) 原子の中で最も小さい水素原子の直径はおよそどのくらいか。次の**ア**〜**エ**から選びなさい。 ヒント （ 　 ）

ア 約1000分の1 cm 　 **イ** 約1万分の1 cm

ウ 約100万分の1 cm 　 **エ** 約1億分の1 cm

3 **元素記号** 元素記号について，次の問いに答えなさい。

(1) 次の表の㋐〜㋕にあてはまる金属の元素記号，㋖〜㋛にあてはまる非金属の元素記号をそれぞれ答えなさい。

金属	
元素の名前	元素記号
カルシウム	㋐
銀	㋑
鉄	㋒
銅	㋓
ナトリウム	㋔
マグネシウム	㋕

非金属	
元素の名前	元素記号
硫黄	㋖
塩素	㋗
酸素	㋘
水素	㋙
炭素	㋚
窒素	㋛

(2) 元素を原子番号などにもとづいて整理した，性質の似た元素が縦にならぶ表を何というか。 （ 　 　 　 ）

2(3)水素原子を直径1cmの球に拡大するときの倍率は，直径13cmの球を地球の大きさ(直径約13000km)に拡大するときの倍率にほぼ等しい。

解答 ▶ p.1

定着のワーク **ステージ2** **第1章 物質のなりたちと化学変化(1)−②**

1 教 p.25 探究2 **金属と硫黄の結びつき** 図1のように，スチールウール(鉄)と硫黄を試験管に入れて加熱した。これについて，次の問いに答えなさい。

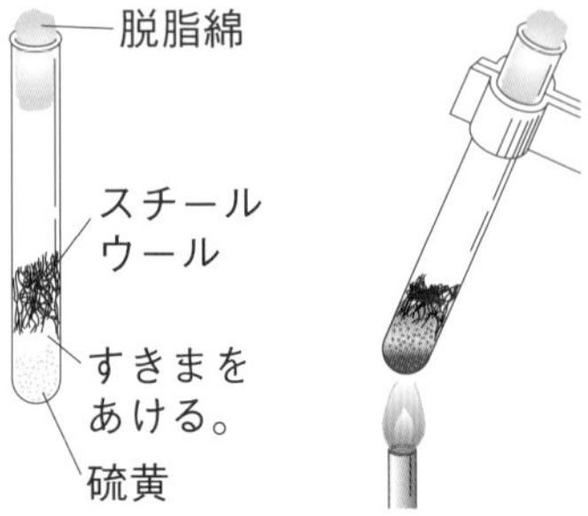

(1) 試験管の中が赤くなってきたので加熱をやめた。このあと，変化はどのようになるか。次のア〜ウから選びなさい。 ( )

　ア 変化はすぐに止まる。

　イ 熱や光が出て，加熱しなくても変化が進む。

　ウ 熱や光は出るが，変化は止まる。

(2) スチールウールと加熱後の物質に磁石を近づけると，どのようになるか。次のア〜エから選びなさい。 ( )

　ア スチールウールだけ磁石につく。

　イ 加熱後の物質だけ磁石につく。

　ウ スチールウールも加熱後の物質も磁石につく。

　エ スチールウールも加熱後の物質も磁石につかない。

(3) スチールウールと加熱後の物質を試験管にごく少量とり，うすい塩酸を数滴加えると，どのようになるか。それぞれ次のア〜ウから選びなさい。 ヒント

　　　　　　　　スチールウール( )　加熱後の物質( )

　ア においのない気体が発生する。

　イ 卵のくさったようなにおいの気体が発生する。

　ウ 特に変化はない。

(4) 加熱後の物質は何色になっているか。次のア〜ウから選びなさい。 ( )

　ア 白色　イ 黒色　ウ 赤色

(5) 加熱後の物質の名称を答えなさい。 ヒント

　　　　　　　　　　　　( )

(6) (5)の物質を化学式で表しなさい。

　　　　　　　　　　　　( )

(7) 右の図2のように，銅線と硫黄を加熱すると銅と硫黄が結びつく。結びついてできた物質の名称を答えなさい。 ヒント

　　　　　　　　　　　　( )

(8) (7)の物質を化学式で表しなさい。

　　　　　　　　　　　　( )

(9) (5)や(7)の物質のように，2種類以上の原子が結びついてできている物質を何というか。 ( )

図1

脱脂綿
スチールウール
すきまをあける。
硫黄

図2

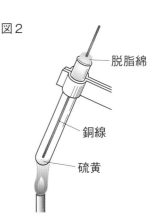

脱脂綿
銅線
硫黄

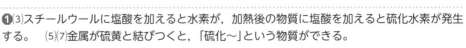

ヒントの森 ❶(3)スチールウールに塩酸を加えると水素が，加熱後の物質に塩酸を加えると硫化水素が発生する。 (5)(7)金属が硫黄と結びつくと，「硫化〜」という物質ができる。

2 分子　分子について，次の問いに答えなさい。

(1)　分子について，次の文の(　)にあてはまる言葉を答えなさい。　(　　　　　　)

　気体の酸素や水素などのように，いくつかの(　　)が結びついた粒子が１つの単位になったものを分子という。

(2)　酸素分子や水素分子のように，１種類の原子からできている物質を何というか。
(　　　　　　)

(3)　水素原子３個と窒素原子１個が結びついてできている分子は何か。次のア～エから選びなさい。　(　　)

ア　水分子　　イ　窒素分子　　ウ　アンモニア分子　　エ　二酸化炭素分子

3 物質を表す記号　いろいろな物質を元素記号と数字を使って表した。これについて，次の問いに答えなさい。

(1)　物質を元素記号を使って表したものを何というか。　(　　　　　　)

(2)　次の①～④の物質を，(1)の形で□に表しなさい。

① 
H H
HH
→ □

② 
O
H H
HOH
→ □

③ 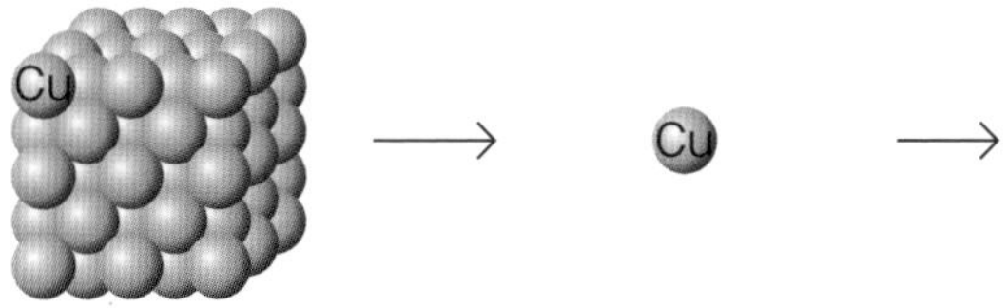
Cu
Cu
→ □

④ 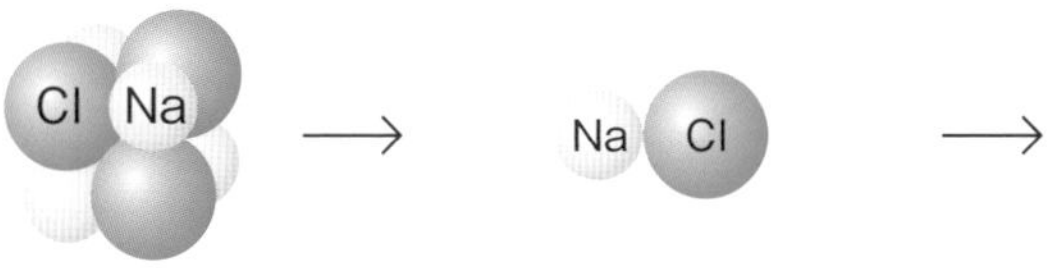
Cl Na
Na Cl
→ □

②では，2HOや，
H2O1とは
書かないよ。

(3)　(2)の①～④の物質名を，下の〔　〕からそれぞれ選びなさい。

①(　　　　　　)　②(　　　　　　)
③(　　　　　　)　④(　　　　　　)

〔 水　　塩化ナトリウム　　水素　　銅 〕

(4)　(2)の①～④から，単体をすべて選びなさい。[ヒント]　(　　　　　　)

(5)　(2)の①～④から，化合物をすべて選びなさい。[ヒント]　(　　　　　　)

(6)　(2)の①～④から，分子のまとまりがない物質をすべて選びなさい。
(　　　　　　)

(7)　次の㋐～㋒の物質を，(1)の形で表しなさい。[ヒント]

㋐　鉄(　　　　)　　㋑　二酸化炭素(　　　　)　　㋒　酸化銅(　　　　)

ヒントの森

3(4)(5)純粋な物質は，単体と化合物に分類できる。　(7)㋑は炭素と酸素の化合物，㋒は銅と酸素の化合物である。

1 同じ質量のスチールウール㋐，㋑を用意し，右の図のように，㋑だけを加熱した。これについて，次の問いに答えなさい。

3点×6(18点)

(1) 火のついた㋑に息をふきかけると，どのような変化が起こるか。次の**ア〜ウ**から選びなさい。

　ア 炎を上げて激しく燃える。

　イ 熱や光を出して燃える。

　ウ 光を出さず，しだいに黒くなる。

(2) ㋐の質量と加熱後の㋑の質量では，どちらが大きいか。

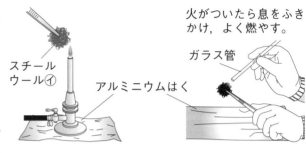

スチールウール㋑　アルミニウムはく

火がついたら息をふきかけ，よく燃やす。

ガラス管

(3) (2)のようになった理由を，「空気中」という言葉を使って答えなさい。

(4) ㋐と加熱後の㋑が電気を通すかどうかを調べた。電気を通したのは，㋐，㋑のどちらか。

(5) ㋐と加熱後の㋑をそれぞれごく少量試験管にとり，うすい塩酸をたらした。このときのようすを，次の**ア〜エ**から選びなさい。

　ア ㋐だけ気体が発生した。

　イ ㋑だけ気体が発生した。

　ウ ㋐と㋑の両方から気体が発生したが，発生した気体の種類はちがっていた。

　エ ㋐と㋑ともに変化はなかった。

(6) 実験の結果から，スチールウールは燃やすことによってどのようになったと考えられるか。

(1)		(2)		(3)		(4)	
(5)		(6)					

2 下の図は，ある物質を燃焼させたときのようすを表したものである。これについて，あとの問いに答えなさい。

3点×3(9点)

物質 ＋ 酸素 　燃焼／加熱　→ 物質㋐

(1) 物質が酸素と結びつくことを何というか。

(2) (1)によってできた物質㋐を何というか。

(3) 燃焼とはどのような化学変化か。

(1)		(2)		(3)	

3 下の図は，いろいろな物質の分子モデルである。これについて，あとの問いに答えなさい。

5点×11(55点)

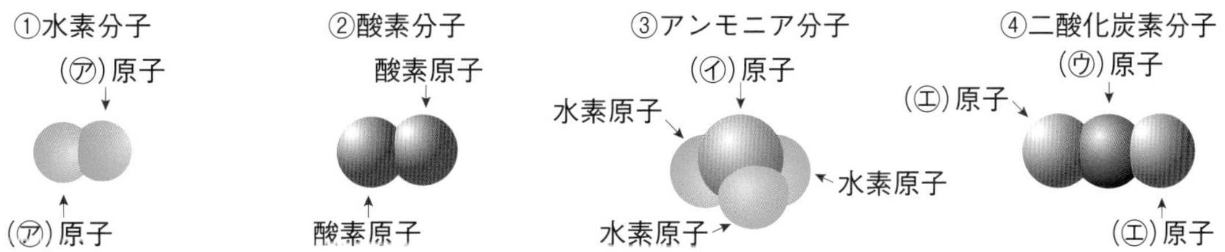
①水素分子
(㋐)原子
(㋐)原子
②酸素分子
酸素原子
酸素原子
③アンモニア分子
(㋑)原子
水素原子
水素原子
水素原子
④二酸化炭素分子
(㋒)原子
(㋓)原子
(㋓)原子

記述 (1) 原子とはどのような粒子のことか。

(2) ㋐～㋓にあてはまる原子の名称をそれぞれ答えなさい。

(3) ①～④の分子を，それぞれ化学式で表しなさい。

(4) 下の〔 〕のうち，分子からできている単体はどれか。

〔 水素　　二酸化炭素　　鉄　　酸化銅 〕

(5) (4)の〔 〕から分子のまとまりがない化合物を選び，化学式で答えなさい。

(1)												
(2)	㋐		㋑		㋒		㋓					
(3)	①		②		③		④		(4)		(5)	

4 右の図のように，スチールウールと硫黄をいっしょに試験管に入れて加熱したところ，熱と光が出る反応が起こった。これについて，次の問いに答えなさい。

3点×6(18点)

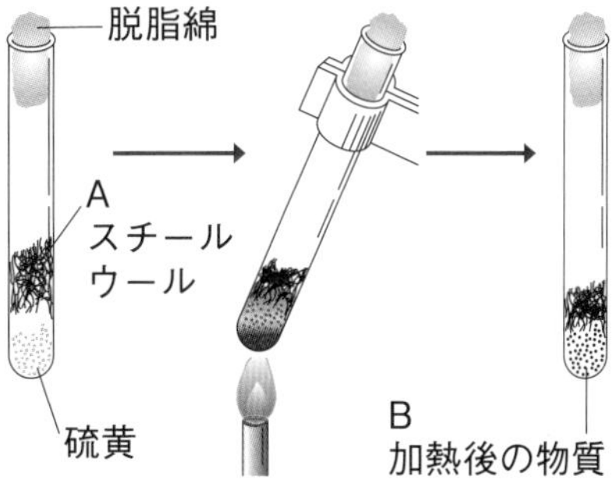
脱脂綿
A
スチールウール
硫黄
B
加熱後の物質

記述 (1) 試験管の口を脱脂綿で軽くふさぐのはなぜか。その理由を簡単(かんたん)に答えなさい。

(2) 加熱前のスチールウール(A)，加熱後の物質(B)をそれぞれごく少量試験管にとり，うすい塩酸を加えると，どのような気体が発生するか。次のア，イから選びなさい。

ア　Aはにおいのある気体が，Bはにおいのない気体が発生する。

イ　Aはにおいのない気体が，Bはにおいのある気体が発生する。

(3) (2)で，AとBに塩酸を加えたときに発生した気体は何か。それぞれ答えなさい。

(4) 加熱後の物質(B)の物質名を答えなさい。

(5) この実験のように，物質が硫黄と結びつく化学変化を何というか。

(1)							(2)	
(3)	A		B		(4)		(5)	

解答 p.3

確認のワーク ステージ1 第1章 物質のなりたちと化学変化(2) 第2章 化学変化と物質の質量(1)

教科書の要点

（　）にあてはまる語句を，下の語群から選んで答えよう。 同じ語句を何度使ってもかまいません。

1 物質の分解

教 p.33～41

(1) 1種類の物質から，別の何種類かの物質ができる化学変化を（①★　　　）という。

[例]・水の★電気分解（でんきぶんかい） 水 ⟶ 水素＋酸素 電流によって分解する。

陰極（いんきょく）から（②　　　），陽極（ようきょく）から（③　　　）が発生する。

・炭酸水素ナトリウムの★熱分解（ねつぶんかい） 加熱によって分解する。

炭酸水素ナトリウム ⟶（④　　　）＋二酸化炭素＋水

2 化学反応式（かがくはんのうしき）

教 p.43～48

(1) 硫酸（りゅうさん）ナトリウム水溶液（すいようえき）と塩化バリウム水溶液を混ぜ合わせると，（①　　　）という物質の白い沈殿（ちんでん）ができる。このとき，化学変化の前後で容器全体の（②　　　）は変わらない。

(2) 石灰石とうすい塩酸を密閉した容器の中で反応させると，気体(二酸化炭素)が発生する。このとき，化学変化の前後で容器全体の質量は（③　　　）。次に，容器のふたをゆるめ，気体をにがしたあとの質量をはかると，容器全体の質量は化学変化前に比べて（④　　　）いる。

(3) 化学変化の前後で，物質全体の質量は変わらない。この法則を（⑤★　　　）という。

(4) 質量保存の法則がなりたつのは，化学変化の前後で原子が結びつく組み合わせは変わるが，原子の種類や（⑥　　　）は変わらないからである。 原子はなくなったり，新しくできたりしない。

(5) 化学変化を化学式で表した式を（⑦★　　　）という。

(6) 化学反応式では，⟶の左側(変化前)と右側(変化後)で，原子の種類や（⑧　　　）は同じである。

(7) 化学反応式からは，化学変化前後の物質の分子や原子の数の関係がわかる。

[例] 水の電気分解 水 ⟶ 水素＋酸素

(化学反応式) $2H_2O$ ⟶（⑨　　　）＋ O_2

水分子が2個。 水素分子が2個。 1の場合は省略。

まるごと暗記
- 電気分解…電流によって物質を分解
  [例] 水 ⟶ 水素＋酸素
- 熱分解…加熱したときに起こる分解
  [例] 炭酸水素ナトリウム ⟶ 炭酸ナトリウム＋二酸化炭素＋水

ワンポイント
沈殿は水に溶（と）けない物質によって生じる。

まるごと暗記
- 質量保存の法則
  化学変化の前後で全体の質量は変化しない。
- 化学反応式では⟶の左右で原子の種類や数は同じ。

プラスα
水の電気分解の化学反応式から，発生する水素と酸素の体積比が2：1になることがわかる。

語群 ①酸素／水素／分解／炭酸ナトリウム ②減って／変わらない／数／質量／$2H_2$／質量保存の法則／化学反応式／硫酸バリウム

★の用語は，説明できるようになろう！

 教科書の 図 □にあてはまる語句を，下の語群から選んで答えよう。

同じ語句を何度使ってもかまいません。

1 分解

教 p.33〜40

● 水の電気分解

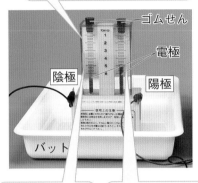

水（水酸化ナトリウム水溶液）

ゴムせん

電極

陰極　　陽極

バット

①［　　　　　　　］が
発生する。

②［　　　　　　　］が
発生する。

発生する気体の体積の比は，
水素：酸素＝③［　　　］：④［　　　］

● 炭酸水素ナトリウムの熱分解

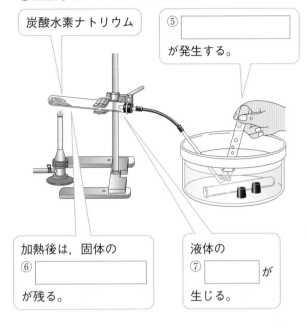

炭酸水素ナトリウム

⑤［　　　　　　　］
が発生する。

加熱後は，固体の
⑥［　　　　　　　］
が残る。

液体の
⑦［　　　　　　　］が
生じる。

2 化学変化による質量の変化

教 p.45, 46

| 化学変化前の質量をはかる。 | → | 石灰石を入れてすぐふたをしめる。 | → | 化学変化後の質量をはかる。 | → | ふたをゆるめて気体をにがしたあと，質量をはかる。 |

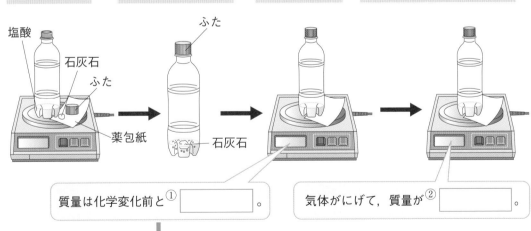

塩酸

石灰石

ふた

薬包紙

ふた

石灰石

質量は化学変化前と①［　　　　　　　］。

気体がにげて，質量が②［　　　　　　　］。

③［　　　　　　　］の法則

語群 1 炭酸ナトリウム／水素／二酸化炭素／酸素／水／1／2
2 質量保存／減る／変わらない

😊 わからない用語は，📖 教科書の 要点 の★で確認しよう！

定着のワーク　ステージ2　第1章　物質のなりたちと化学変化(2)
第2章　化学変化と物質の質量(1)

解答 p.3

1 教 p.33　探究3 **水に電流を流したときの変化**　右の図のような装置で水を分解すると，陰極から気体A，陽極から気体Bが発生した。これについて，次の問いに答えなさい。

(1) 図の㋐，㋑のうち，電源装置の＋極はどちらか。
（　　　）

(2) 電流によって水を分解するために，何という水溶液を用いるか。　（　　　）

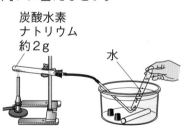

(3) 気体A，Bの性質を，それぞれ次のア〜ウから選びなさい。ヒント　　気体A（　　　）　気体B（　　　）

ア　石灰水を白くにごらせる。

イ　火のついた線香を入れると，線香が炎を上げて激しく燃える。

ウ　マッチの炎を近づけると，気体がポンと音を立てて爆発的に燃える。

(4) 気体A，Bの名称をそれぞれ答えなさい。
気体A（　　　　　　　）　気体B（　　　　　　　）

(5) 発生した気体の体積の比(気体A：気体B)は，およそ何対何か。
（　　　　　　　）

(6) 電流によって物質を分解することを何というか。　（　　　　　　　）

2 教 p.37　探究4 **炭酸水素ナトリウムの分解**　右の図のように，炭酸水素ナトリウムを加熱したときに起こる化学変化を調べた。これについて，次の問いに答えなさい。

(1) 発生した気体を集めた試験管に石灰水を入れてよくふると，どうなるか。　（　　　　　　　）

(2) 加熱した試験管の口もとについた液体に，青色の塩化コバルト紙をつけると，塩化コバルト紙は何色に変化するか。次のア〜ウから選びなさい。（　　　　）
ア　黄色　　イ　うすい赤色(桃色)　　ウ　白色

炭酸水素
ナトリウム
約2g

水

(3) 炭酸水素ナトリウムと加熱後に試験管に残った物質をそれぞれ水に入れて溶け方を比べた。よく溶けたのは，炭酸水素ナトリウムと加熱後の物質のどちらか。
（　　　　　　　）

(4) (3)でできた水溶液に，それぞれフェノールフタレイン溶液を入れた。溶液がより濃い赤色になったのは，炭酸水素ナトリウム，加熱後の物質のどちらの水溶液か。ヒント
（　　　　　　　）

(5) 炭酸水素ナトリウムは，加熱によって何という物質に分解されるか。3つ答えなさい。
（　　　　　　　）（　　　　　　　）（　　　　　　　）

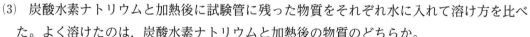

ヒントの森　❶(3)アは二酸化炭素，イは酸素，ウは水素の性質である。
❷(4)フェノールフタレイン溶液は，変化した赤色の濃さでアルカリ性の強さがわかる。

❸ 教 p.44 探究5 **沈殿ができる化学変化** 右の図のように，硫酸ナトリウム水溶液と塩化バリウム水溶液を混ぜ合わせたときの化学変化と質量について調べた。これについて，次の問いに答えなさい。

(1) この化学変化によってできた沈殿は，何という物質か。

（　　　　　　　　　）

(2) (1)の物質は，水に溶けるか，溶けないか。

（　　　　　　　　　）

(3) 化学変化後の全体の質量は，化学変化前の全体の質量に比べてどうなったか。

（　　　　　　　　　　　　　　　　）

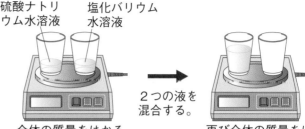

硫酸ナトリウム水溶液　塩化バリウム水溶液

全体の質量をはかる。　　２つの液を混合する。　　再び全体の質量をはかる。

❹ 教 p.45 探究5 **気体が発生する化学変化** 右の図のように，塩酸を入れたペットボトルと石灰石の質量をはかり，石灰石を塩酸に入れてすぐにふたをしたあと，再び質量をはかった。これについて，次の問いに答えなさい。

(1) 石灰石を塩酸に入れたときに発生する気体は何か。 ヒント

（　　　　　　　　　）

(2) 化学変化後の全体の質量は，化学変化前の全体の質量に比べてどうなったか。

（　　　　　　　　　）

(3) 化学変化の前後で，物質全体の質量が(2)のようになることを何の法則というか。

（　　　　　　　　　　　　　　　　）

塩酸　石灰石　薬包紙　ふた　ふた　石灰石

全体の質量をはかる。　化学変化後の全体の質量をはかる。

(4) 次に，化学変化後のペットボトルのふたをゆるめ，中の気体を空気中ににがしてから全体の質量をはかった。このとき，全体の質量は化学変化前に比べてどうなったか。

（　　　　　　　　　　　　　　　　）

❺ **化学反応式** 次の①，②の化学変化を化学反応式で表すとき，（　）にあてはまる化学式を答えなさい。 ヒント

① 硫黄と鉄が結びついて，硫化鉄ができる。

$Fe + S \longrightarrow$ （　　　　　　　　　）

② 水に電流を流すと，水素と酸素が発生する。

$2H_2O \longrightarrow$ （　　　　　　　　　） $+ O_2$

❹(1)石灰水を白くにごらせる気体が発生する。
❺化学変化の前後で，原子の種類と数は変わらない。

解答 p.3

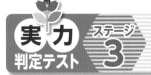

実力判定テスト ステージ3　第1章　物質のなりたちと化学変化(2)　第2章　化学変化と物質の質量(1)

30分　/100

よく出る 1 右の図のようにして，炭酸水素ナトリウムを加熱した。これについて，次の問いに答えなさい。

4点×9（36点）

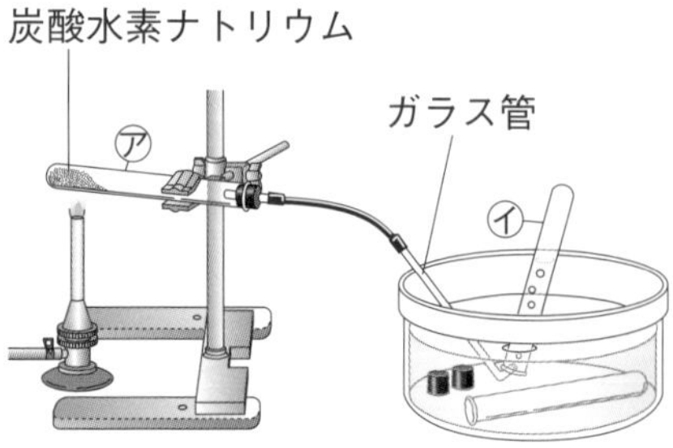

[記述] (1)　図のように，試験管㋐の口の部分を少し下げて加熱するのはなぜか。

(2)　加熱によって発生した気体を集めた試験管㋑に石灰水を入れてふると，石灰水はどうなるか。

(3)　加熱によって発生した気体は何か。

(4)　試験管㋐の口もとについた液体が水であることを確かめるには，何という試験紙を用いて色の変化を調べればよいか。

(5)　(4)の試験紙は，水に触(ふ)れると何色から何色に変化するか。

(6)　加熱後，試験管㋐に残った物質は何か。

(7)　(6)の物質は，加熱前の炭酸水素ナトリウムと比べてどのような性質があるか。次のア〜エから2つ選びなさい。

ア　水に少し溶ける。　　**イ**　水溶液は強いアルカリ性である。

ウ　水によく溶ける。　　**エ**　水溶液は弱い酸性である。

[記述] (8)　加熱をやめるとき，ガラス管を水から出してからガスバーナーの火を消した。これはどのようなことを防ぐためか。

(1)						(2)	
(3)		(4)		(5)		(6)	
(7)		(8)					

2 右の図のように，硫酸ナトリウム水溶液と塩化バリウム水溶液を混ぜ合わせた。これについて，次の問いに答えなさい。

8点×2（16点）

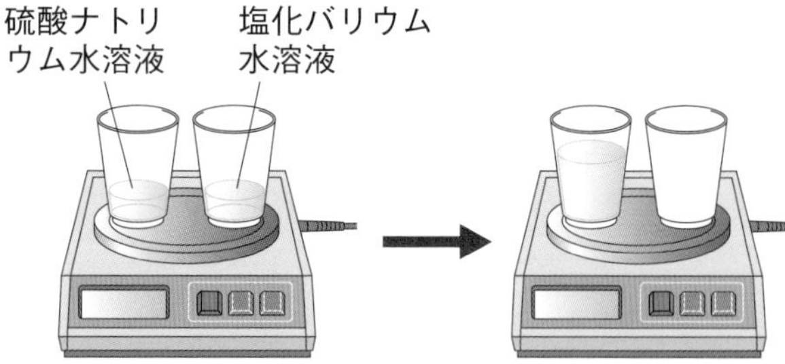

[記述] (1)　2つの水溶液を混ぜ合わせたとき，水溶液にどのような変化が見られたか。

(2)　2つの水溶液を混ぜ合わせたあとの全体の質量は，混ぜ合わせる前の全体の質量に比べてどのように変化したか。

(1)		(2)	

3 右の図のように，塩酸を入れたペットボトルとふた，少量の石灰石と薬包紙を合わせた①全体の質量をはかった。次に，石灰石をうすい塩酸に入れたあとすぐにふたをして，反応させてから②全体の質量をはかり，③ふたをゆるめてから再び全体の質量をはかった。これについて，次の問いに答えなさい。 4点×6（24点）

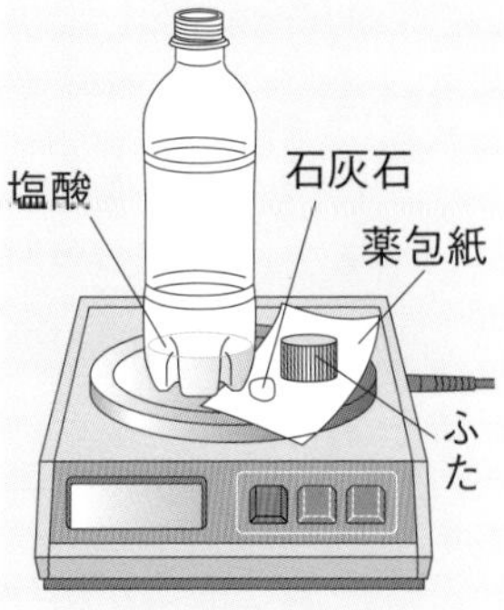

(1) 下線部①と下線部②の質量の関係はどのようになっているか。

(2) 化学変化の前後の質量が(1)のようになることを，何の法則というか。

(3) (2)の法則がなりたつのは，化学変化の前後で何が変わっているだけだからか。

(4) 下線部③の質量は，下線部②の質量と比べてどのようになっているか。

(5) (4)のようになるのはなぜか。

(6) この実験で起こった化学変化を表す次の化学反応式の(　)にあてはまる化学式を答えなさい。

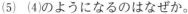

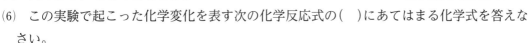

$CaCO_3 + 2HCl \longrightarrow CaCl_2 + CO_2 + (\quad)$

(1)		(2)	
(3)		(4)	
(5)		(6)	

4 右の図の㋐〜㋒は，水の電気分解のしくみを原子カードで表そうとしたものである。これについて，次の問いに答えなさい。 4点×6（24点）

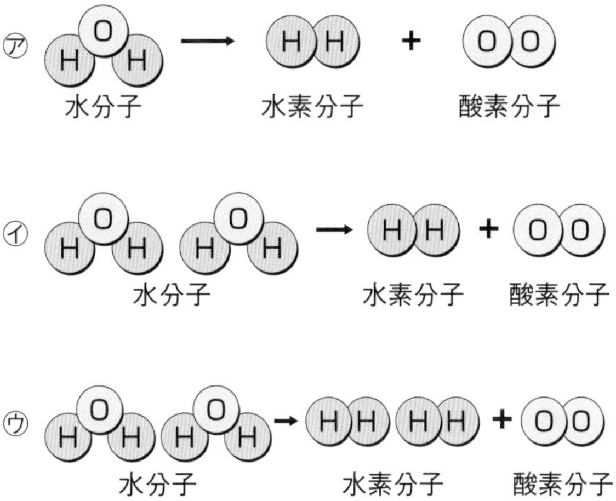

(1) 原子は，化学変化の前後で，新しくできたり，なくなったり，別の原子に変わったりすることはない。このことを正しく表している原子カードは㋐〜㋒のどれか。

(2) 化学変化の前後で，原子の数はどのようになるか。

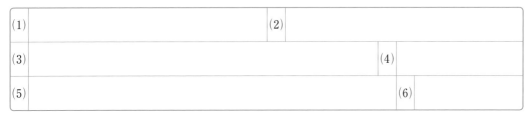

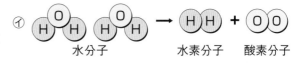

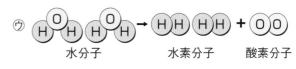

(3) 水分子，水素分子，酸素分子を表す化学式を，それぞれ答えなさい。

(4) (1)で選んだ原子カードをもとに，水の電気分解を化学反応式で表しなさい。

(1)		(2)		(3)	水分子		水素分子		酸素分子	
(4)									

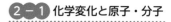

解答 ▶ p.4

確認のワーク　ステージ1　**第2章　化学変化と物質の質量(2)**

📖 教科書の **要 点**　（　）にあてはまる語句を，下の語群から選んで答えよう。

同じ語句を何度使ってもかまいません。

❶ 化学変化と質量　教 p.49〜53

(1) 銅粉の加熱をくり返すと，はじめは銅が酸素と結びついて質量が増えていくが，やがて質量は増えなくなる。これは，一定の質量の銅と結びつく酸素の質量に（① 　　　　　　　）からである。

(2) 銅を加熱すると，酸素と結びついて（②★ 　　　　　　　）ができる。

$$2Cu + O_2 \longrightarrow 2CuO$$

(3) 金属と酸素が結びつくとき，金属の質量と結びつく酸素の質量の比は（③ 　　　　　　　）になる。銅とマグネシウムが酸素と結びつくときの質量の比は，それぞれ次のようになる。

・銅：酸素＝4：1

・マグネシウム：酸素＝3：2

(4) 2つの物質が結びついて化合物ができるとき，2つの物質はいつも（④ 　　　　　　　）の質量の比で結びつく。どちらかの質量に過不足があるときは，多い方の物質が化学変化せずに残る。

└ 少ない方の物質はすべて反応する。

> **まるごと暗記**
> 物質が結びつく化学変化では，結びつく物質の質量の比はいつも一定である。

> **まるごと暗記**
> **金属と酸化物の質量の比**
> ● 銅と酸化銅の質量の比
> ⇒銅：酸化銅＝4：5
> ● マグネシウムと酸化マグネシウムの質量の比
> ⇒マグネシウム：酸化マグネシウム＝3：5

❷ いろいろな化学変化と化学反応式　教 p.54〜57

(1) フラスコに酸素を入れて密閉し，その中で炭（炭素）を燃焼させると，炭がほぼなくなる。

・炭素の燃焼　　$C + O_2 \longrightarrow$（① 　　　　　　　）

(2) 水素と酸素を2：1の体積の割合で混ぜ合わせ，袋に入れて密閉したあと点火すると，爆発音がして袋の中に（② 　　　　　　　）ができる。

└ 水素と酸素が激しく結びつく。

・水素の燃焼　　$2H_2 +$（③ 　　　　　　　）$\longrightarrow 2H_2O$

(3) 塩化銅水溶液に電流を流すと，陰極に（④ 　　　　　　　）が付着し，陽極からは（⑤ 　　　　　　　）が発生する。

・塩化銅の電気分解

（⑥ 　　　　　　　）$\longrightarrow Cu +$（⑦ 　　　　　　　）

(4) 酸化銀を加熱すると，（⑧ 　　　　　　　）が発生して，金属の（⑨ 　　　　　　　）が残る。

・酸化銀の熱分解

（⑩ 　　　　　　　）$\longrightarrow$（⑪ 　　　　　　　）$+ O_2$

> **ワンポイント**
> 化学反応式では，$\longrightarrow$ の左側と右側で，原子の種類や数は同じになる。

> 酸化銀を分解すると，Ag と O_2 ができるよ。

語群　❶酸化銅／一定／限界がある

❷O_2／$4Ag$／Cl_2／CO_2／$2Ag_2O$／$CuCl_2$／酸素／塩素／銀／銅／水

😊 ★の用語は，説明できるようになろう！

同じ語句を何度使ってもかまいません。

教科書の 図 □にあてはまる語句を，下の語群から選んで答えよう。

1 金属と結びつく酸素の質量

教 p.50〜52

銅粉やマグネシウムの粉末

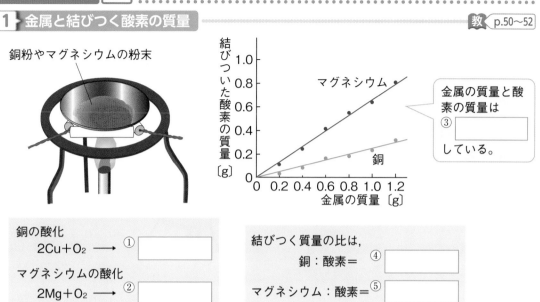

金属の質量と酸素の質量は ③ □ している。

銅の酸化
$$2Cu + O_2 \longrightarrow ① \boxed{}$$

マグネシウムの酸化
$$2Mg + O_2 \longrightarrow ② \boxed{}$$

結びつく質量の比は，
銅：酸素＝ ④ □
マグネシウム：酸素＝ ⑤ □

2 塩化銅の電気分解

教 p.55

陰極 陽極

陽極から ② □ が発生

陰極に ① □ が付着。

$$CuCl_2 \longrightarrow Cu + ③ \boxed{}$$

3 水素の燃焼，酸化銀の熱分解

教 p.54, 55

●水素の燃焼

水素と酸素を2：1の体積の割合で混合した気体

点火する。

$$① \boxed{} + O_2 \longrightarrow 2H_2O$$

●酸化銀の熱分解

酸化銀

$$2Ag_2O \rightarrow 4Ag + ② \boxed{}$$

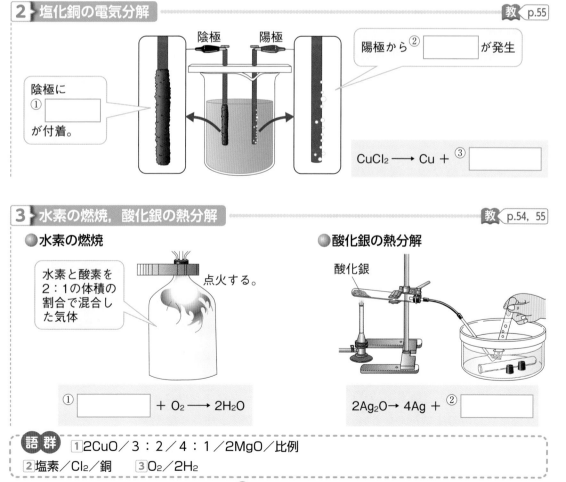

語群 ①2CuO／3：2／4：1／2MgO／比例
②塩素／Cl_2／銅　③O_2／$2H_2$

わからない用語は，教科書の 要点 の★で確認しよう！

解答▶ p.4

定着のワーク ステージ2　第2章　化学変化と物質の質量(2)

1 教 p.49 探究6 **金属と結びつく酸素の質量**　右の図のように，1.2gの銅の粉末を加熱し，冷やしてから質量をはかり，再び加熱することを数回くり返した。グラフは，このときの加熱の回数と粉末の質量の関係を表したものである。これについて，次の問いに答えなさい。

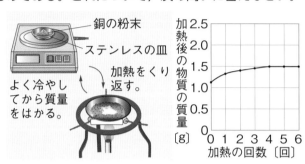

(1) 1回目〜3回目で，加熱するたびに質量が増えるのは，銅が何と結びつくためか。ヒント

　　（　　　　　　　　　　）

(2) 銅が(1)の物質と結びついてできる物質は何か。（　　　　　　　）

(3) 4回目の加熱以後，加熱後の質量が一定になった理由を答えなさい。

　　（　　　　　　　　　　　　　　）

(4) 1.2gの銅と結びつく(1)の物質の質量の限度は何gか。　　　　（　　　　　）

2 教 p.49 探究6 **金属と結びつく酸素の質量**　右の図のように，0.2g，0.4g，0.6g，0.8gの銅粉をそれぞれ十分に加熱して反応させたあと，冷やしてから質量をはかった。次に，マグネシウム粉末を使って，同様の実験を行った。グラフは，実験で得られた酸化物の質量と金属の質量の関係を表したものである。これについて，次の問いに答えなさい。

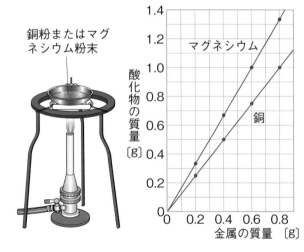

(1) 銅0.8gを加熱したときにできる酸化物の質量は何gか。

　　（　　　　　　　　　　）

(2) 銅0.8gと結びつく酸素の質量は何gか。ヒント（　　　　　　）

(3) 銅と酸素が結びつくとき，結びつく銅と酸素の質量の比を，最も簡単な整数の比で答えなさい。

　　銅：酸素＝（　　　：　　　）

(4) マグネシウムを空気中で加熱したときにできる酸化物の名称を答えなさい。

　　（　　　　　　　　　　）

(5) マグネシウムと酸素が結びつくとき，結びつくマグネシウムと酸素の質量の比を，最も簡単な整数の比で答えなさい。　　マグネシウム：酸素＝（　　　：　　　）

ヒントの森
❶(1)銅は空気の成分の1つである気体と結びつく。
❷(2)加熱によって増えた質量が，銅と結びついた酸素の質量である。

❸ 教 p.54 探究7 化学変化を化学反応式で表す 右の図のように，塩化銅水溶液に電流を流すと，陰極には赤色の物質が付着し，陽極からは気体が発生した。これについて，次の問いに答えなさい。

(1) 陰極に付着した物質は何か。 ヒント

（ 　　　　　 ）

(2) 陽極から発生した気体は何か。

（ 　　　　　 ）

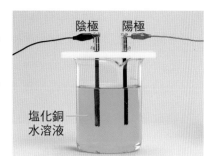

(3) (2)の気体の性質を，次のア〜ウから選びなさい。 （ 　 ）

　ア　石灰水を白くにごらせる。

　イ　気体が音を立てて燃える。

　ウ　特有の刺激臭(しげきしゅう)がある。

(4) 塩化銅の電気分解を，化学反応式で表しなさい。

（ 　　　　　　　　　　　　　　　　 ）

❹ 酸化銀の熱分解 右の図のようにして酸化銀を加熱し，生じた物質の性質を調べた。これについて，次の問いに答えなさい。

(1) 酸化銀は何色の物質か。次のア〜ウから選びなさい。 （ 　 ）

　ア　白色

　イ　赤色

　ウ　黒色

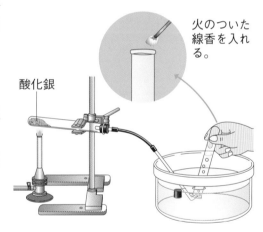

(2) 酸化銀を加熱すると，どのような変化が見られるか。次のア〜エから選びなさい。 （ 　 ）

　ア　色がしだいに白く変わる。

　イ　色がしだいに黒く変わる。

　ウ　水が生じる。

　エ　とけて液体になる。

(3) 加熱後に試験管に残った物質を薬さじでこすると，物質はどのようになるか。

（ 　　　　　　　　　　　　　 ）

(4) 発生した気体を集めた試験管の中に，火のついた線香を入れると，線香はどのようになるか。 （ 　　　　　　　　 ）

(5) 酸化銀は，加熱によって何という物質に分解されるか。2つ答えなさい。 ヒント

（ 　　　　　 ）（ 　　　　　 ）

(6) 酸化銀の熱分解を，化学反応式で表しなさい。 （ 　　　　　 ）

ヒントの森　❸(1)陰極に付着した物質は金属である。

　　　　　❹(5)酸化銀は，ある金属と気体が結びついた物質である。

実力判定テスト ステージ**3**　**第2章　化学変化と物質の質量(2)**　**30分**　/100

よく出る **1** マグネシウム粉末の質量を変えて空気中で十分に加熱し，できた酸化マグネシウムの質量を調べたところ，下の表のようになった。これについて，あとの問いに答えなさい。

4点×11(44点)

マグネシウムの質量〔g〕	0.20	0.40	0.60	0.80	1.00	1.20
酸化マグネシウムの質量〔g〕	0.33	0.67	1.00	1.33	1.67	2.00

作図

(1) マグネシウムの質量と，結びついた酸素の質量の関係を表すグラフを，右の図にかきなさい。

(2) グラフから，マグネシウムの質量と結びついた酸素の質量の間には，どのような関係があることがわかるか。

(3) マグネシウムと酸素が結びつくときの，マグネシウムと酸素の質量の比を，最も簡単な整数の比で答えなさい。

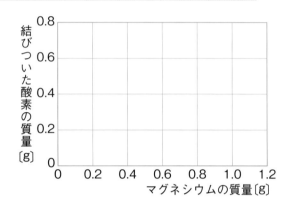

(4) マグネシウム1.8gと結びつく酸素は何gか。

(5) マグネシウム1.8gが過不足なく酸素と結びついたとき，できる酸化マグネシウムは何gか。

(6) マグネシウム9.0gと結びつく酸素は何gか。

レベルUP

(7) マグネシウム9.0gと酸素7.0gを反応させたとき，マグネシウムと結びつかないで残る酸素は何gか。

(8) マグネシウムが酸素と結びつく化学変化を，化学反応式で表しなさい。

(9) 銅の質量を変えて同様の実験を行ったところ，銅と結びついた酸素の質量の比は4：1であることがわかった。

　① 銅とできた酸化銅の質量の比を，次の**ア〜ウ**から選びなさい。

　ア 銅：酸化銅＝3：4　　　**イ** 銅：酸化銅＝4：5

　ウ 銅：酸化銅＝5：4

　② 銅7.0gが過不足なく酸素と結びついたとき，できる酸化銅は何gか。小数第二位を四捨五入して求めなさい。

(10) 銅が酸素と結びつく化学変化を，化学反応式で表しなさい。

(1)	図に記入	(2)		(3)	マグネシウム：酸素＝		(4)	
(5)		(6)		(7)		(8)		
(9)①		②		(10)				

2 右の図のように，水素と酸素を２：１の体積の割合で混合した気体を，塩化コバルト紙とともに袋に入れて点火すると爆発音がした。これについて，次の問いに答えなさい。

４点×４（16点）

(1)　点火後，袋のふくらみと中のようすはどのようになったか。次の**ア**～**エ**から選びなさい。

ア　袋は大きくふくらみ，中がくもった。
イ　袋は大きくふくらんだが，中は変化がなかった。
ウ　袋はしぼみ，中がくもった。
エ　袋はしぼんだが，中は変化がなかった。

(2)　点火後，青色の塩化コバルト紙は何色に変化したか。

(3)　実験の結果から，水素と酸素が結びついて，何ができたことがわかるか。

(4)　この実験で起こった化学変化を，化学反応式で表しなさい。

(1)		(2)		(3)		(4)	

3 右の図のように，塩化銅水溶液に電流を流した。これについて，次の問いに答えなさい。

５点×３（15点）

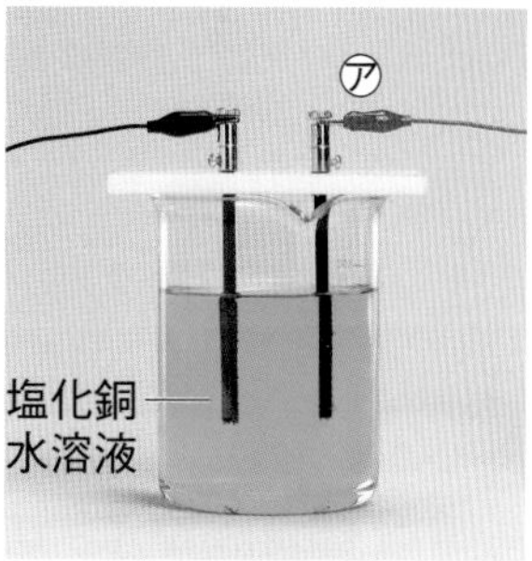

(1)　図の㋐の極からは，刺激臭のある気体が発生した。㋐は，陽極，陰極のどちらか。

(2)　この実験のように，電流を流して物質を分解することを何というか。

(3)　この実験で起こった化学変化を，化学反応式で表しなさい。

(1)		(2)		(3)	

4 右の図のように酸化銀を加熱した。これについて，次の問いに答えなさい。

５点×５（25点）

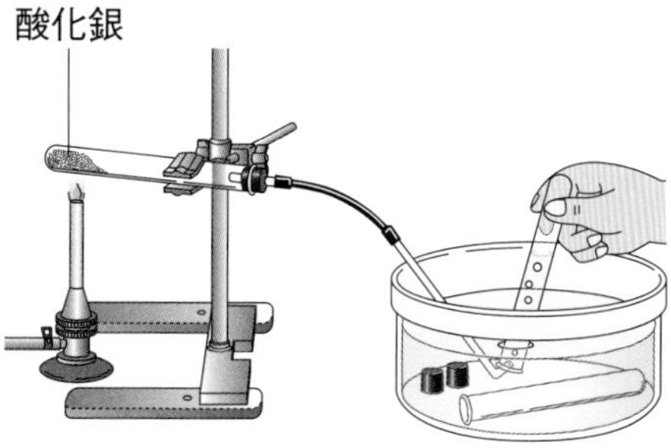

(1)　加熱によって発生した気体が何であるかを知るためには，どのような操作を行えばよいか。その方法と結果を答えなさい。

(2)　加熱によって発生した気体は何か。

(3)　加熱後に，試験管の中に残った物質は何か。

(4)　酸化銀を加熱したとき起こる化学変化を何というか。

(5)　酸化銀のかわりに，炭酸水素ナトリウムを試験管に入れて加熱した。このときの化学変化を化学反応式で表しなさい。

(1)				(2)	
(3)		(4)		(5)	

解答 ▶ p.6

確認のワーク　ステージ1　第3章　化学変化の利用

教科書の 要点 （　　）にあてはまる語句を，下の語群から選んで答えよう。

> 同じ語句を何度使ってもかまいません。

1 自然界の酸化物　教 p.58〜60

(1) 鉄や銅は，自然界にある（① 　　　　　　　　）から取り出す。金属の多くは酸化物として存在していて，酸化物から酸素を取り除くことで，金属の単体が得られる。

例・鉄鉱石（てっこうせき）には（② 　　　　　　　　）が酸化鉄としてふくまれる。
・銅鉱石（どうこうせき）には（③ 　　　　　　　　）が酸化銅としてふくまれる。

(2) 化学変化を利用して，鉱石から鉄や銅などを金属の単体として得ることを（④ 　　　　　　　　）という。鉄の製錬では，鉄鉱石をコークス（炭素）といっしょに加熱して，鉄を得ている。

> **まるごと暗記**
> 酸化鉄や酸化銅から酸素を取り除くことで，鉄や銅などの金属を取り出すことができる。

> **ワンポイント**
> 単体は1種類の原子からできている物質である。

2 酸素を取り除く化学変化　教 p.61〜65

(1) 酸化銅の粉末と炭素粉末を混ぜ合わせたものを加熱すると，二酸化炭素が発生し，（① 　　　　　　　　）が残る。

(2) 銅より炭素の方が酸素と結びつきやすいので，酸化銅は炭素に（② 　　　　　　　　）を取り除かれて銅になる。このように，酸化物から酸素を取り除く化学変化を（③★ 　　　　　　　　）という。

(3) 酸化銅が還元（かんげん）されるとき，同時に炭素は酸化銅から取り除いた酸素によって（④ 　　　　　　　　）され，二酸化炭素になる。

(4) 酸化銅の還元の化学反応式は次のように表す。

$2CuO + （⑤　　　　　　　）\longrightarrow 2Cu + （⑥　　　　　　　）$

> **まるごと暗記**
> 還元は酸化と反対の化学変化であり，還元が起こるときには酸化も同時に起こる。

3 化学変化と熱　教 p.66〜73

(1) （① 　　　　　　　　）は，炭素と水素をふくんでいるので，燃焼させると二酸化炭素と（② 　　　　　　　　）ができる。このとき，熱や光が出る。
└ 水素が酸化した物質。

(2) 鉄と酸素が結びついて酸化鉄ができるとき，熱が外部に放出され，温度が（③ 　　　　　　　　）。化学変化のとき，熱を放出し，温度が上がる反応を（④★ 　　　　　　　　）という。

(3) クエン酸水溶液に炭酸水素ナトリウムを入れると，外部から熱を吸収し，温度が（⑤ 　　　　　　　　）。化学変化のとき，熱を吸収し，温度が下がる反応を（⑥★ 　　　　　　　　）という。

> **まるごと暗記**
> **化学変化と熱**
> 発熱反応→温度が上がる化学変化
> 吸熱反応→温度が下がる化学変化

> **プラスα**
> 発熱反応は，カイロなどに利用されている。

語群 ❶製錬／鉱物／銅／鉄　❷酸化／酸素／銅／還元／CO_2／C
❸上がる／下がる／吸熱反応（きゅうねつはんのう）／発熱反応（はつねつはんのう）／水／有機物

★の用語は，説明できるようになろう！

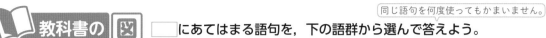

教科書の 図 □にあてはまる語句を，下の語群から選んで答えよう。

1 酸素を取り除く化学変化　　教 p.62, 65

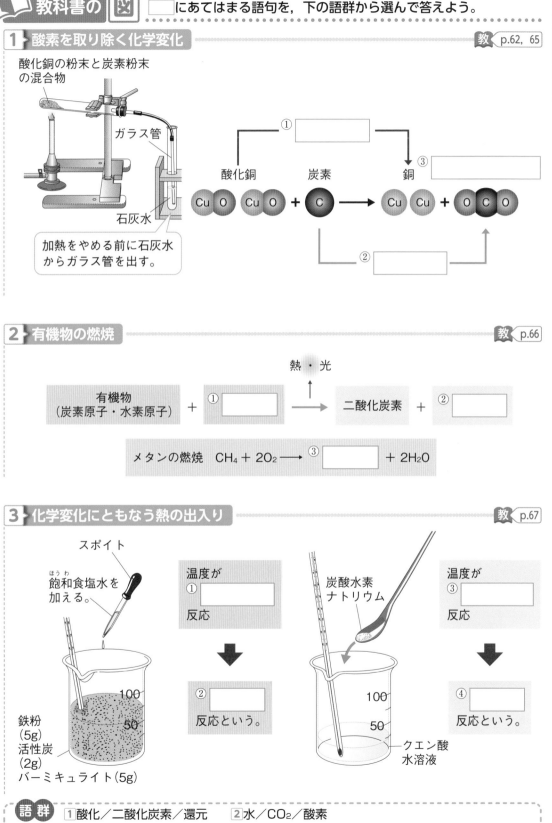

酸化銅の粉末と炭素粉末の混合物

ガラス管

石灰水

加熱をやめる前に石灰水からガラス管を出す。

① □

酸化銅　　炭素　　③ □　銅

Cu O Cu O ＋ C ⟶ Cu Cu ＋ O C O

② □

2 有機物の燃焼　　教 p.66

熱・光

有機物（炭素原子・水素原子）＋ ① □ ⟶ 二酸化炭素 ＋ ② □

メタンの燃焼　$CH_4 + 2O_2 \longrightarrow$ ③ □ ＋ $2H_2O$

3 化学変化にともなう熱の出入り　　教 p.67

スポイト

飽和食塩水を加える。

温度が ① □ 反応

② □ 反応という。

炭酸水素ナトリウム

温度が ③ □ 反応

④ □ 反応という。

鉄粉（5g）
活性炭（2g）
バーミキュライト（5g）

クエン酸水溶液

語群 1 酸化／二酸化炭素／還元　2 水／CO_2／酸素
3 吸熱／発熱／上がる／下がる

わからない用語は，教科書の 要点 の★で確認しよう！

解答 p.6

定着のワーク ステージ2 第3章　化学変化の利用

1 金属の製錬　右の図は，酸化鉄から鉄を取り出す高炉(こうろ)の内部を表したものである。これについて，次の問いに答えなさい。

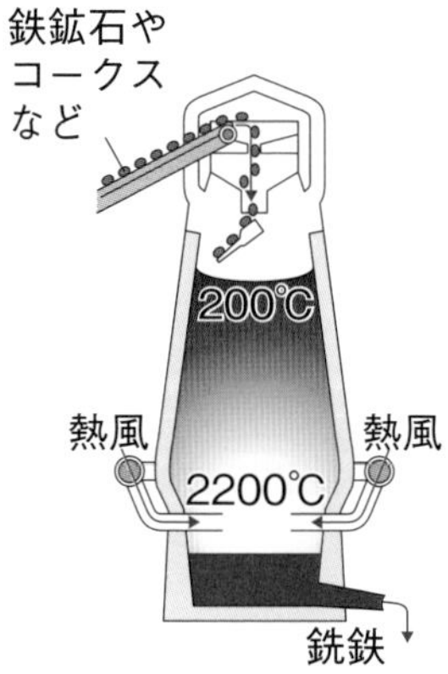
鉄鉱石や
コークス
など
200℃
熱風
熱風
2200℃
銑鉄

(1)　化合物は，酸化鉄と鉄のどちらか。[ヒント]
（　　　　　）

(2)　図について説明した次の文の(　)にあてはまる言葉を答えなさい。　①（　　　　　）　②（　　　　　）

(　①　)石にふくまれる酸化鉄は，鉄と(　②　)が結びついている。鉄より(　②　)と結びつきやすいコークス(炭素)といっしょに加熱すると，鉄が得られる。

(3)　酸化鉄と炭素を混ぜて加熱したとき，鉄とともにできる気体は何か。　（　　　　　）

2 [教] p.61 [探究] 8 **酸化銅から銅を取り出す**　酸化銅の粉末と炭素粉末を混ぜ合わせたものを試験管㋐に入れ，右の図のようにして加熱した。これについて，次の問いに答えなさい。

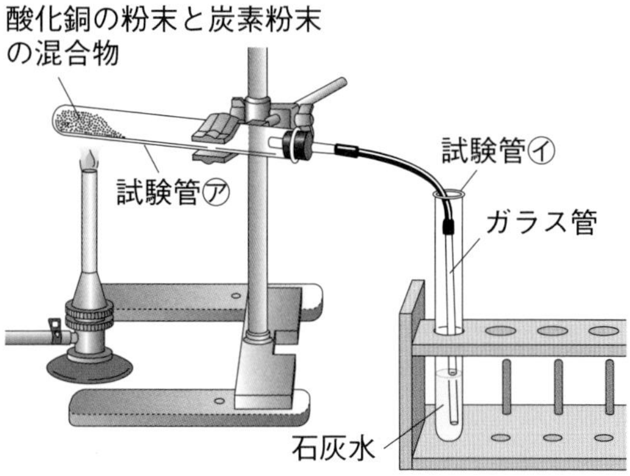
酸化銅の粉末と炭素粉末
の混合物
試験管㋐
試験管㋑
ガラス管
石灰水

(1)　加熱すると気体が発生した。試験管㋑の石灰水はどうなるか。
（　　　　　）

[記述] (2)　加熱をやめる前に行う操作を「ガラス管」という言葉を使って答えなさい。
（　　　　　）

(3)　加熱後，試験管㋐に残った物質は何色か。　（　　　　　）

(4)　この実験で起こった化学変化を表した次の式の(　)にあてはまる物質名を答えなさい。
①（　　　　　）　②（　　　　　）

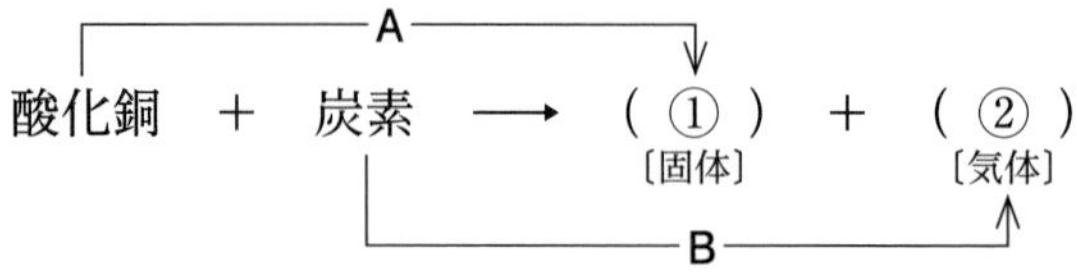
A
酸化銅　＋　炭素　⟶　(　①　)　＋　(　②　)
〔固体〕
〔気体〕
B

(5)　(4)のA，Bにあてはまる化学変化を，それぞれ何というか。[ヒント]
A（　　　　　）　B（　　　　　）

(6)　この実験で起こった化学変化を，化学反応式で表しなさい。
（　　　　　）

ヒントの森

1(1)化合物は2種類以上の原子が結びついてできている。

2(5)酸化銅は炭素によって酸素を取り除かれ，炭素は酸素と結びつく。

❸ **有機物の燃焼** 右の図のように，かわいたビーカーをガスバーナーにかざすと，ビーカーの内側がくもった。また，内側に石灰水をぬったビーカーをガスバーナーにかざすと，石灰水が白くにごった。これについて，次の問いに答えなさい。

(1) ビーカーの内側がくもったのは，何という物質が生じたためか。（　　　　　　　）

(2) (1)が生じたのは，ガスが何という原子をふくんでいるからか。
ヒント （　　　　　　　）

ビーカー

(3) ビーカーの内側の石灰水が白くにごったのは，何という気体が発生したためか。（　　　　　　　）

(4) (3)が発生したのは，ガスが何という原子をふくんでいるからか。（　　　　　　　）

(5) ガスが燃焼するとき，熱は出るか。（　　　　　　　）

❹ 教 p.67 実験 **化学変化にともなう熱の出入り** 図1，2のようにして，化学変化のときに温度がどのように変化するかを調べた。これについて，次の問いに答えなさい。

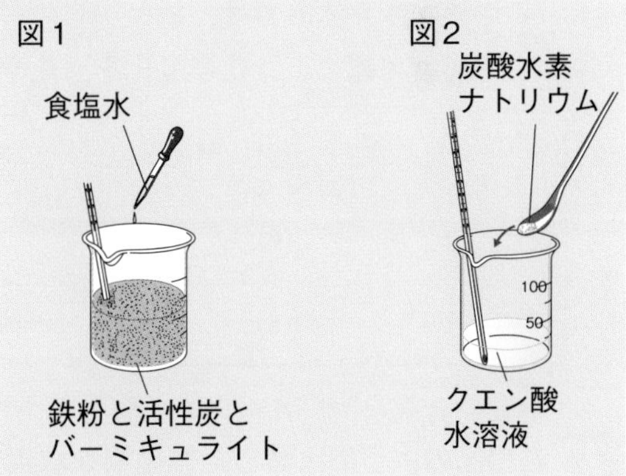

(1) 図1で，ビーカーに鉄粉5g，活性炭2g，バーミキュライト5gを入れて混ぜたものに，飽和食塩水3gを加えて温度をはかった。温度はどのように変化したか。
（　　　　　　　）

(2) 化学変化にともなって，(1)のように温度が変化する反応を何というか。
（　　　　　　　）

図1
食塩水
鉄粉と活性炭と
バーミキュライト

図2
炭酸水素
ナトリウム
クエン酸
水溶液

(3) 図1の化学変化は，次のように表せる。
　（　）にあてはまる物質名を入れて，式を完成させなさい。（　　　　　　　）

　　鉄＋酸素 ⟶ （　　　　）

(4) 図2で，クエン酸水溶液30cm³に少量の炭酸水素ナトリウムを入れて，温度をはかった。温度はどのように変化したか。（　　　　　　　）

(5) 化学変化にともなって，(4)のように温度が変化する反応を何というか。
（　　　　　　　）

(6) (5)は，外部から熱を吸収する反応か，外部に熱を放出する反応か。
（　　　　　　　）

(7) 図2の化学変化は，次のように表せる。（　）にあてはまる物質名を入れて，式を完成させなさい。（　　　　　　　）

　　クエン酸＋炭酸水素ナトリウム ⟶ クエン酸ナトリウム＋水＋（　　　　）

(8) カイロは，図1，図2のどちらの現象を利用したものか。**ヒント** （　　　　　　　）

❸(2)CH₄＋2O₂ ⟶ CO₂＋2H₂O
❹(8)カイロは寒いときに利用する。

解答 p.6

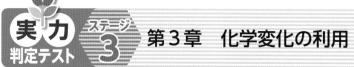

実力判定テスト ステージ3 第3章 化学変化の利用

30分 /100

よく出る **1** 右の図のように，酸化銅の粉末と炭素粉末の混合物を試験管に入れ，ガスバーナーで加熱した。これについて，次の問いに答えなさい。 4点×9(36点)

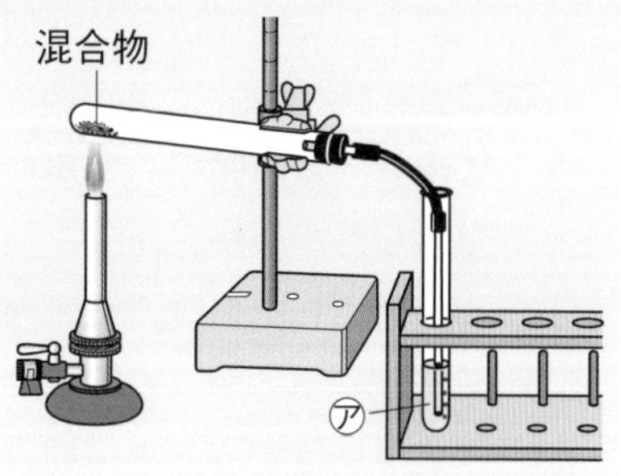

(1) 加熱すると，二酸化炭素が発生した。発生した気体が二酸化炭素であることを調べるための㋐の液体は何か。

(2) 二酸化炭素は，何が酸素と結びついたものか。

(3) 加熱後，加熱した試験管に残った物質は何か。

(4) 酸化銅から(3)の物質に変化したとき，物質の色は何色から何色に変化したか。

(5) 酸化銅に起こった化学変化を何というか。

記述 (6) (5)はどのような化学変化か。「酸化物」という言葉を使って答えなさい。

(7) (5)と同時に起こる化学変化は何か。

(8) この実験から，酸素は，銅と炭素のどちらと結びつきやすいことがわかるか。

(9) この実験で起こった化学変化を，化学反応式で表しなさい。

(1)		(2)		(3)		(4)	
(5)		(6)					
(7)		(8)		(9)			

2 右の図のように，熱した酸化銅を水素を満たした試験管に入れたところ，銅とある物質ができた。これについて，次の問いに答えなさい。 5点×4(20点)

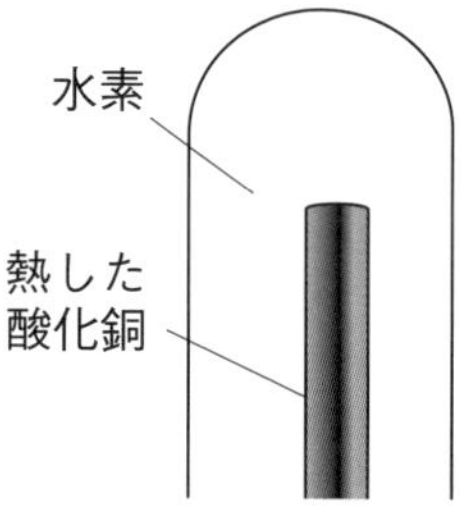

(1) 下線部のある物質とは何か。

(2) (1)ができた理由を，次のア〜ウから選びなさい。

ア 銅が水素と結びついたから。

イ 銅が酸素と結びついたから。

ウ 酸素が水素と結びついたから。

レベルUP (3) この実験で酸化銅に起こった化学変化を，化学反応式で表しなさい。

(4) 酸化銅をガスバーナーの内側の炎の中に入れるとどうなるか。次のア，イから選びなさい。

ア 酸化銅のまま変化しない。

イ 酸化銅から銅に変化する。

(1)		(2)		(3)		(4)	

3 次の式は，有機物の燃焼を表したものである。これについて，あとの問いに答えなさい。

4点×6（24点）

有機物（炭素原子・水素原子） ＋ 酸素 —（A・光）→ 気体㋐ ＋ 液体㋑

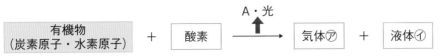

(1) 有機物は炭素原子をふくんでいる。炭素が酸化するときの化学変化を，化学反応式で表しなさい。

(2) 有機物が燃焼してできる，図の気体㋐は何か。

(3) 有機物は水素原子もふくんでいる。水素が酸化するときの化学変化を，化学反応式で表しなさい。

(4) 有機物が燃焼してできる，図の液体㋑は何か。

(5) 都市ガスの主成分であるメタン（CH_4）は有機物である。メタンが燃焼するときの化学変化を，化学反応式で表しなさい。

(6) 図のAは，有機物が燃焼するときに発生するものである。Aは何か。

(1)		(2)		(3)	
(4)		(5)		(6)	

4 図1，2は，化学変化による温度変化を調べる実験を表したものである。これについて，次の問いに答えなさい。

4点×5（20点）

(1) 図1で起こる化学変化は，発熱反応か，吸熱反応か。

(2) (1)はどのような化学変化か。「熱」という言葉を使って答えなさい。

(3) 図2で起こる化学変化は，発熱反応か，吸熱反応か。

(4) (3)はどのような化学変化か。「熱」という言葉を使って答えなさい。

図1

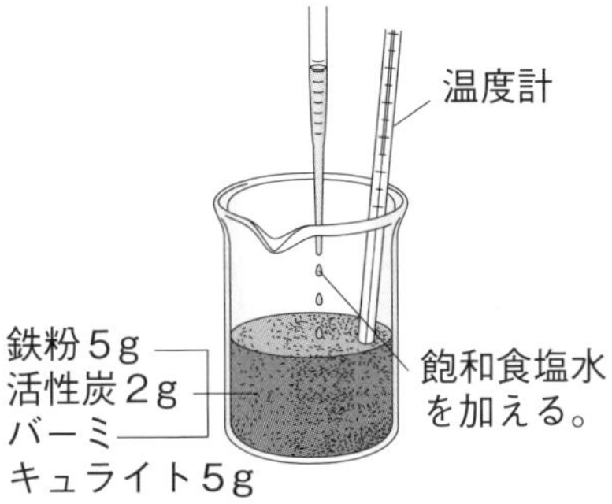

図2

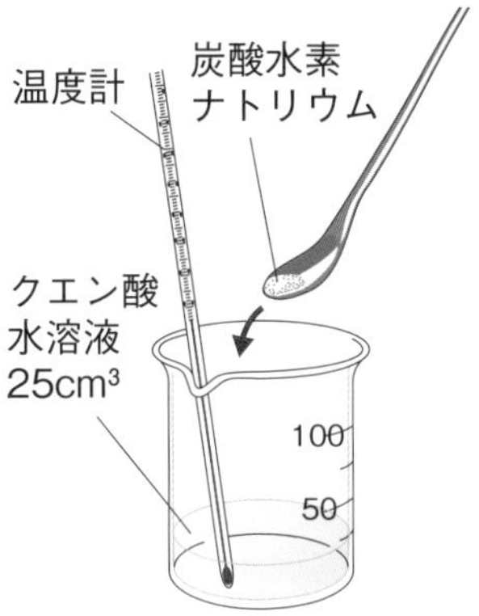

(5) 次の式は，図1，図2どちらの化学変化を表したものか。

物質a ＋ 物質b —（熱↓）→ 物質c ＋ …

(1)		(2)		(3)	
(4)				(5)	

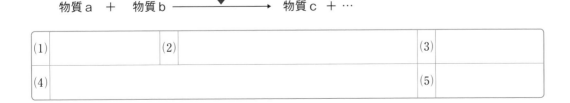

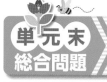

単元末総合問題 2−1 化学変化と原子・分子

解答 p.7

40分 /100

1 右の図の装置にうすい水酸化ナトリウム水溶液を満たして電流を流し，水を分解した。このとき，陰極と陽極でそれぞれ気体が発生した。これについて，次の問いに答えなさい。

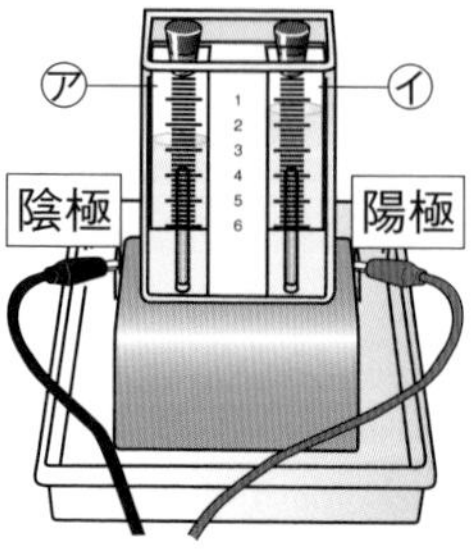

記述 (1) 実験で，うすい水酸化ナトリウム水溶液を用いた理由を答えなさい。

(2) 陰極と陽極から発生する気体㋐，㋑の名称をそれぞれ答えなさい。

(3) 発生した気体㋐，㋑の体積の比(㋐：㋑)を，最も簡単な整数の比で答えなさい。

(4) 水が水蒸気になるような状態変化に対して，分解のように物質そのものが変化して別の種類の物質ができる変化を何というか。

(5) 電流による物質の分解を，特に何というか。

(6) ㋐と同じ気体が発生するものを，次のア〜ウから選びなさい。

ア 硫化鉄に塩酸を加える。　イ 石灰石に塩酸を加える。

ウ 亜鉛(あえん)に塩酸を加える。

5点×7 (35点)

1

(1)		
(2)	㋐	
	㋑	
(3)	㋐：㋑＝	
(4)		
(5)		
(6)		

2 右の図のような装置で，いろいろな物質を加熱する実験1〜3を行った。これについて，あとの問いに答えなさい。

5点×5 (25点)

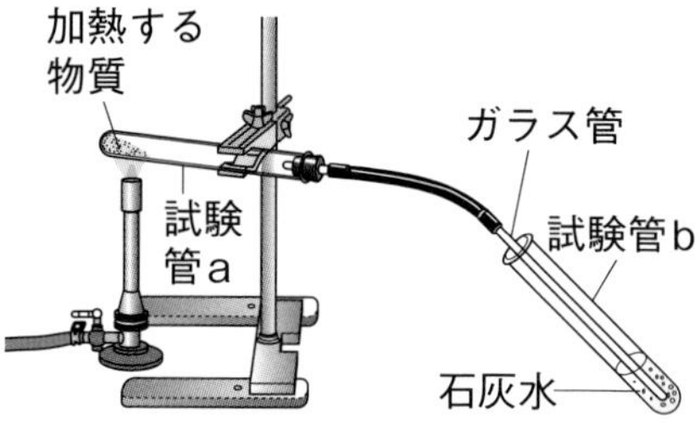

〈実験1〉酸化銀を加熱すると，気体㋐が発生し，試験管aには銀が残った。

〈実験2〉酸化銅の粉末と炭素粉末を混ぜ合わせて加熱すると，気体㋑が発生し，試験管aには銅が残った。

〈実験3〉炭酸水素ナトリウムを加熱すると，気体㋒が発生し，試験管aの口もとには液体がつき，炭酸ナトリウムが残った。

(1) **実験1〜3**で発生した気体㋐〜㋒のうち，試験管bの石灰水を白くにごらせる気体はどれか。すべて選びなさい。

(2) **実験2**で，酸化銅は酸素を取り除かれて銅に変化した。このような化学変化を何というか。

(3) **実験2**の化学変化を，化学反応式で表しなさい。

(4) **実験3**でできた液体は何か。化学式で答えなさい。

(5) **実験3**で，炭酸水素ナトリウム3.36gがすべて変化して，液体0.36g，炭酸ナトリウム2.12gができた。発生した気体㋒の質量は何gか。

2

(1)	
(2)	
(3)	
(4)	
(5)	

目標 質量保存の法則や，結びつく物質の質量の比は決まっていることを理解し，活用できるようにしよう。

自分の得点まで色をぬろう!
😖がんばろう! 😊もう一歩 😀合格!
0　　　　　　　60　80　100点

2-1

3 右の図のように，密閉できる容器を用いて，次のような手順で実験を行った。これについて，あとの問いに答えなさい。

5点×4（20点）

塩酸　石灰石
薬包紙
ふた

〈手順1〉塩酸を入れたペットボトルと石灰石，ふた，薬包紙の全体の質量をはかった。

〈手順2〉石灰石をペットボトルの中に入れたらすぐふたをしめ，化学変化が終わってから全体の質量をはかった。

〈手順3〉ペットボトルのふたをゆるめ，全体の質量をはかった。

(1) **手順2**で発生した気体は何か。化学式で答えなさい。

(2) **手順2**ではかった全体の質量は，**手順1**ではかった全体の質量と比べてどのようになっているか。

(3) (2)のようになるのはなぜか。「組み合わせ」という言葉を使って答えなさい。

(4) **手順3**ではかった全体の質量は，**手順1**ではかった全体の質量と比べてどのように変化しているか。

3	
(1)	
(2)	
(3)	
(4)	

4 図1のように，銅粉1.0gをステンレスの皿に広げて十分に加熱し，冷やしてから，できた酸化銅の質量を測定した。銅粉の質量を2.0g，3.0g…と変えて，同じ手順で，6.0gまで実験をくり返し，加熱前の銅とできた酸化銅の質量の関係を図2のようにまとめた。これについて，次の問いに答えなさい。

5点×4（20点）

図1 ステンレスの皿
銅粉

ガスバーナー

(1) 銅と酸素が結びつく化学変化を，化学反応式で表しなさい。

(2) 実験の結果から，銅の質量と銅と結びついた酸素の質量の関係を表すグラフを図3にかきなさい。

(3) 実験の結果から，銅の質量と銅と結びついた酸素の質量の比（銅：酸素）を，最も簡単な整数の比で答えなさい。

(4) 銅粉8.0gをステンレスの皿に広げて加熱し，冷やしてから物質の質量を測定したが，加熱が不十分であったために，9.5gであった。このとき，酸素と結びつかないで残っている銅の質量を，次のア～エから選びなさい。

　ア　1.5g　　イ　2.0g
　ウ　3.0g　　エ　4.0g

図2
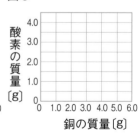
酸化銅の質量〔g〕
8.0 7.0 6.0 5.0 4.0 3.0 2.0 1.0
0　1.0 2.0 3.0 4.0 5.0 6.0
銅の質量〔g〕

図3
酸素の質量〔g〕
4.0 3.0 2.0 1.0
0　1.0 2.0 3.0 4.0 5.0 6.0
銅の質量〔g〕

4	
(1)	
(2)	図3に記入
(3)	銅：酸素 =
(4)	

😊 終わったら後ろの，**1**，**4**，**5**，**8**をやろう。

解答 p.8

確認のワーク　ステージ1
第1章　生物のからだと細胞
第2章　植物のつくりとはたらき(1)

教科書の要点

同じ語句を何度使ってもかまいません。

（　　）にあてはまる語句を，下の語群から選んで答えよう。

1 細胞

教 p.74～80

(1)　生物のからだをつくる基本単位は，（①★　　　　）である。

(2)　すべての細胞は，酸素を取り入れて二酸化炭素を出している。このはたらきを（②　　　　）（内呼吸）という。

(3)　ミカヅキモやゾウリムシなどのように，からだが1つの細胞からできている生物を（③　　　　）という。

まるごと暗記
植物や動物のからだは，**細胞**からできている。

2 細胞と個体

教 p.81～87

(1)　植物と動物の細胞に共通するつくりには，1つの細胞の中に1つあって染色されやすい（①★　　　　），★細胞質の最も外側の膜状になっている（②★　　　　）がある。
（細胞質：核のまわりの部分。）

(2)　植物の細胞には，緑色の粒状の（③★　　　　），液体のつまった袋状の（④★　　　　）がある。また，細胞膜の外側にはじょうぶな（⑤★　　　　）というしきりがある。

(3)　多くの細胞でできている生物を（⑥★　　　　）という。同じはたらきをもつ多くの細胞が集まって（⑦★　　　　）をつくり，いくつかの組織が集まって，決まった形やはたらきをもつ（⑧★　　　　）ができている。そして，さまざまな器官が集まって★個体ができている。

ワンポイント
動物が肺やえらで行う呼吸は**外呼吸**という。

まるごと暗記
生物の種類
- 多細胞生物→**多くの細胞**からなる生物(ホウセンカ，ヒトなど)

3 植物と水

教 p.88～94

(1)　植物の根の先端近くにある細い突起を（①★　　　　）という。
（土の粒の間に入りこんでいる。）

(2)　根で吸収された水が通る管を（②★　　　　），葉でつくられた養分が通る管を（③★　　　　）という。道管と師管が集まって束になった部分を（④★　　　　）といい，植物が生命を維持するために必要な物質を運ぶ。

(3)　葉の表皮には★孔辺細胞があり，この細胞に囲まれた小さなすき間を（⑤★　　　　）という。根から吸い上げられた水が水蒸気となって気孔から空気中に出ていくことを（⑥★　　　　）という。

まるごと暗記
植物のつくりとはたらき
- 道管→根で吸収された水が通る管
- 師管→葉でつくられた養分が通る管
- 維管束→道管と師管が束のようになった部分で，根から茎，葉につながっている。
- 蒸散→根から吸い上げられた水が**水蒸気**となって**気孔**から出ていくこと。

語群
[1] 細胞呼吸／単細胞生物／細胞
[2] 細胞壁／組織／器官／液胞／葉緑体／細胞膜／核／多細胞生物
[3] 道管／維管束／師管／根毛／蒸散／気孔

★の用語は，説明できるようになろう！

教科書の 図 □ にあてはまる語句を，下の語群から選んで答えよう。

同じ語句を何度使ってもかまいません。

1 細胞のつくり

教 p.85

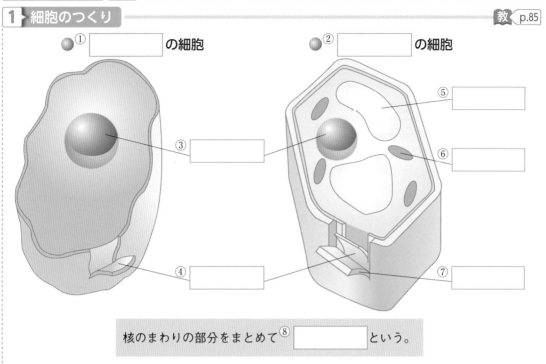

① □ の細胞

② □ の細胞

③ □
④ □
⑤ □
⑥ □
⑦ □

核のまわりの部分をまとめて⑧ □ という。

2 根・茎のつくりとはたらき

教 p.93

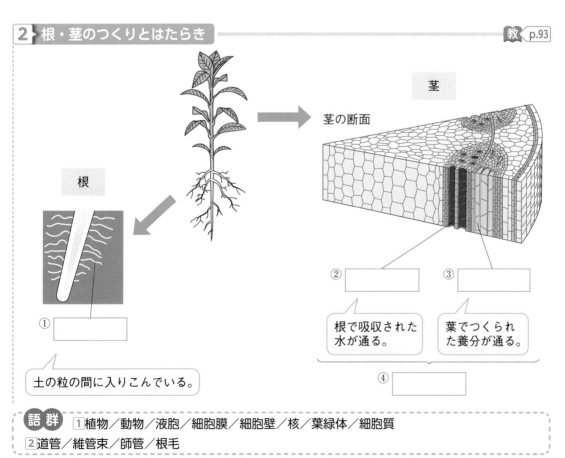

茎

茎の断面

根

① □

土の粒の間に入りこんでいる。

② □

根で吸収された水が通る。

③ □

葉でつくられた養分が通る。

④ □

語群 ①植物／動物／液胞／細胞膜／細胞壁／核／葉緑体／細胞質
②道管／維管束／師管／根毛

わからない用語は，教科書の 要点 の★で確認しよう！

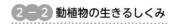

解答 p.8

定着のワーク ステージ2　第1章　生物のからだと細胞　第2章　植物のつくりとはたらき(1)

1 [教] p.81 [探究1] **細胞のつくり**　右の図は，ヒトのほおの粘膜(ねんまく)の細胞とオオカナダモの葉の細胞を，染色液で染めて観察したものである。これについて，次の問いに答えなさい。

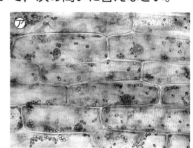

(1)　オオカナダモの葉の細胞を観察したものは，㋐，㋑のどちらか。（　　）

[記述] (2)　(1)のように考えた理由を答えなさい。[ヒント]
（　　　　　　　　　　）

(3)　㋐と㋑の両方に見られる，染色液に染まった丸い形のつくりを何というか。（　　）

(4)　(3)のつくりは，1つの細胞に何個あるか。
（　　）

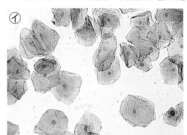

(5)　㋑の細胞に見られるつくりのうち，(3)のまわりの部分をまとめて何というか。（　　）

(6)　㋑の最も外側にある膜状になっている部分を何というか。（　　）

2 **単細胞生物と多細胞生物**　いろいろな生物のからだのつくりについて，次の問いに答えなさい。

図1

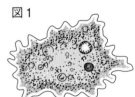

(1)　図1は，水中の生物を顕微鏡(けんびきょう)で観察したものである。この生物の名称を答えなさい。（　　）

(2)　図1の生物のからだは，1つの細胞からできている。このような生物を何というか。（　　）

(3)　(2)に対して，ヒトやホウセンカのように，からだが多数の細胞でできている生物を何というか。（　　）

図2

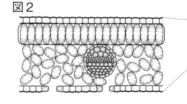

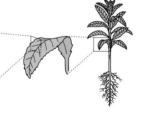

(4)　図2は，ホウセンカのからだのつくりを表したものである。からだの中で，同じはたらきをもつ細胞が集まったつくりを何というか。
（　　）

(5)　いくつかの種類の(4)のつくりが集まった，決まった形とはたらきをもつつくりを何というか。[ヒント]（　　）

(6)　さまざまな(5)のつくりが集まってつくられているものを何というか。
（　　）

ヒントの森

❶(2)植物の細胞にあって，動物の細胞にないものは，細胞壁，液胞，葉緑体である。
❷(5)ヒトでは，心臓や胃，肺などがある。

3 [教] p.90 [探究2] **染色した根と茎の断面をルーペで観察する** 図1のように，ホウセンカの苗(なえ)の根の先端を切って植物染色剤(せんしょくざい)を溶かした色水に30分間ひたし，茎の断面のようすを調べた。これについて，次の問いに答えなさい。

図1

⑴ 図2は，茎の断面のようすを表したものである。色水で赤く染まった細い管を何というか。（　　　　）

⑵ ⑴は，何を運ぶ管か。次のア～ウから選びなさい。（　　）

ア　根から吸収(きゅうしゅう)した水

イ　茎から吸収した水

ウ　葉から吸収した水

⑶ ⑴の管は，どこからどこまでつながっているか。次のア，イから選びなさい。[ヒント]（　　）

ア　根から茎までつながっている。

イ　根から茎，葉までつながっている。

図2

横断面　　縦断面

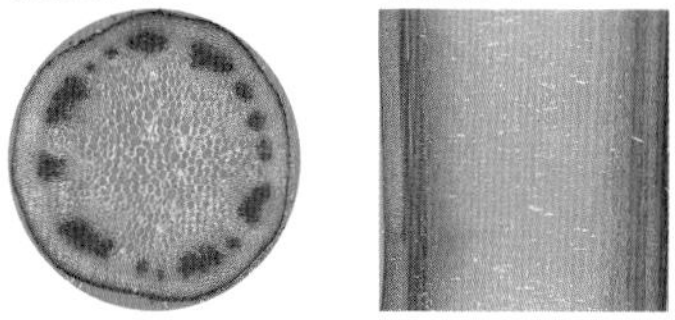

⑷ 葉でつくられた養分が通る管を何というか。（　　　　）

⑸ ⑴と⑷の管が何本もまとまって束のようになったものを何というか。（　　　　）

4 [教] p.90 [探究2] **葉の断面を双眼実体顕微鏡で観察する・葉の表面を顕微鏡で観察する**

図1は，葉の断面を双眼実体顕微鏡で観察したものである。また，図2は，葉の表面を顕微鏡で観察したものである。これについて，次の問いに答えなさい。

図1

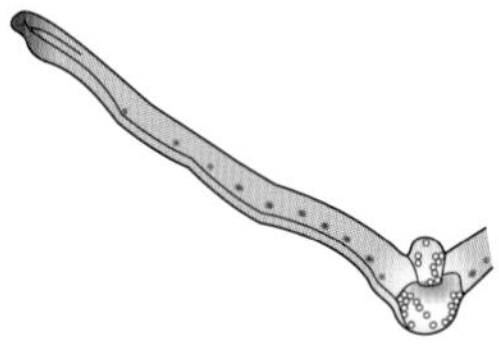

⑴ 図1で，水が通る管は葉の何をつくっているか。（　　　　）

⑵ 図2で，くちびるのような形をした細胞㋐を何というか。（　　　　）

⑶ 図2で，㋐に囲まれたすき間㋑を何というか。[ヒント]（　　　　）

図2

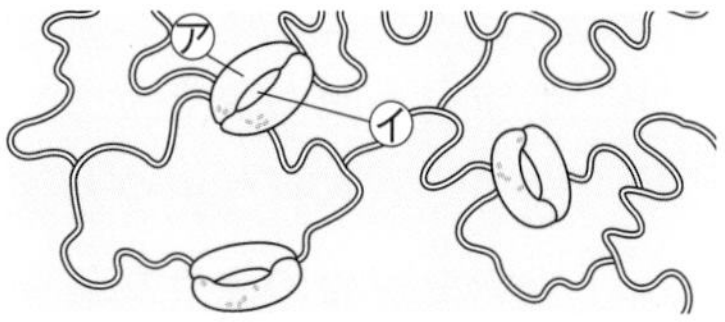

⑷ ⑶について説明した次の文の（　）にあてはまる言葉を答えなさい。

①（　　　　）　②（　　　　）

根から吸い上げられた水の多くは，（ ① ）となって㋑のすき間から空気中に出ていく。このことを（ ② ）という。㋑のすき間が開閉することによって，空気中に出ていく（ ① ）の量が調節されている。

⑸ ⑶は，どの部分に最も多く見られるか。次のア～エから選びなさい。[ヒント]（　　）

ア　葉の表側　　イ　葉の裏側

ウ　茎　　エ　根

ヒントの森

3⑶葉ではすじとなって広がっている。　**4**⑶「孔」は，つきぬけた穴という意味がある。⑸空気にふれる部分が大きくて，日光に直接当たらない部分に多く見られる。

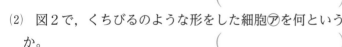

解答 p.9

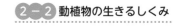

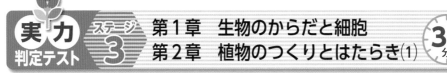

実力判定テスト ステージ3
第1章　生物のからだと細胞
第2章　植物のつくりとはたらき(1)

30分　　/100

よく出る **1** 下の図は，ヒトのほおの粘膜の細胞，タマネギの表皮の細胞，オオカナダモの葉の細胞を顕微鏡で観察したようすである。これについて，あとの問いに答えなさい。　4点×9（36点）

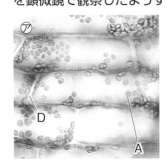

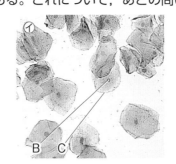

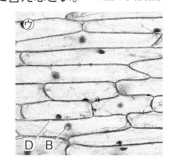

(1)　細胞を観察しやすくするために用いる染色液を1つ答えなさい。

(2)　㋐〜㋒のうち，染色液を用いないで観察したものはどれか。

(3)　㋐〜㋒のうち，オオカナダモの葉の細胞を観察したものはどれか。

(4)　A〜Dのつくりを何というか。それぞれ名称を答えなさい。

(5)　植物の細胞だけに見られる，細胞の活動によってできた物質や水が入っている袋状のつくりを何というか。

(6)　すべての細胞で行われている，酸素を取り入れ，二酸化炭素を排出（はいしゅつ）するはたらきを何というか。

(1)		(2)		(3)		(4) A	
						B	
(4) C		D		(5)		(6)	

2 右の図は，ホウセンカの茎のつくりを模式的に表したものである。これについて，次の問いに答えなさい。　4点×5（20点）

(1)　道管は，図の㋐，㋑のどちらか。

(2)　葉でつくられた養分が通る管は，図の㋐，㋑のどちらか。

記述 (3)　ホウセンカのような双子葉類（そうしようるい）の茎の横断面では，維管束はどのようにならんでいるか。

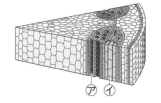

記述 (4)　茎についている根は，茎とともにどのようなはたらきがあるか。「植物」という言葉を使って答えなさい。

(5)　根の先端付近にある，毛のような細い突起を何というか。

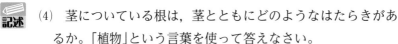

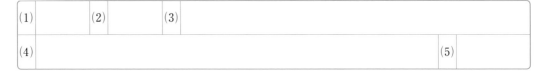

(1)		(2)		(3)	
(4)				(5)	

3 図１は，葉の断面を表したもので，図２は閉じた気孔と，開いた気孔のようすである。これについて，次の問いに答えなさい。　３点×８（24点）

(1)　植物のからだは，図１で多数見られるような，たくさんの小さなしきりが集まってできている。この１つひとつを何というか。

(2)　図１の㋐，㋑の管をそれぞれ何というか。

(3)　蒸散とはどのようなことをいうか。

(4)　蒸散が行われているときの気孔のようすは，図２の㋒，㋓のどちらか。

(5)　蒸散がさかんに行われるのは，昼，夜のどちらか。

(6)　多くの植物で，気孔は葉のどの部分に最も多く見られるか。

(7)　蒸散は，植物にとってどのようなことに役立っているか。

図１

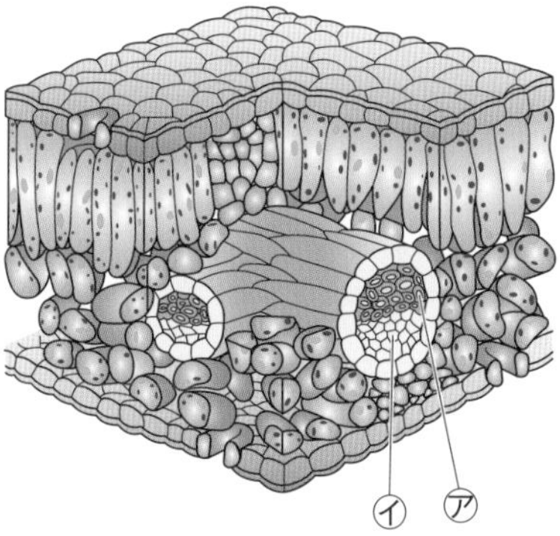

図２

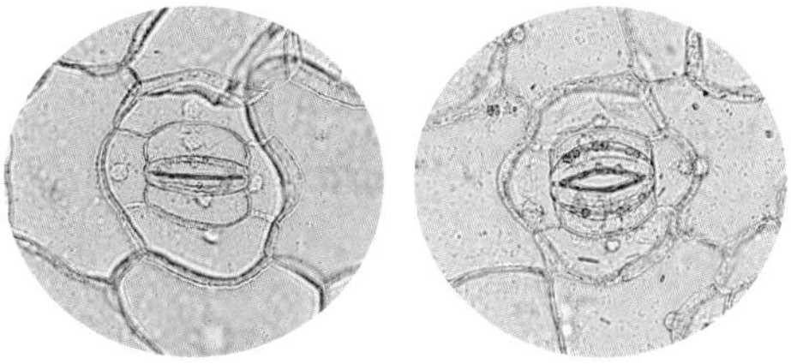

㋒閉じた気孔　　㋓開いた気孔

(1)		(2)	㋐		㋑		
(3)							
(4)		(5)		(6)		(7)	

4 顕微鏡の使い方について，次の問いに答えなさい。　４点×５（20点）

(1)　レンズがはずれている場合，接眼レンズ，対物レンズのどちらを先にはめるか。

(2)　顕微鏡の使い方で，正しい操作手順になるように，次の**ア**～**エ**をならべなさい。

ア　反射鏡としぼりを調節して，視野を明るくする。

イ　対物レンズを一番低倍率にする。

ウ　接眼レンズをのぞきながらピントを合わせる。

エ　対物レンズとプレパラートをできるだけ近づける。

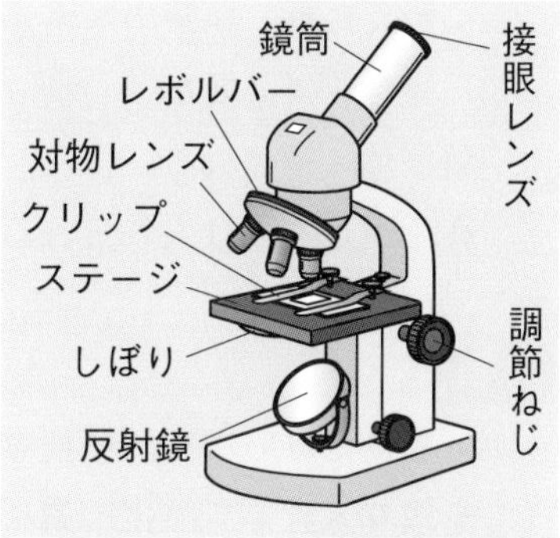

(3)　接眼レンズの表示が「10×」，対物レンズの表示が「×40」であった。このときの顕微鏡の倍率は何倍か。

(4)　顕微鏡を高倍率にすると，視野の明るさはどうなるか。

(5)　試料を視野の中央に動かすとき，プレパラートは，次の**ア**，**イ**のどちらに動かすか。

ア　試料を動かしたい向き　　**イ**　試料を動かしたい向きとは逆向き

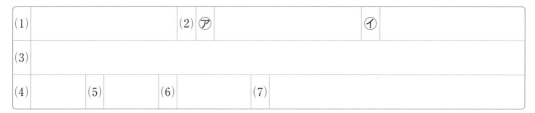

(1)		(2)	→　→　→	(3)		(4)		(5)	

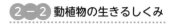

解答 ▶ p.9

確認のワーク ステージ **1** **第2章　植物のつくりとはたらき(2)**

📖 教科書の 要点 （　）にあてはまる語句を，下の語群から選んで答えよう。
同じ語句を何度使ってもかまいません。

1 植物と養分
教 p.95〜105

(1) ヒマワリなど，植物の葉を真上から見ると，（①　　　　　　　　）がよく当たるように，たがいに重ならないようについている。

(2) デンプンがあるかどうかは，（②　　　　　　　　）を使い，色が青紫色（むらさき）になるかどうかで調べられる。

(3) 日光が当たると，植物の細胞の中の（③　　　　　　　　）でデンプンができる。

(4) 葉では，取り入れた（④　　　　　　　　）と水を原料にして，デンプンをつくっている。
└ 炭素がふくまれる気体。

(5) 植物に日光が当たると，（⑤　　　　　　　　）が発生する。

> **まるごと 暗記**
> ● 植物は，**水**と**二酸化炭素**を使って，葉の細胞にある**葉緑体**でデンプンをつくる。
> ● デンプンがあると，**ヨウ素デンプン反応**が見られる。

2 光合成（こうごうせい）
教 p.106

(1) 植物が，太陽などの光のエネルギーを利用して，水や二酸化炭素からデンプンなどの養分をつくり出すことを（①★　　　　　　　　）という。
└ 植物の成長などに使われる。

(2) （②　　　　　　　　）などの養分は，水に溶けやすい物質となってからだ全体に運ばれ，からだをつくる物質になったり，生命を維持するために使われたりする。一部は種子や果実，いもなどにもたくわえられ，発芽のエネルギー源となる。

(3) 光合成に必要な（③　　　　　　　　）は，根から吸い上げられて，葉緑体に運ばれる。また，（④　　　　　　　　）は，空気中から気孔を通して取り入れられる。
└ 孔辺細胞に囲まれている。

> **まるごと 暗記**
> ● 光合成は，植物が**光エネルギー**によって，**水**や**二酸化炭素**からデンプンをつくることである。
> ● 昼はさかんに**光合成**を行う。気孔から多くの**二酸化炭素**を取り入れ，多くの**酸素**を出す。

3 呼吸
教 p.107

(1) 動物だけでなく，植物も常に（①★　　　　　　　　）をして，酸素を取り入れて二酸化炭素を出している。

(2) 植物は，昼は光合成と呼吸を，夜は（②　　　　　　　　）だけを行っている。昼には，光合成による気体の出入りの方が呼吸による気体の出入りよりも多い。そのため，植物全体では，（③　　　　　　　　）を取り入れて，（④　　　　　　　　）を出しているようにみえる。

> **まるごと 暗記**
> 常に呼吸しているのは，動物も植物も同じ。

> **プラスα**
> 光が当たらないと光合成は行われない。

> 語群 ❶日光／葉緑体／酸素／二酸化炭素／ヨウ素液
> ❷水／二酸化炭素／デンプン／光合成　　❸酸素／二酸化炭素／呼吸

😊 ★の用語は，説明できるようになろう！

同じ語句を何度使ってもかまいません。

教科書の[図]　□にあてはまる語句を，下の語群から選んで答えよう。

1 養分をつくるために必要な条件

[教] p.98

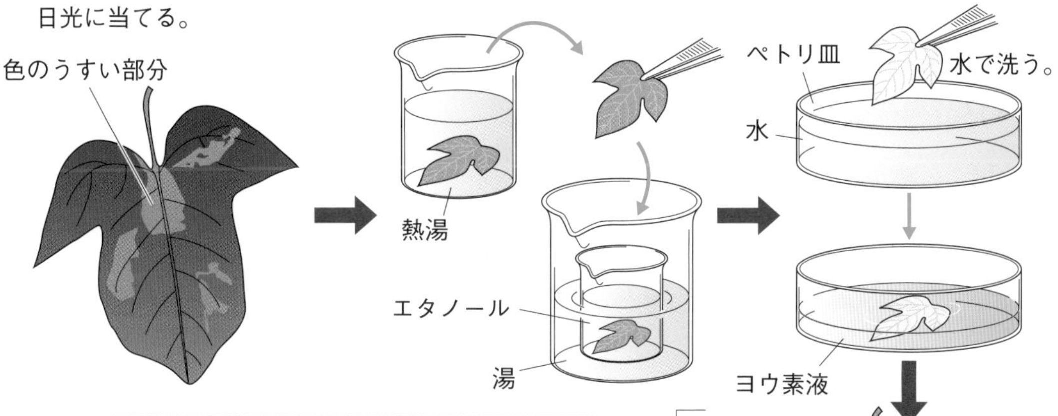

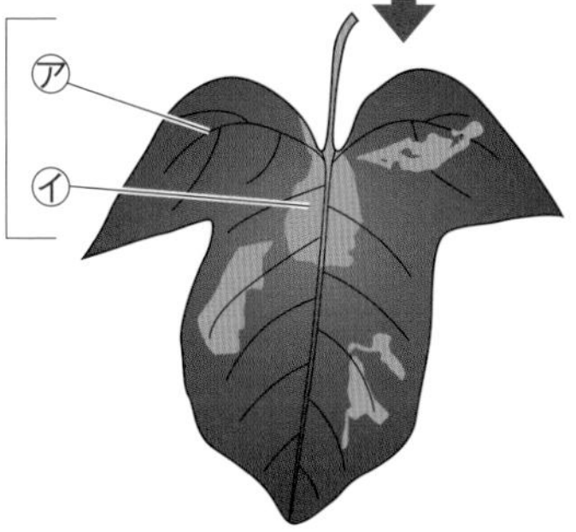

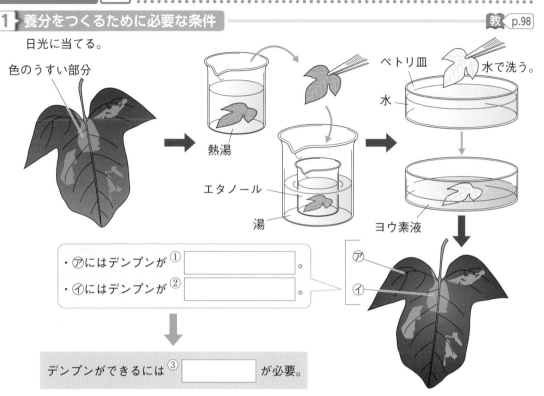

・㋐にはデンプンが ① □。
・㋑にはデンプンが ② □。

デンプンができるには ③ □ が必要。

2 デンプンの原料

[教] p.104

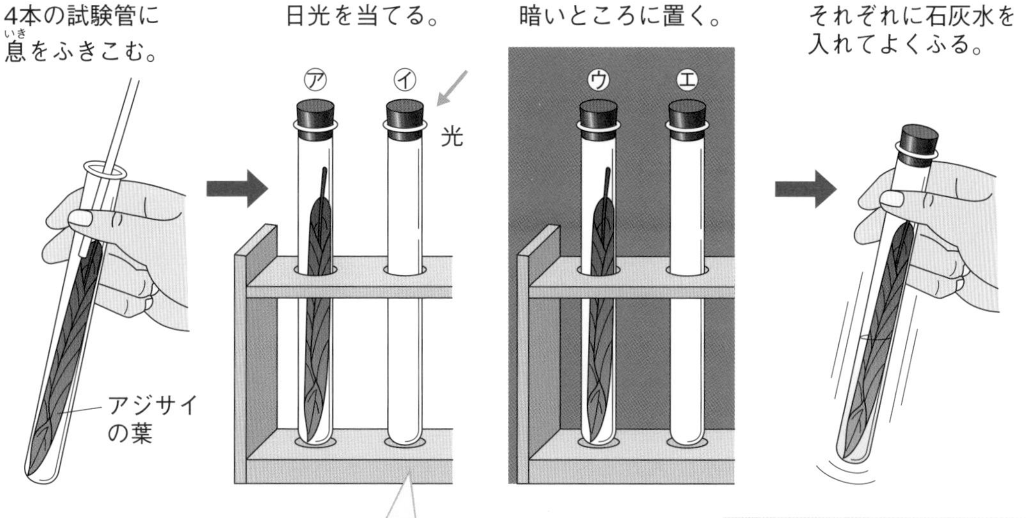

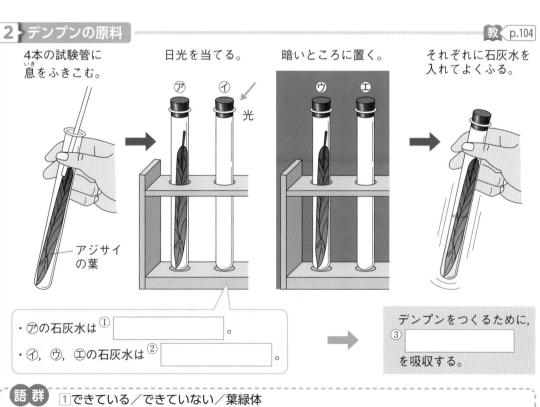

・㋐の石灰水は ① □。
・㋑，㋒，㋓の石灰水は ② □。

→ デンプンをつくるために，③ □ を吸収する。

[語群]
[1]できている／できていない／葉緑体
[2]二酸化炭素／白くにごる／変化しない

わからない用語は，教科書の[要][点]の★で確認しよう！

解答▶p.10

定着のワーク　ステージ2　**第2章　植物のつくりとはたらき⑵**

1 教 p.95　探究3　**養分をつくるために必要な条件**　下の図のように，1つの葉の一部をアルミニウムはくでまいて鉢ごと日光に当てたあと，ヨウ素デンプン反応を確かめた。これについて，あとの問いに答えなさい。

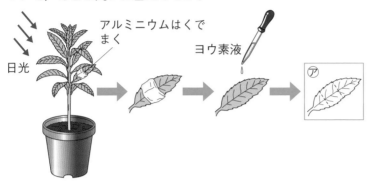

変える条件とそろえる条件を考えよう。

記述
(1)　葉の一部をアルミニウムはくでまいた理由を答えなさい。

(　　　　　　　　　　　　　　　　　　　　　　　　　　　)

作図
(2)　㋐の葉で，ヨウ素デンプン反応が起こった部分を黒くぬりつぶしなさい。ヒント

(3)　この実験の結果から，デンプンができるためには，何が必要であることがわかるか。

(　　　　　　　　　　　　　　　　　　　　　　　　　　　)

2 教 p.99　探究4　**デンプンのできる場所**　下の図のように，十分に光を当てたオオカナダモの先端近くの葉を取って，㋐のようにプレパラートをつくり，顕微鏡で観察した。次に，㋑のようにして葉を熱湯につけたあと，温めたエタノールに入れた。そのあと，葉を水洗いし，ヨウ素液を落としてから顕微鏡で観察した。これについて，あとの問いに答えなさい。

カバーガラスを置き，よぶんなヨウ素液をろ紙で吸い取る。

(1)　㋑で，葉をエタノールに入れる理由を，次のア〜ウから選びなさい。ヒント　(　　　　　)

　ア　葉をかたくするため。　　イ　葉を脱色するため。

　ウ　葉をやわらかくするため。

(2)　㋑で，青紫色に染まったのは，葉の何というつくりか。　(　　　　　　　　)

(3)　(2)の部分にできたものは何か。　(　　　　　　　　)

ヒントの森　❶(2)アルミニウムはくでまいた部分とそうでない部分の条件のちがいを考える。
❷(1)葉をエタノールに入れると，エタノールは緑色になることから考える。

3 教 p.103 探究 5 **デンプンの原料** 右の図の試験管㋐, ㋑にはアジサイの葉を入れ, 試験管㋒, ㋓には何も入れないで, それぞれ息をふきこんだ。試験管㋐, ㋒は20〜30分間日光に当て, 試験管㋑, ㋓は暗いところに置いた。そして, それぞれの試験管に石灰水を入れてよくふり, 石灰水の変化を調べた。これについて, 次の問いに答えなさい。

(1) 試験管に息をふきこんだのは, 何という気体を増やすためか。 ヒント（ 　　　　　　　　 ）

(2) 石灰水が白くにごらなかったのは, 試験管㋐〜㋓のどれか。 （ 　　　　 ）

(3) 実験の結果から, 葉に日光を当てると, 何が吸収されることがわかるか。
（ 　　　　　　　　 ）

(4) 試験管㋒, ㋓を用意した理由を答えなさい。
（ 　　　　　　　　　　　　　　　 ）

日光を当てる。 　　暗いところに置く。

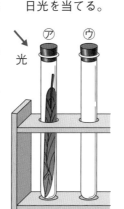 

2-2

4 **植物の呼吸** 植物の呼吸について調べるため, 新鮮（しんせん）な野菜とポリエチレンの袋を使って右の図のような実験を行った。これについて, 次の問いに答えなさい。

(1) 石灰水が白くにごるのは, 図の㋐, ㋑のどちらか。 （ 　　　 ）

(2) (1)の袋の中で増えた気体は何か。
（ 　　　　　　 ）

(3) 植物は, 呼吸を行っているとき, 空気中から何を取り入れているか。
（ 　　　　　　 ）

(4) 植物は, 呼吸を行っているとき, 空気中に何を出しているか。 （ 　　　　　　 ）

(5) 植物はいつ呼吸を行っているか。次のア〜ウから選びなさい。 （ 　　　 ）

ア 昼だけ

イ 夜だけ

ウ 1日中

(6) 昼, 光合成と呼吸による気体の出入りの結果, 植物は全体として何を取り入れ, 何を出しているようにみえるか。 ヒント
（ 　　　　　　　　　　　　　　　　　　　　 ）

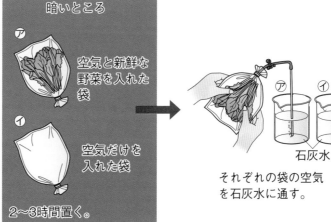

❸(1)ヒトのはく息に, 空気中よりも多くふくまれている気体。
❹(6)昼は光合成がさかんに行われていることから考える。

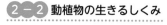

解答 ▶ p.10

実力判定テスト ステージ **3** 第2章 植物のつくりとはたらき⑵ 30分 /100

1 図1のように，前日にアサガオの葉の一部をアルミニウムはくでおおい，次の日に日光を十分に当てた。次に，この葉をつみ取り，図2のようにして，熱湯につけたあと，温めたエタノールに入れ，水でよく洗ってからヨウ素液に入れて，葉のようすを観察した。これについて，次の問いに答えなさい。

4点×8（32点）

記述

(1) 葉を温めたエタノールにつけるのはなぜか。

(2) 葉をヨウ素液に入れると，次の部分の色はどのようになるか。

　① アルミニウムはくでおおった緑色の部分

　② アルミニウムはくでおおった葉の色のうすい部分

　③ アルミニウムはくでおおわなかった緑色の部分

　④ アルミニウムはくでおおわなかった葉の色のうすい部分

図1

色のうすい部分

(3) (2)で，色が変化した部分には何ができていることがわかるか。

(4) (2)の①，③の結果から，(3)ができるためには何が必要であることがわかるか。

(5) (2)の③，④の結果から，(3)ができるためには何が必要であることがわかるか。

図2

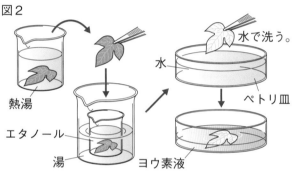

水で洗う。

水

ペトリ皿

熱湯

エタノール

湯

ヨウ素液

(1)		(2)①		②	
(2)③		④		(3)	(4)	(5)

2 右の図のように，炭酸水素ナトリウムを溶かした水溶液にオオカナダモを入れて光を当て，オオカナダモから発生する気体を調べた。これについて，次の問いに答えなさい。

5点×3（15点）

(1) 水に炭酸水素ナトリウムを溶かすのは，何という気体が水に溶けた状態にするためか。

(2) ペットボトルを水に沈めてテープをはがし，ペットボトルにたまった気体を試験管に集めた。試験管に火のついた線香を入れると，どうなるか。

(3) (2)から，発生した気体は何であることがわかるか。

ペットボトル

光を当てる。

オオカナダモ

底に小さな穴を開け，ビニルテープでふさぐ。

炭酸水素ナトリウムを溶かした水溶液

(1)		(2)		(3)	

3 下の図は，植物のはたらきと物質の出入りを表したものである。これについて，あとの問いに答えなさい。

4点×7（28点）

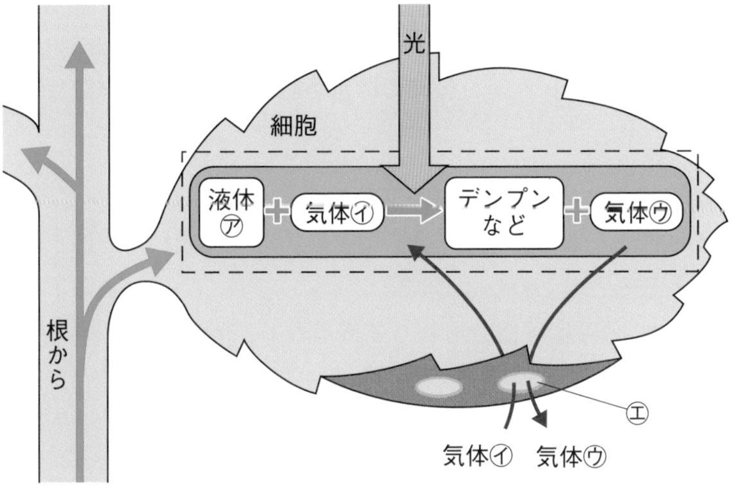

(1) 植物が，光のエネルギーを利用してデンプンなどの養分をつくり出すことを何というか。

(2) 植物がデンプンをつくるときの原料となる液体㋐と気体㋑は何か。

(3) 植物がデンプンをつくるときに発生する気体㋒は何か。

(4) 気体㋑，㋒が出入りする㋓のすき間を何というか。

(5) デンプンは，植物体内の化学変化でどのような物質に変えられて，からだ全体に運ばれるか。

(6) 養分の一部は，どこにたくわえられるか。1つ答えなさい。

(1)		(2)	㋐		㋑		(3)		(4)	
(5)								(6)	

4 右の図のように，新鮮な野菜と空気を入れたポリエチレンの袋㋐と空気だけを入れたポリエチレンの袋㋑を用意して，2～3時間暗い場所に置いた。これについて，次の問いに答えなさい。

5点×5（25点）

(1) 袋㋐，㋑の空気を石灰水に通すとどうなるか。それぞれ答えなさい。

(2) (1)の結果から，暗い場所に置いた植物が何を出していることがわかるか。

(3) 袋㋐の結果は，植物の何というはたらきによるか。

(4) 袋㋑を使った実験を何というか。

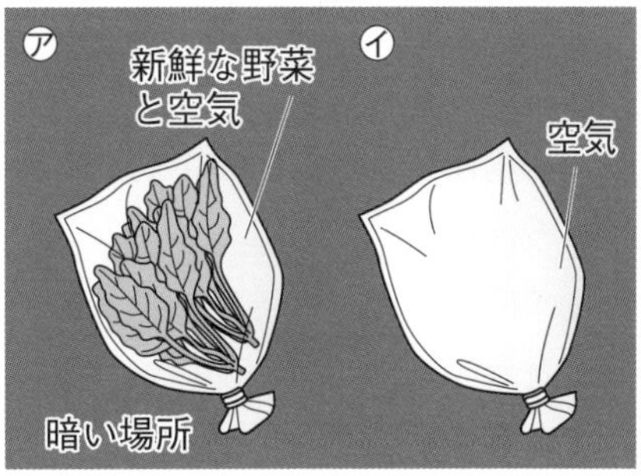

(1)	㋐		㋑		
(2)		(3)		(4)	

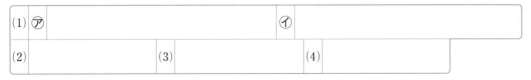

解答 p.11

確認のワーク ステージ1 第3章 動物のつくりとはたらき(1)

教科書の要点

(　　)にあてはまる語句を，下の語群から選んで答えよう。

同じ語句を何度使ってもかまいません。

1 血液の循環

教 p.108〜111

(1) ★心臓から送り出された血液が流れる血管を(①★　　　　)，心臓にもどる血液が流れる血管を(②★　　　　)という。静脈には，血液が逆もどりしないように(③　　　　)がある。

(2) 心臓から出た大動脈は，枝分かれして細くなり，からだの末端では非常に細い(④★　　　　)になる。毛細血管を過ぎると，静脈，大静脈となり，心臓にもどる。

(3) ★リンパ管は，全身にはりめぐらされていて，その中を★リンパ液が流れている。心臓，血管，血液，リンパ管，リンパ液をまとめて(⑤　　　　)という。

(4) 酸素を多くふくむ血液を(⑥　　　　)，細胞から二酸化炭素を受け取った血液を(⑦　　　　)という。

(5) 血液の循環には，心臓から出て肺をめぐって心臓にもどる(⑧★　　　　)と，心臓を出てから肺以外の全身をめぐって心臓にもどる(⑨★　　　　)がある。

大静脈を通って心臓にもどる。

まるごと暗記
- 血液は，心臓のはたらきで全身に送られ，体内を循環する。
- 心臓，血管と血液，リンパ管とリンパ液をまとめて循環系という。
- 血液の循環には，肺循環と体循環がある。

ワンポイント

体循環では養分や酸素が全身の細胞に運ばれる。

2 呼吸のしくみ

教 p.112〜113

(1) 動物が肺やえらから体内に酸素を取り入れ，二酸化炭素を体外に出すことを(①★　　　　)といい，肺やえらなどを★呼吸器官という。

哺乳類は肺で呼吸する。

(2) 気管支の末端にある小さな袋状のつくりを(②★　　　　)という。

吸いこまれた空気は，気管を通り，気管支をへて肺に入る。

(3) ヒトの肺はろっ骨で囲まれた空間の中にある。呼吸は，この空間の底の部分にある(③　　　　)や，ろっ骨の間にある筋肉を動かすことによって行われる。これを(④　　　　)という。

(4) 肺胞を取りまく毛細血管の血液から二酸化炭素が肺胞の中に出されて，同時に酸素が血液に取りこまれる。二酸化炭素は水分とともに呼気に混じって，体外に出される。肺胞で酸素と二酸化炭素が入れかわることを(⑤　　　　)という。酸素を多くふくんだ(⑥　　　　)は心臓にもどったあと，全身に送られる。

まるごと暗記
- 動物が酸素を取り入れ，二酸化炭素を体外に排出することを呼吸(外呼吸)という。
- 動物のえらや肺などを呼吸器官という。

プラスα

肺胞があることで**表面積**が大きくなり，ガス交換の効率を高めている。

語群

1 体循環／静脈／動脈／肺循環／動脈血／毛細血管／静脈血／弁／循環系

2 呼吸運動／肺胞／ガス交換／呼吸／横隔膜／動脈血

★の用語は，説明できるようになろう！

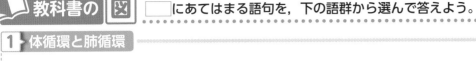

同じ語句を何度使ってもかまいません。

□にあてはまる語句を，下の語群から選んで答えよう。

1 体循環と肺循環　　教 p.111

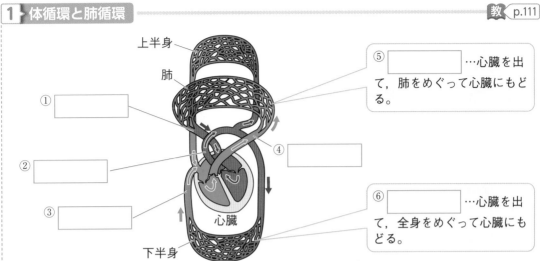

上半身

肺

① □

② □

③ □

心臓

下半身

⑤ □…心臓を出て，肺をめぐって心臓にもどる。

④ □

⑥ □…心臓を出て，全身をめぐって心臓にもどる。

2 ヒトの肺のつくり　　教 p.112

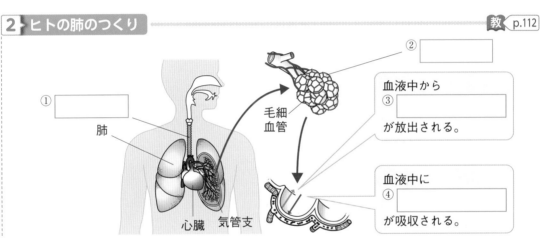

① □

肺

心臓　気管支

毛細血管

② □

血液中から
③ □
が放出される。

血液中に
④ □
が吸収される。

3 呼吸運動　　教 p.113

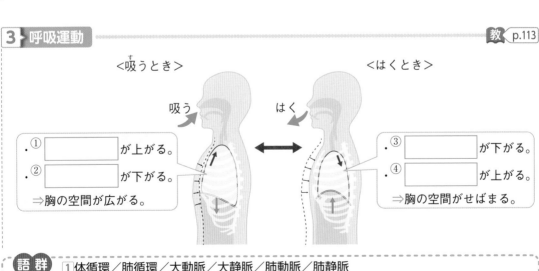

＜吸うとき＞　　　　＜はくとき＞

吸う　　　　はく

・① □ が上がる。
・② □ が下がる。
⇒胸の空間が広がる。

・③ □ が下がる。
・④ □ が上がる。
⇒胸の空間がせばまる。

語群　1 体循環／肺循環／大動脈／大静脈／肺動脈／肺静脈
2 酸素／二酸化炭素／肺胞／気管　3 ろっ骨／横隔膜

わからない用語は，教科書の要点の★で確認しよう！

定着のワーク ステージ2　第3章　動物のつくりとはたらき(1)

1 心臓と血液の循環　図1はヒトの心臓のつくりを，図2はヒトの血液の循環する道すじをそれぞれ模式的に表したものである。これについて，次の問いに答えなさい。

(1) 図1の㋐〜㋓の4つの部屋の名称を，それぞれ答えなさい。
㋐( )
㋑( )
㋒( )
㋓( )

(2) 心臓の筋肉が，縮んだりゆるんだりすることを何というか。 ( )

(3) 図2の㋐〜㋓のうち，血液の正しい流れを表しているのはどれか。2つ選びなさい。
( )( )

(4) 次の①〜④の血液が流れる血管はどれか。図2のA〜Dからそれぞれ選びなさい。また，その血管の名称も答えなさい。

① 心臓から全身に送り出される血液
記号( )　名称( )

② 全身から心臓にもどる血液
記号( )　名称( )

③ 心臓から肺に送り出される血液
記号( )　名称( )

④ 肺から心臓にもどる血液
記号( )　名称( )

(5) 図2のA〜Dのうち，静脈血が流れている血管はどれか。2つ選びなさい。 ( )( )

(6) 静脈の内側には，ところどころに血流の逆もどりを防ぐつくりがある。このつくりを何というか。
ヒント ( )

(7) 心臓から出て，肺以外の全身をめぐり，再び心臓にもどる血液の循環を何というか。
( )

(8) 血管と同じように，全身にはりめぐらされ，最終的には首の下の血管に合流する管を何というか。 ヒント ( )

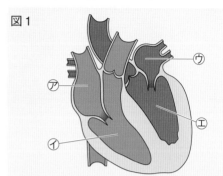

図1

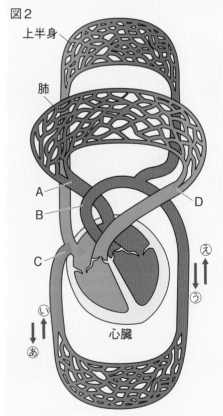

図2

➡ は血液の流れる方向

ヒントの森　❶(6)静脈は心臓にもどる血液が流れる血管である。　(8)心臓や血管などとまとめて循環系とよばれる。

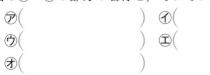

2 呼吸器官　右の図は，ヒトの肺のつくりを表したものである。これについて，次の問いに答えなさい。

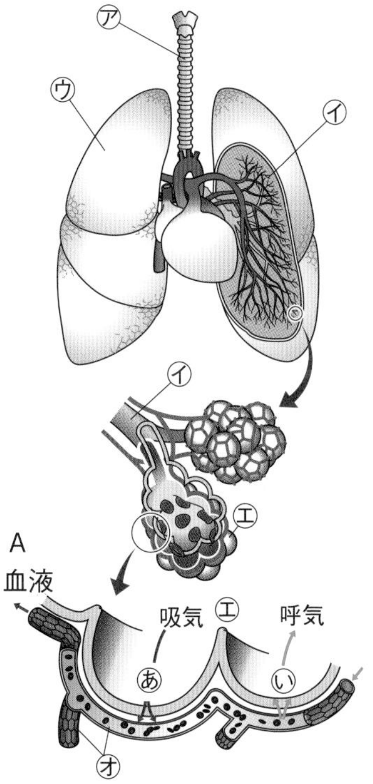

(1)　図の㋐～㋔の部分の名称を，それぞれ答えなさい。

㋐(　　　　　　　　)　㋑(　　　　　　　　)
㋒(　　　　　　　　)　㋓(　　　　　　　　)
㋔(　　　　　　　　)

(2)　図のAは，㋑の先にある小さな袋状のつくり㋓の拡大図で，[あ]は吸気から血液に吸収される気体，[い]は血液から呼気に放出される気体を表している。[あ]，[い]の気体名をそれぞれ答えなさい。[ヒント]

[あ](　　　　　　　　)　[い](　　　　　　　　)

(3)　[あ]を体内に取り入れ，[い]を体外に排出することを何というか。(　　　　　　　　)

(4)　㋓で行われる[あ]と[い]の交換を何というか。(　　　　　　　　)

(5)　[あ]を多くふくむようになった血液を何というか。(　　　　　　　　)

(6)　(5)の血液は，どこにもどったあと，全身に送り出されるか。(　　　　　　　　)

3 呼吸運動　右の図は，呼吸のようすを表すモデルである。これについて，次の問いに答えなさい。

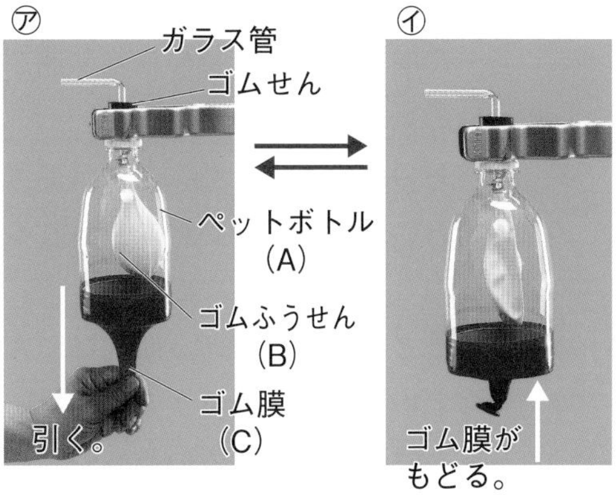

(1)　図のA～Cは，ヒトのからだでは，何というつくりにあたるか。それぞれ，下の〔　〕から選びなさい。

A(　　　　　　　　)
B(　　　　　　　　)
C(　　　　　　　　)

〔 横隔膜　　胸の空間　　気管支　　肺 〕

(2)　ゴム膜(まく)を引くと，ゴムふうせんはどのようになるか。(　　　　　　　　)

(3)　(2)のようになるのは，中の気圧がどうなるからか。(　　　　　　　　)

(4)　引いたゴム膜をもとにもどすと，ゴムふうせんはどのようになるか。(　　　　　　　　)

(5)　息をはくときのようすを表しているのは，㋐，㋑のどちらか。[ヒント]　(　　　)

ヒントの森

2(2)ヒトの呼吸器管では小さな袋状のつくりの中で気体を交換している。
3(5)息をはくときには，ろっ骨の間にある筋肉と横隔膜のはたらきで胸の空間がせばまる。

実力判定テスト　ステージ3　第3章　動物のつくりとはたらき(1)　30分　/100

解答　p.11

1　右の図は，血液が循環する道すじを模式的に表したものである。これについて，次の問いに答えなさい。

4点×13(52点)

(1)　㋐の器官を何というか。

(2)　㋐に血液が流れこむときに広がる部屋を，次のア〜エからすべて選びなさい。
　　ア　右心房　　イ　右心室
　　ウ　左心房　　エ　左心室

(3)　㋐は，1分間にどのくらい拍動をくり返しているか。次のア〜エから選びなさい。
　　ア　6〜8回　　　イ　60〜80回
　　ウ　600回〜800回　　エ　6000〜8000回

(4)　㋐から全身に送り出す血液の量は1日でのべどれくらいか。次のア〜エから選びなさい。
　　ア　約8L　　イ　約80L
　　ウ　約800L　　エ　約8000L

(5)　㋐から肺へ送られ，再び㋐にもどってくる血液の循環を何というか。

(6)　(5)の循環する道すじの1つとして正しいものを，次のア〜ウから選びなさい。
　　ア　㋐→B→肺→C→F→肺→G→㋐　　　イ　㋐→B→肺→C→㋐
　　ウ　㋐→F→肺→G→㋐

(7)　養分や酸素などを全身の細胞に運び，二酸化炭素などを細胞から受け取って心臓にもどる血液の循環を何というか。

(8)　A〜Hの血管から，動脈をすべて選びなさい。

(9)　A〜Hの血管から，動脈血が流れる血管をすべて選びなさい。

記述　(10)　動脈血とはどのような血液か。

(11)　ところどころに弁がある血管は，AとHのどちらか。

記述　(12)　弁はどのようなはたらきをするか。

(13)　リンパ管の中を流れているものを何というか。

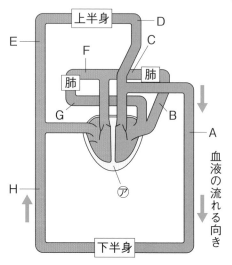

図中のラベル：上半身，D，E，C，F，肺，肺，G，B，A，血液の流れる向き，H，㋐，下半身

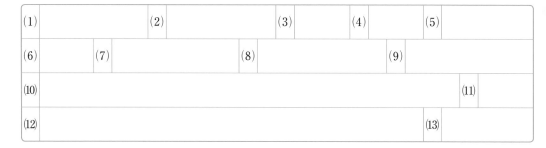

(1)		(2)		(3)		(4)		(5)	
(6)		(7)		(8)				(9)	
(10)								(11)	
(12)							(13)		

2 図１はヒトの肺のつくり，図２はヒトの呼吸運動のようすを模式的に表したものである。これについて，次の問いに答えなさい。　3点×12(36点)

(1)　図１の㋐は気管支の先にある小さな袋状のつくりである。㋐を何というか。

(2)　図１の㋐のつくりがあることによって，どのような利点があるか。「表面積」，「ガス交換」という言葉を使って答えなさい。

(3)　図１の㋐を取りまいている細い血管を何というか。

(4)　二酸化炭素を多くふくむ血液が流れているのは，図１の㋑，㋒のどちらの血管か。

(5)　(4)の血管は，動脈，静脈のどちらか。

(6)　ヒトの肺や，魚類のえらなどの器官を何というか。

(7)　呼吸に関わる器官などをまとめて何というか。

(8)　図２の㋓の骨，筋肉でできた㋔を何というか。それぞれの名称を答えなさい。

(9)　次の文の①にはＡかＢを，②，③にはあてはまる言葉を答えなさい。

図１

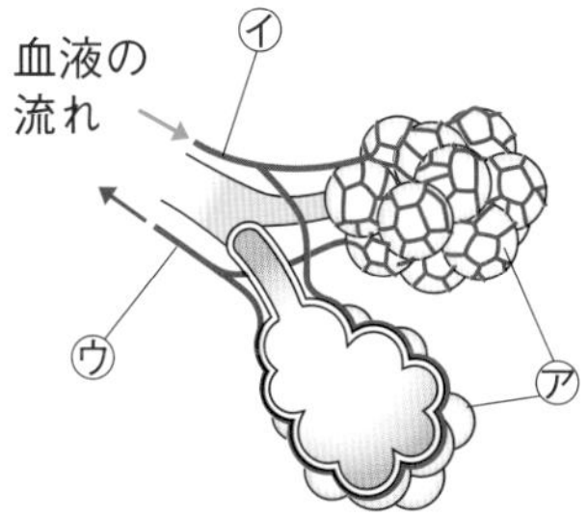

図２

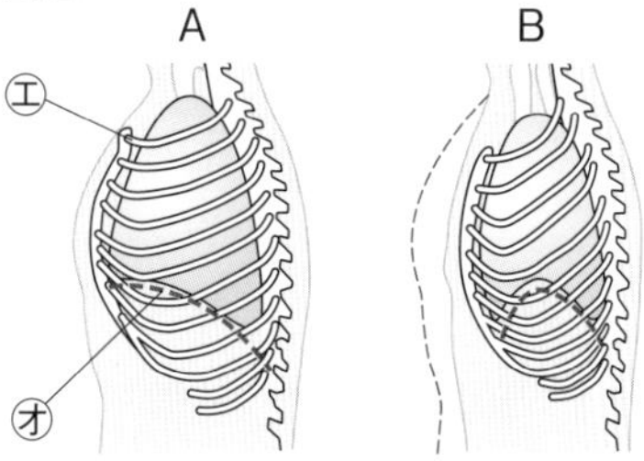

　図２で，息を吸うときのようすを表しているのは(　①　)である。㋓が(　②　)り，㋔が(　③　)ることで，肺の中に空気が吸いこまれる。

(1)		(2)					
(3)		(4)		(5)		(6)	
(7)		(8) ㋓		㋔			
(9) ①		②		③			

3 右の表は，空気とヒトの呼気の成分(体積比)をまとめたものである。これについて，次の問いに答えなさい。　3点×4(12点)

(1)　表の㋐，㋑にあてはまる気体を，それぞれ答えなさい。

(2)　(1)のように判断した理由を，㋑の気体の名称を用いて答えなさい。

	空気(吸気)	呼気の例
㋐	約21%	約16%
㋑	約0.04%	約4%

(3)　呼気には，㋐や㋑のほかに，空気(吸気)にはあまりふくまれていなかったある気体も混じっている。この気体の名称を答えなさい。

(1) ㋐		㋑		(2)		(3)	

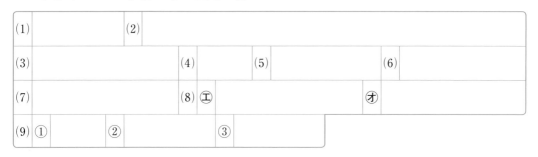

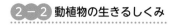

解答▶p.12

確認のワーク ステージ1　第3章　動物のつくりとはたらき(2)

教科書の要点

同じ語句を何度使ってもかまいません。

（　）にあてはまる語句を，下の語群から選んで答えよう。

1 消化と吸収

教 p.114～122

(1) 口から肛門までの食物の通り道を（①★　　　　）という。ヒトには，口，食道，胃，小腸，大腸，肝臓，すい臓などの消化器官があり，消化に関わる器官などをまとめて★消化系という。

(2) 食物が★吸収されやすい形になることを（②★　　　　）という。
└ 体内に取りこまれる。

(3) だ液など，消化器官から出される液を（③★　　　　）といい，ふつう★消化酵素がふくまれる。消化酵素によって，デンプンはブドウ糖に，タンパク質はアミノ酸に，脂肪は脂肪酸とモノグリセリドに分解される。

(4) 分解された養分は，小腸内側の壁にある（④★　　　　）からからだの中に吸収される。
└ 中には毛細血管やリンパ管がある。

(5) 柔毛から吸収されて（⑤　　　　）に入ったブドウ糖やアミノ酸は，血液によって肝臓をへて全身に運ばれる。

(6) 脂肪酸とモノグリセリドは柔毛で吸収されたあと，再び脂肪に合成されて，（⑥　　　　）に入る。

まるごと暗記
- 口から肛門までの食物の通り道を**消化管**といい，食物は消化管を通る間に消化・吸収される。
- だ液などの消化液には**消化酵素**がふくまれていて，食物を分解する。

ワンポイント
消化酵素は，はたらく対象が決まっている。

2 養分や酸素のゆくえ

教 p.123～126

(1) 血液の成分には，★赤血球，★白血球，（①★　　　　）などの固形の成分と，透明な液体の（②★　　　　）がある。

(2) 酸素を運ぶはたらきのある（③　　　　）には，酸素の多いところでは酸素と結びつき，酸素の少ないところでは酸素をはなす性質をもつ（④★　　　　）がふくまれている。

(3) 血しょうの一部は毛細血管からしみ出して，細胞のすき間を満たしている。この液を（⑤★　　　　）という。組織液には酸素や養分などが溶けていて，細胞にわたされる。

(4) 細胞の活動で生じた有毒なアンモニアは，血液によって肝臓に運ばれ，無毒な（⑥★　　　　）に変えられる。

(5) 血液中のよぶんな水分や塩分，尿素などは（⑦★　　　　）でこしとられて（⑧★　　　　）になり，ぼうこうに一時的にためられてから，体外に出される。

まるごと暗記
- 赤血球はヘモグロビンをふくんでいて，酸素を運ぶ役割をしている。
- 組織液は血しょうの一部がしみ出したもので，肺で取りこんだ**酸素**や，小腸で取りこんだ**養分**などがふくまれている。
- 有毒なアンモニアは，肝臓で無毒な尿素に変えられ，**腎臓**でこしとられている。

語群
1 柔毛／リンパ管／消化液／消化管／消化／毛細血管
2 尿素／血小板／ヘモグロビン／腎臓／血しょう／組織液／赤血球／尿

★の用語は，説明できるようになろう！

教科書の 図 ☐にあてはまる語句を，下の語群から選んで答えよう。

同じ語句を何度使ってもかまいません。

1 養分の消化

教 p.116

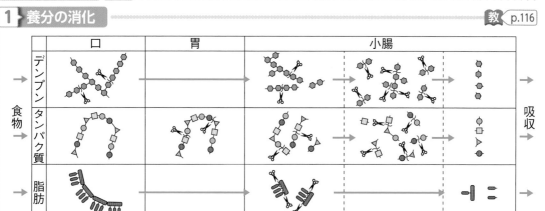

2-2

〈デンプン〉
だ液，すい液，小腸の壁にある消化酵素のはたらきにより，
① ☐ に分解される。

〈タンパク質〉
胃液，すい液，小腸の壁にある消化酵素のはたらきにより，
② ☐ に分解される。

〈脂肪〉
すい液の消化酵素，胆汁のはたらきにより，脂肪酸と
③ ☐ に分解される。

2 養分の吸収

教 p.121

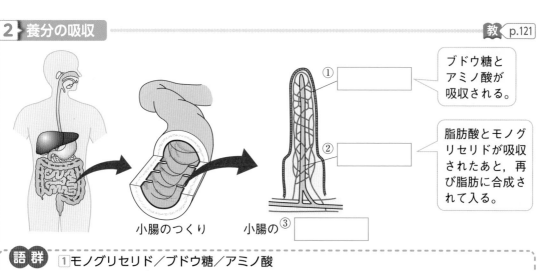

① ☐ ブドウ糖とアミノ酸が吸収される。

② ☐ 脂肪酸とモノグリセリドが吸収されたあと，再び脂肪に合成されて入る。

小腸のつくり 　小腸の③ ☐

語群 1 モノグリセリド／ブドウ糖／アミノ酸
2 柔毛／リンパ管／毛細血管

わからない用語は，教科書の 要点 の★で確認しよう！

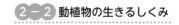

解答 p.12

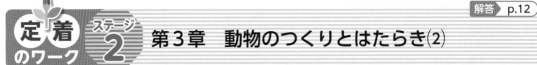

定着のワーク ステージ2 第3章 動物のつくりとはたらき(2)

1 [教] p.117 探究6 **だ液のはたらき** 下の図のように，だ液のはたらきを調べる実験をした。これについて，あとの問いに答えなさい。

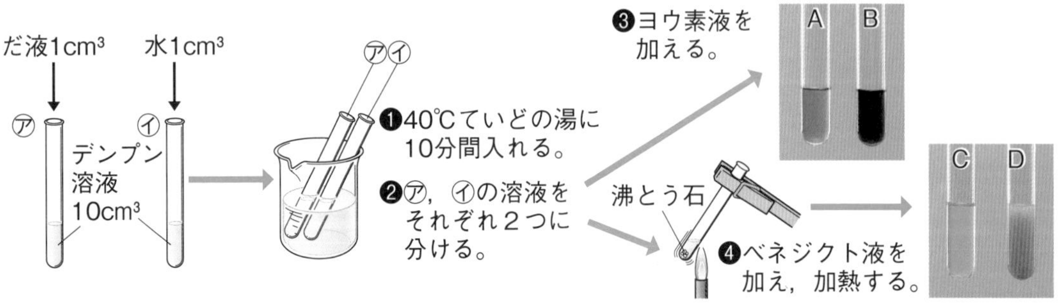

だ液1cm³
水1cm³
㋐
㋑
デンプン溶液10cm³
㋐㋑
❶40℃ていどの湯に10分間入れる。
❷㋐，㋑の溶液をそれぞれ2つに分ける。
❸ヨウ素液を加える。
A B
沸とう石
❹ベネジクト液を加え，加熱する。
C D

(1) ❸で，ヨウ素液を加えたときに色が変化したのは，試験管㋐と㋑のどちらの溶液で，色はA，Bのどちらになったか。　試験管(　　)　色(　　)

(2) ❸で色が変化した試験管の溶液には，何がふくまれているか。(　　)

(3) ❹で，ベネジクト液を加えて加熱したときに色が変化したのは，試験管㋐と㋑のどちらの溶液で，色はC，Dのどちらになったか。　試験管(　　)　色(　　)

(4) ❹で色が変化した試験管の溶液には，何がふくまれているか。(　　)

[記述] (5) 実験の結果から，だ液には何をどのようにするはたらきがあるといえるか。[ヒント]
(　　)

2 **消化と吸収** 右の図は，ヒトの消化器官を表したものである。これについて，次の問いに答えなさい。

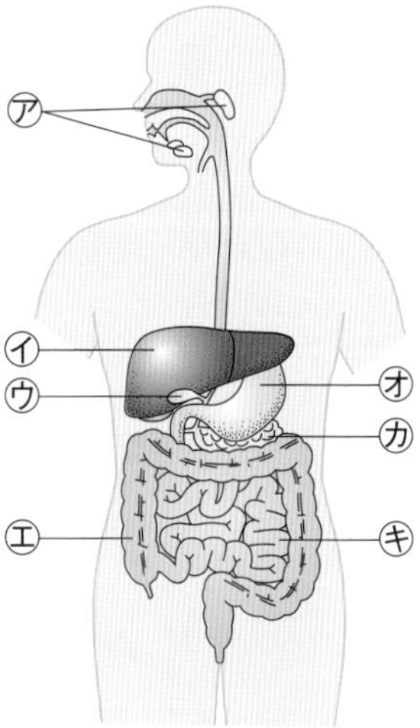

㋐
㋑
㋒
㋓
㋔
㋕
㋖

(1) だ液，すい液，胃液，胆汁(たんじゅう)を出している器官を，それぞれ図の㋐～㋖から選びなさい。[ヒント]
だ液(　　)　すい液(　　)　胃液(　　)　胆汁(　　)

(2) 消化液にふくまれていて，決まった物質を消化するはたらきをもつものを何というか。(　　)

(3) 胃液にふくまれる(2)は何か。(　　)

(4) (3)は何を分解するか。下の〔　〕から選びなさい。(　　)
〔 デンプン　　タンパク質　　脂肪 〕

(5) タンパク質は分解されて，最終的に何という物質になるか。(　　)

(6) 養分が吸収されるのは，図の㋐～㋖のどの器官か。(　　)

(7) 吸収されたブドウ糖の一部は，図の㋐～㋖のどの器官にたくわえられるか。(　　)

ヒントの森
❶(5)水を加えた試験管の実験結果と比較(ひかく)して考えよう。
❷(1)すい液はすい臓から，胆汁は胆(たん)のうから出されている。

3 血液の成分　右の図は，ヒトの血液の成分を表したものである。これについて，次の問いに答えなさい。

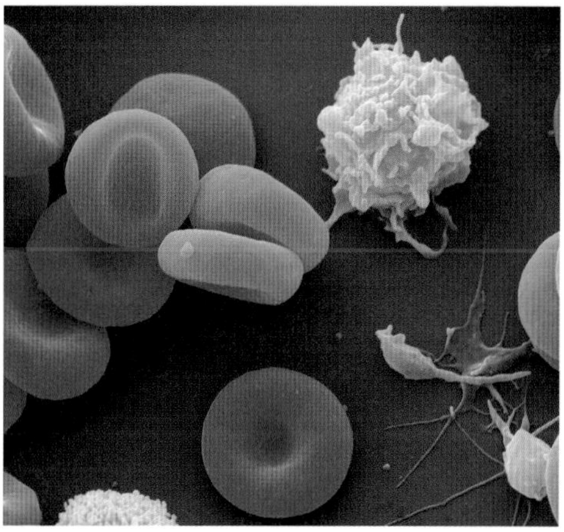

(1)　次の①～③のはたらきをするのは，血液のどの成分か。それぞれ名称を答えなさい。

①　体内に入った病原体を分解する。（　　　　）

②　全身の細胞に酸素を運ぶ。（　　　　）

③　血管が破れたときに血液を固め，出血するのを防ぐ。（　　　　）

(2)　(1)の②の成分にふくまれている，酸素を運ぶためにつごうのよい性質をもつ赤色の物質を何というか。（　　　　）

(3)　(2)の物質がもつ，酸素を運ぶためにつごうのよい性質とは，どのような性質か。酸素の多いところ，酸素の少ないところでどうなるかに着目して答えなさい。

（　　　　　　　　　　　　　　　　）

(4)　血液の成分のうち，液体の成分を何というか。（　　　　）

(5)　(4)の一部が毛細血管からしみ出して，細胞のすき間を満たしたものを何というか。（　　　　）

(6)　細胞が(5)を通して受け取るものは何か。下の〔　〕から２つ選びなさい。[ヒント]（　　　　）（　　　　）

〔 水　養分　酸素　二酸化炭素 〕

(7)　(5)が細胞から受け取るものは何か。(6)の〔　〕から２つ選びなさい。（　　　　）（　　　　）

4 不要物の排出　右の図は，ヒトの不要物を排出する器官を表したものである。これについて，次の問いに答えなさい。

(1)　図の㋐，㋑の器官をそれぞれ何というか。

㋐（　　　　）　㋑（　　　　）

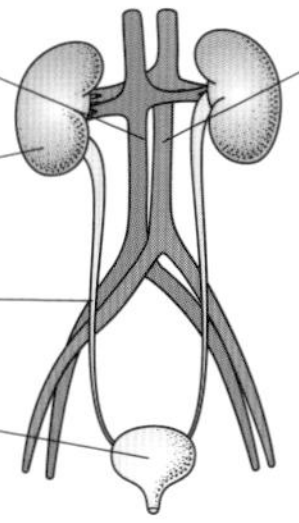

(2)　細胞でアミノ酸が分解されるときにできる有毒な物質は何か。[ヒント]（　　　　）

(3)　(2)は血液に取りこまれて，肝臓に運ばれ，無毒な物質に変えられる。この無毒な物質を何というか。（　　　　）

(4)　血液中の(3)は，㋐の器官でこしとられたあと，何として排出されるか。（　　　　）

ヒントの森

3(6)肺や小腸から血液が取りこむものである。

4(2)アミノ酸が分解されると，二酸化炭素や水もできる。

解答 p.13

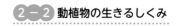

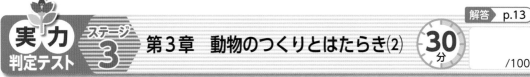

実力判定テスト ステージ3 第3章 動物のつくりとはたらき(2)

30分　/100

1 右の図は，ヒトの消化器官を模式的に表したものである。これについて，次の問いに答えなさい。　3点×10(30点)

(1) 口から㋘までの，ひとつながりの長い管になった食物の通り道を何というか。

(2) 次の①〜④にあてはまる器官は何か。それぞれ図の㋐〜㋘から選びなさい。また，その器官の名称も答えなさい。

① デンプン，タンパク質，脂肪のそれぞれの消化に関わる消化液を出す。

② ペプシンをふくむ消化液を出す。

③ 消化酵素をふくんでいないが，脂肪の分解を助ける胆汁を出す。

④ 消化されなかったものが便として排出される。

(3) リパーゼは何という養分の消化に関わっているか。

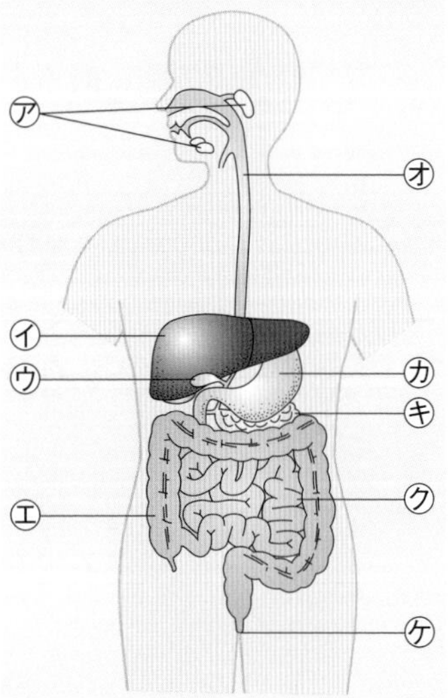

(1)		(2) ①	記号		名称		②	記号		名称	
(2) ③	記号		名称		④	記号		名称		(3)	

2 右の図は，だ液のはたらきについて調べた実験と，その結果を表したものである。これについて，次の問いに答えなさい。　5点×5(25点)

(1) ベネジクト液を加えたあと，どのような操作を行うか。

(2) 結果から，㋐の溶液には何がふくまれていることがわかるか。

[記述] (3) 結果から，㋑の溶液中の何が何に変化したことがわかるか。

[記述] (4) ㋐の試験管を用意したのはなぜか。その理由を簡単に答えなさい。

(5) だ液にふくまれている消化酵素を何というか。

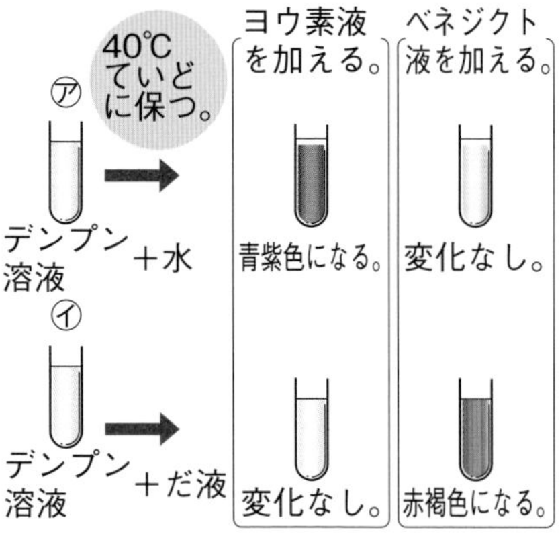

(1)		(2)	
(3)			
(4)		(5)	

3 図1は小腸の内側の壁で，図2は図1の㋐の部分を拡大したものである。これについて，次の問いに答えなさい。

(3)③完答，3点×9（27点）

(1) 図2の㋐の突起を何というか。

(2) 図2の㋑，㋒の管をそれぞれ何というか。

(3) 次の①〜③の養分が分解されると，最終的に何という物質になるか。それぞれの名称を答えなさい。ただし，③は2つ答えなさい。
　① デンプン　　② タンパク質
　③ 脂肪

図1　　図2

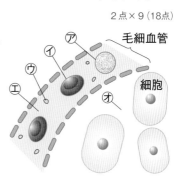

(4) (3)の①の養分が分解されたものは，図2の㋑，㋒のどちらの管に入るか。

(5) (3)の①〜③の養分のうち，分解されたものが㋐で吸収されるとすぐに，分解される前の状態に合成される養分はどれか。

(6) 小腸の内側の壁のつくりが，図2のようになっている利点について，簡単に答えなさい。

(1)		(2)㋑		㋒		(3)①	
(3)②			③				(4)
(5)		(6)					

4 右の図は，ヒトの血液と細胞を模式的に表したものである。これについて，次の問いに答えなさい。

2点×9（18点）

(1) 次の①，②の血液の成分はどれか。図の㋐〜㋓から選び，その名称も答えなさい。
　① 中央がくぼんだ円盤状の形をしている。
　② 細胞質でできていて，不規則な形をしている。

(2) ㋑にふくまれ，酸素と結びつく物質を何というか。

(3) 毛細血管からしみ出して，細胞のまわりを満たしている液体㋓を何というか。

(4) 液体㋓は血液のどの成分がしみ出したものか。図の㋐〜㋓から選びなさい。

(5) 液体㋓はどのようなはたらきをしているか。細胞にわたす物質，細胞から受け取る物質を明確にして答えなさい。

(6) 液体㋓の一部が，リンパ管に入ったものを何というか。

(1)① 記号		名称		② 記号		名称	
(2)			(3)			(4)	
(5)					(6)		

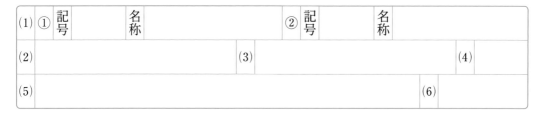

解答 p.14

確認のワーク ステージ 1 **第3章　動物のつくりとはたらき(3)**

📖 教科書の **要点**　（　）にあてはまる語句を，下の語群から選んで答えよう。

同じ語句を何度使ってもかまいません。

❶ からだが動くしくみ　教 p.127〜128

(1) 動物が動くときに使う手やあしなどを（①★　　　　　　）という。
ひれやつばさなどもふくまれる。

(2) からだにある骨は，たがいに合わさって（②★　　　　　　）をつくっている。骨格は，からだを支えたり，動かしたりするはたらきのほかに，内臓を保護するなどのはたらきもある。

(3) 骨と骨のつなぎ目を（③★　　　　　　）といい，この部分でからだを曲げることができる。

(4) 骨につく筋肉の両端は，（④★　　　　　　）というつくりになっていて，関節をまたいで別べつの骨についている。関節を曲げる筋肉と伸ばす筋肉は対になってはたらく。

まるごと暗記
- からだは，骨と筋肉のはたらきによって動く。
- 骨はたがいに関節でつながり，骨格を形成している。
- 骨につく筋肉の両端はけんというじょうぶなつくりになっている。

❷ 感覚器官と神経　教 p.129

(1) 目，耳，鼻，舌，皮膚などのように，周囲からの刺激を受け取る器官を（①　　　　　　）という。
光，音，においなど。

(2) 感覚器官には，（②★　　　　　　）という刺激を受け取るための特別な細胞がある。

(3) 感覚細胞が受け取った刺激の信号は（③　　　　　　）に伝えられ，光や音などの感覚が生じる。

まるごと暗記
- 感覚器官には，感覚細胞という刺激を受け取るための特別な細胞がある。
- 感覚器官が受け取った刺激が脳に伝わると，感覚が生じる。

❸ 刺激と反応　教 p.130〜143

(1) 神経は神経細胞の集まりで，脳や脊ずい(脊髄)，全身の神経をまとめて（①　　　　　　）という。

(2) 神経系には，脳や脊ずいからなる（②★　　　　　　）と，そこから枝分かれした（③★　　　　　　）がある。

(3) 末しょう神経には，感覚器官が受け取った信号を中枢神経へと伝える（④　　　　　　）と，中枢神経からの命令の信号を運動器官へ伝える（⑤　　　　　　）がある。

(4) 熱いものに触れ，とっさに手を引っこめるなど，刺激に対して意識とは無関係に反応が起こることを（⑥★　　　　　　）という。このとき，命令の信号が脊ずいから直接，運動器官に伝えられる。

まるごと暗記
- 末しょう神経には感覚神経と運動神経がある。
- 刺激に対して無意識に起こる反応を反射という。

語群
❶ 関節／運動器官／骨格／けん　❷ 感覚細胞／脳／感覚器官
❸ 感覚神経／中枢神経／反射／末しょう神経／神経系／運動神経

😊 ★の用語は，説明できるようになろう！

教科書の 図 ▢にあてはまる語句を，下の語群から選んで答えよう。

同じ語句を何度使ってもかまいません。

1 ヒトの感覚器官のつくり

教 p.129

● 目のつくり

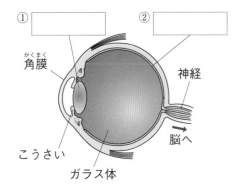

① ▢
② ▢
角膜（かくまく）
神経
こうさい
ガラス体
脳へ

● 耳のつくり

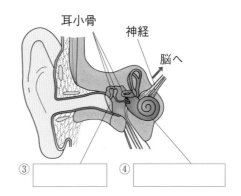

耳小骨
神経
脳へ
③ ▢
④ ▢

2-2

2 刺激と反応

教 p.135, 136

● 意識して起こす反応（右手をにぎられたら，左手でにぎる。）

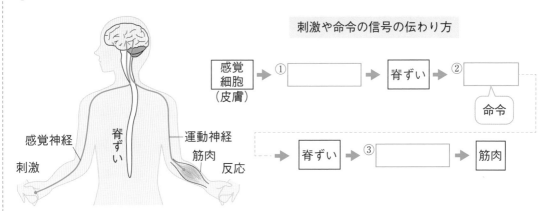

刺激や命令の信号の伝わり方

感覚細胞（皮膚） → ① ▢ → 脊ずい → ② ▢ → 命令

→ 脊ずい → ③ ▢ → 筋肉

脳
脊ずい
感覚神経
運動神経
筋肉
刺激
反応

● 反射（熱いものに触れ，とっさに手を引っこめる。）

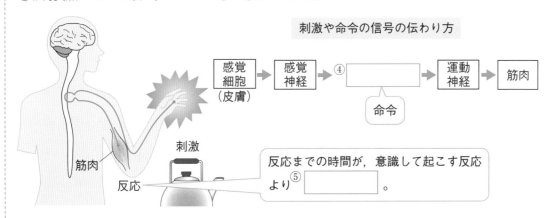

刺激や命令の信号の伝わり方

感覚細胞（皮膚） → 感覚神経 → ④ ▢ → 運動神経 → 筋肉
命令

筋肉
刺激
反応

反応までの時間が，意識して起こす反応より⑤ ▢ 。

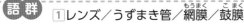
語群 1 レンズ／うずまき管（もうまく）／網膜（こまく）／鼓膜

2 感覚神経／脳／運動神経／脊ずい／短い

わからない用語は，教科書の 要点 の★で確認しよう！

解答 p.14

定着のワーク ステージ2　第3章　動物のつくりとはたらき(3)

1 骨格　ヒトの骨のつくりについて，次の問いに答えなさい。

(1)　骨がたがいに合わさってつくっているものを何というか。　(　　　)

(2)　主に，(1)と筋肉からできている器官を何というか。　(　　　)

[記述] (3)　(1)には，内臓を支えるはたらきのほかに，内臓をどのようにするはたらきがあるか。

(　　　)

2 目のしくみ　右の図は，ヒトの目のつくりを模式的に表したものである。これについて，次の問いに答えなさい。

(1)　図の㋐〜㋓の名称をそれぞれ答えなさい。

㋐(　　　)　㋑(　　　)

㋒(　　　)　㋓(　　　)

(2)　光を感じる細胞が集まっている部分を，図の㋐〜㋓から選びなさい。　(　　　)

(3)　目で受け取った光の刺激の信号は，どこへ伝えられるか。[ヒント]　(　　　)

(4)　次の①〜③の器官はどこか。それぞれ名称を答えなさい。

①　においの刺激を受け取る細胞がある。　(　　　)

②　味の刺激を受け取る細胞がある。　(　　　)

③　圧力や温度などの刺激を受け取る細胞がある。　(　　　)

(5)　刺激を受け取る細胞を何というか。　(　　　)

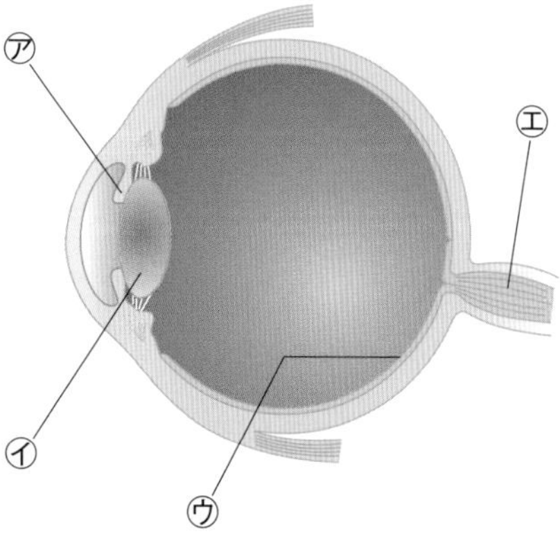

3 神経　刺激を伝えたり，刺激に対する反応の命令を出したりするつくりについて，次の問いに答えなさい。

(1)　図の㋐を何というか。　(　　　)

(2)　図の㋐のまわりにある骨㋑を何というか。　(　　　)

(3)　図の㋐や脳からなる神経を何というか。　(　　　)

(4)　刺激を受け取る器官を何というか。[ヒント]　(　　　)

(5)　(4)で受け取った刺激の信号を(3)に伝える神経を何というか。

(　　　)

(6)　(3)からの命令の信号を運動器官に伝える神経を何というか。

(　　　)

(7)　(5)や(6)の神経をまとめて何というか。　(　　　)

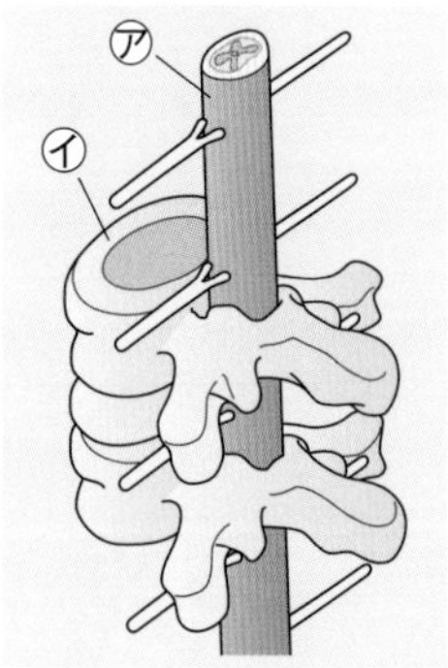

ヒントの森

2(3)受け取った刺激の信号に対して，反応の命令を出すところである。

3(4)目や鼻，耳，皮膚などがある。

4 教 p.132 探究7 **意識して起こす反応にかかる時間を求める** 刺激に対する反応にかかる時間を調べるために，次のような手順で実験を行った。これについて，あとの問いに答えなさい。

Aさん

ストップ
ウォッチ

Bさん

手順1 右の図のように，14人で輪になって手をつなぎ，Aさんは，ストップウォッチをスタートさせると同時に，左手でとなりの人の右手をにぎる。

手順2 手をにぎられた人は，さらにとなりの人の手をにぎっていき，AさんがBさんに手をにぎられたらストップウォッチを止める。

結果 この実験で計測された時間は2.8秒であった。

(1) 手をにぎられてから，となりの人の手をにぎるまでの時間は，平均して1人当たり何秒か。ただし，Aさんがストップウォッチを止める動作は，となりの人の手をにぎる動作と同じものであるとする。　（　　　　　　）

(2) 「手をにぎられた」という刺激を受けてから，「手をにぎる」という反応を起こすまでの信号の伝わる経路を表した次の図の（　）にあてはまる言葉を答えなさい。 ヒント

①（　　　　　　）②（　　　　　　）

手の皮膚→（　①　）神経→脊ずい→脳→脊ずい→（　②　）神経→筋肉

(3) この実験で，刺激に対する反応の命令を出すのはどこか。　（　　　　　　）

5 教 p.133 探究7 **ひざをたたいたときに，あしが上がるまでの時間を求める** 右の図のようにして，ひざをたたいたときに，あしが上がるまでの時間を求める実験を専門家が行った。表は，その結果をまとめたものである。これについて，次の問いに答えなさい。

(1) 表より，ひざをたたいてからあしが上がるまでの平均の時間を求めなさい。

（　　　　　　）

(2) 「ひざをたたかれた」という刺激を受けてから，「あしが上がる」という反応が起こるまでの信号の伝わる経路を，①「あしの皮膚」，②「筋肉」，③「脊ずい」，④「運動神経」，⑤「感覚神経」の①～⑤と矢印を用いて表しなさい。

（　　　　　　）

回数（回目）	1	2	3	4	5
時間（秒）	0.07	0.10	0.09	0.11	0.08

(3) 実験のように，意識とは無関係に決まった反応が起こることを何というか。

（　　　　　　）

(4) (3)で，刺激に対する反応の命令を出すのはどこか。　（　　　　　　）

(5) (3)の反応は，意識して起こす反応と比べて，刺激を受けてから反応が起こるまでの時間はどうであるといえるか。 ヒント　（　　　　　　）

ヒントの森 **4**(2)①は感覚器官からの刺激の信号を脳に伝える神経で，②は脳からの命令の信号を運動器官に伝える神経である。　**5**(5)信号が伝わる経路が短い。

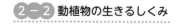

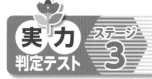

解答 p.15

実力判定テスト ステージ3 第3章 動物のつくりとはたらき(3)

30分 /100

よく出る **1** 右の図は，ヒトの耳と目のつくりを表したものである。これについて，次の問いに答えなさい。

5点×7（35点）

(1) 耳や目で受け取った刺激で，どのような感覚が生じるか。それぞれ次のア～オから選びなさい。

ア 嗅覚（きゅうかく）　イ 聴覚（ちょうかく）
ウ 触覚（しょっかく）　エ 味覚（みかく）
オ 視覚（しかく）

耳の断面

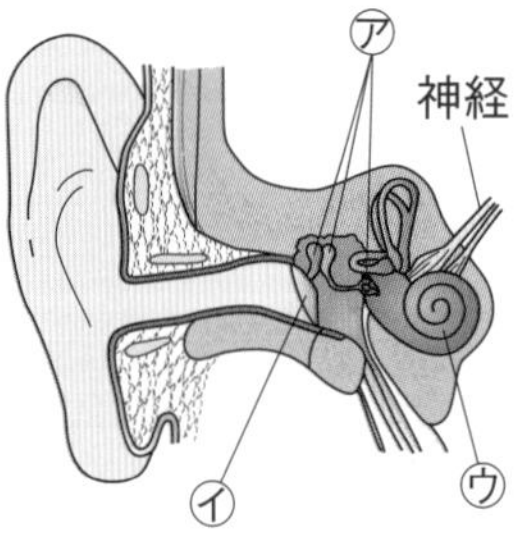

目の断面

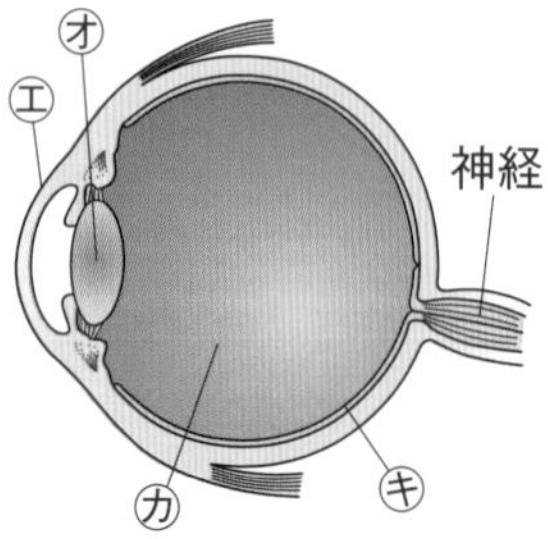

(2) 耳で，最初に音の刺激が振動として伝わる部分を，図の㋐～㋒から選び，その名称も答えなさい。

(3) 目で，光を感じる細胞がある部分を，図の㋓～㋖から選び，その名称も答えなさい。

(4) 目に入った光が(3)の上につくるものは何か。

(1)	耳		目		(2)	記号		名称
(3)	記号		名称				(4)	

2 刺激に対する反応を調べるために，次のような手順で実験を行った。これについて，あとの問いに答えなさい。

3点×2（6点）

手順1　Aさんがものさしの上端を持ち，Bさんはものさしの0の目盛りの位置に手をそえる。
手順2　Aさんが合図をせずにものさしを落とす。
手順3　Bさんは，ものさしが落ちるのを見たらすぐにものさしをつかむ。
結果　ものさしが落ちるのを見てから，つかむのにかかった時間をはかると，平均で約0.15秒であった。

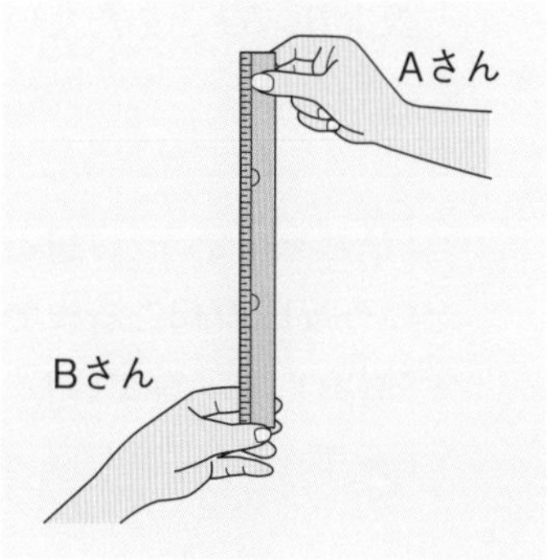

(1) Bさんに「ものさしをつかむ」という反応を起こさせた原因となる刺激を受けた感覚器官は何か。

(2) 刺激を受けてから反応するまでに，刺激や反応の信号はどのような経路で伝わったか。「中枢神経」，「感覚神経」，「運動神経」という言葉を使って，その経路を矢印(→)で表しなさい。

(1)		(2)	

3 右の図は，刺激の信号が神経を伝わる経路を模式的に表したものである。これについて，次の問いに答えなさい。

5点×7（35点）

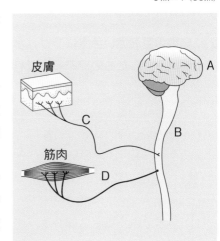

(1) 中枢神経とよばれる神経を，図の **A ～ D** からすべて選びなさい。

(2) 「熱湯が指先にかかったので，思わず手を引っこめた」という行動で，皮膚（感覚器官）が刺激を受け取ってから行動を起こすまでの信号の伝わる経路はどのように表されるか。図の記号（**A ～ D**）と矢印（→）を用いて表しなさい。

(3) 「風呂の湯に手を入れると熱かったので，水道の蛇口をひねって水を入れた」という行動で，皮膚が刺激を受け取ってから行動を起こすまでの信号の伝わる経路はどのように表されるか。(2)と同様に表しなさい。

(4) (2)，(3)の行動のうち，意識とは無関係に起こる決まった反応によるものはどちらか。

(5) (4)のように，意識とは無関係に決まった反応が起こることを何というか。

(6) (5)の反応で，刺激の信号が脳に伝わるのは，反応が起こる前か，起こったあとか。

(7) (5)の反応は，からだのはたらきを調整することのほかに，どのようなことに役立っているか。

(1)		(2) 皮膚→				→筋肉
(3) 皮膚→				→筋肉	(4)	
(5)		(6)		(7)		

4 右の図は，ヒトのうででの筋肉と骨格を表している。これについて，次の問いに答えなさい。

4点×6（24点）

(1) 図で，筋肉の両端にあり，骨についている㋐のつくりを何というか。

(2) 骨と骨がつながっている㋑の部分を何というか。

(3) 図のようにうでを伸ばしているとき，縮んでいる筋肉は，**A**，**B**のどちらか。

(4) (3)のとき，もう一方の筋肉はどうなっているか。

(5) 骨格にはどのようなはたらきがあるか。2つ答えなさい。

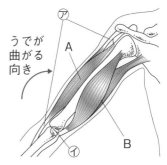

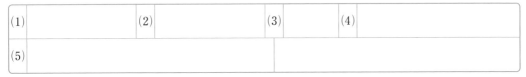

(1)		(2)		(3)	(4)	
(5)						

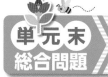

解答 p.15

単元末総合問題 2-2 動植物の生きるしくみ

40分　/100

1 植物の苗を赤い色水につけ，水の通り道を調べた。下の図は，植物の茎(図１)，葉(図２)の断面を表したものである。これについて，あとの問いに答えなさい。 5点×6(30点)

図１

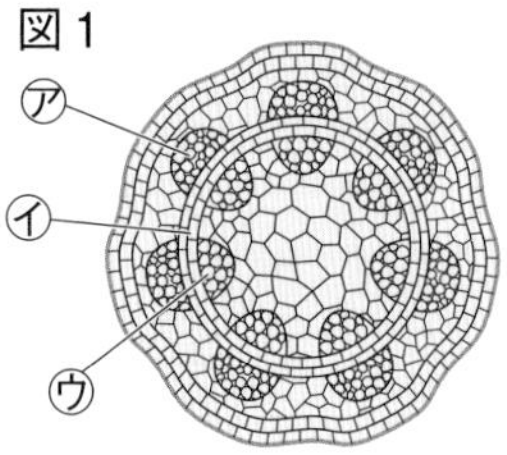

図２

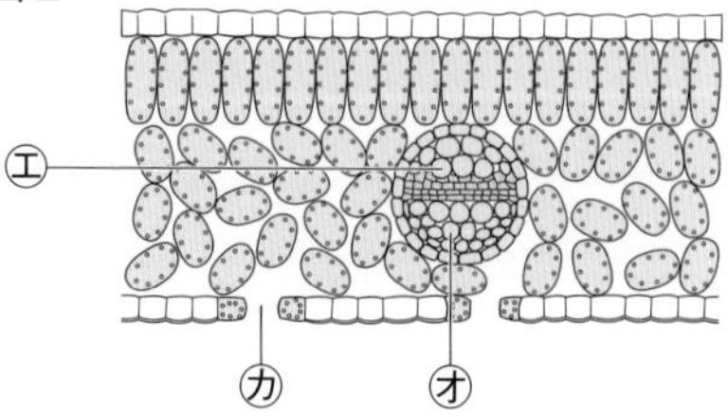

(1) 色水で赤く染まる部分を，図１の㋐〜㋒から選びなさい。

(2) (1)のつくりの名称を答えなさい。

(3) 根で吸収された水が通る管と葉でつくられた養分が通る管が束のようになったものを何というか。

(4) 図１の㋐は，図２の㋓，㋔のどちらにつながっているか。

(5) 図２の㋕のすき間を何というか。

(6) 植物のからだの水が，図２の㋕から水蒸気となって空気中に出ていくことを何というか。

1

(1)	
(2)	
(3)	
(4)	
(5)	
(6)	

2 右の図のように，ふ(葉緑体がない部分)が入ったある植物の葉を用いて，次の手順で実験を行った。これについて，あとの問いに答えなさい。 4点×5(20点)

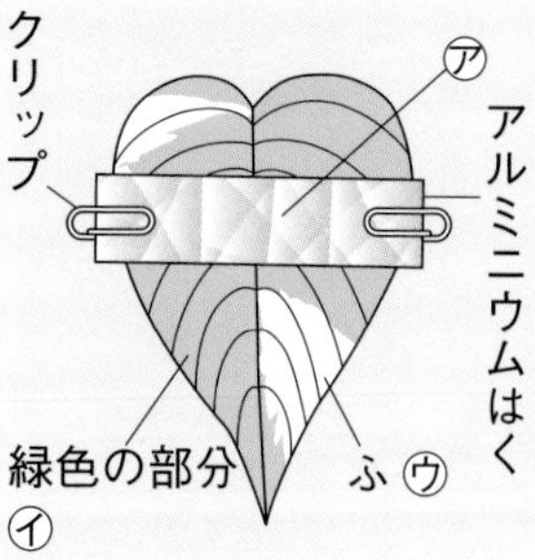

手順１ 植物を，鉢植えのまま，１日暗い場所に置いた。

手順２ １枚の葉を図のように①アルミニウムはくでおおい，十分に光を当てたあと，葉を切り取った。

手順３ アルミニウムはくをはずして，切り取った葉を熱湯の中に入れたあと，②温めたエタノールに入れた。次に，葉をヨウ素液に入れて，色の変化を調べた。

[記述] (1) **手順２**で，下線部①のようにした理由を答えなさい。

(2) **手順３**で，下線部②の操作を行った理由を，次の**ア**〜**ウ**から選びなさい。

ア 葉をやわらかくするため。

イ 葉の緑色を脱色するため。

ウ 葉のはたらきを活発にするため。

(3) **手順３**で，青紫色に染まった部分を㋐〜㋒から選びなさい。

(4) この実験の結果から，葉にデンプンができるには，何が必要であることがわかるか。２つ答えなさい。

2

(1)	
(2)	
(3)	
(4)	

目標 植物や動物のからだのつくりやはたらきをよく覚えておこう。刺激に対する反応のしくみをしっかり理解しておこう。

自分の得点まで色をぬろう！
がんばろう！ もう一歩 合格！
0 60 80 100点

3 右の図は，ヒトのからだのつくりを表したもので，表は，図の一部の器官の主なつくりとはたらきをまとめたものである。これについて，あとの問いに答えなさい。 5点×6（30点）

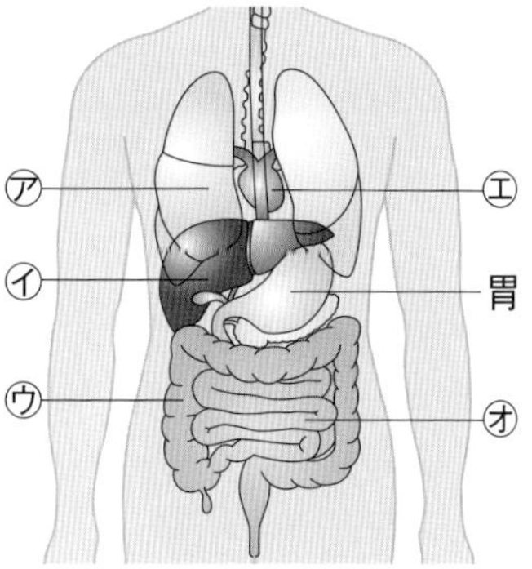

器官	つくり	はたらき
①	小さな袋がたくさん集まっている。	血液中に空気中の酸素の一部を取りこむ。
②	内側には柔毛が見られる。	養分を吸収する。
③	じょうぶな筋肉でできていて，４つの部屋に分かれている。	規則正しい拍動によって，血液を循環させている。

(1) 表の①～③の器官は，どの器官を示しているか。図の㋐～㋔から選びなさい。

(2) 最も多くの二酸化炭素をふくんでいる血液は，どの器官からどの器官に流れる血液か。㋐～㋔の記号で答えなさい。

(3) 表の①，②の器官は，それぞれのはたらきを効率よく行うつくりになっている。これらのつくりで効率が高くなるのはなぜか。共通する理由を答えなさい。

(4) 胃から出される消化液には，何を分解するはたらきがあるか。次のア～エから選びなさい。

ア デンプン　イ タンパク質　ウ 脂肪　エ 麦芽糖

3

(1)	①	
	②	
	③	
(2)		
(3)		
(4)		

4 右の図は，ヒトが外界の刺激を受け取り，刺激に応じた反応をするしくみを模式的に表したものである。これについて，次の問いに答えなさい。 4点×5（20点）

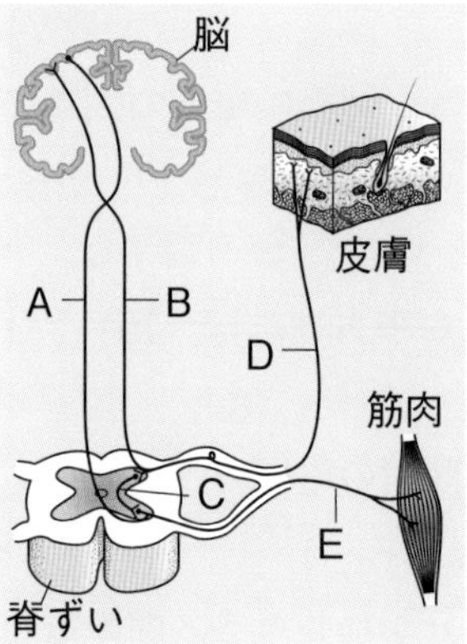

(1) 皮膚で受け取っている刺激を１つ答えなさい。

(2) 皮膚などで受け取った刺激の信号を伝える，図のDの神経を何というか。

(3) 脳と脊ずいをまとめて何というか。

(4) 「熱いものに触れたので，思わず手を引っこめた」のように，無意識に反応が起こることを何というか。

(5) (4)の反応で，刺激や命令の信号が伝わる経路を，次のア～エから選びなさい。

ア D→B→A→E　イ D→C→E

ウ E→A→B→D　エ E→C→D

4

(1)	
(2)	
(3)	
(4)	
(5)	

終わったら後ろの，9，10，11をやろう。

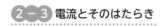

解答 p.17

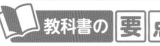

確認のワーク ステージ1 第1章 電流と電圧(1)

教科書の要点

同じ語句を何度使ってもかまいません。

(　　)にあてはまる語句を，下の語群から選んで答えよう。

1 回路に流れる電流

教 p.144〜157

(1) 電流が流れる道すじを(①★　　　　)といい，回路を電気用図記号で表したものを★回路図(かいろず)という。
└電気回路ともいう。

(2) 電流の大きさの単位には，(②★　　　　)(記号A)や★ミリアンペア(記号mA)が使われる。
└1Aは1000mA。

(3) 電流の大きさは(③　　　　)ではかる。

(4) 電流計を使うときは，回路の電流の大きさを測定したい部分に(④　　　　)につなぐ。

(5) 電流計の(⑤　　　　)端子(たんし)は，はじめに5Aの端子につなぐ。指針のふれが小さければ，500mA，50mAの順に端子をつなぎ変える。

(6) 豆電球2個が枝分かれしないでつながっているような回路を(⑥★　　　　)といい，豆電球2個が途中(とちゅう)で枝分かれしてつながっているような回路を(⑦★　　　　)という。

(7) 直列回路では，電流の大きさはどこも(⑧　　　　)。

(8) 並列(へいれつ)回路では，枝分かれする前の電流の大きさ，枝分かれしたあとの電流の大きさの(⑨　　　　)，再び合流したときの電流の大きさが等しい。

ワンポイント
電流の大きさが予想できないとき，電流計の－端子は**最も大きい値**までははかれる端子につなぐ。

プラスα
電流計を電池だけに直接つないではいけない。

まるごと暗記
- 直列回路の電流の大きさはどの部分も同じ。
- 並列回路の枝分かれする前の電流の大きさは，枝分かれしたあとの電流の大きさの和に等しい。

2 回路にかかる電圧

教 p.158〜166

(1) 回路に電流を流そうとするはたらきを(①★　　　　)といい，単位には(②　　　　)(記号V)が使われる。

(2) 電圧計を使うときは，回路の電圧の大きさを測定したい部分に(③　　　　)につなぐ。

(3) 電圧計の(④　　　　)端子は，はじめに300Vの端子につなぐ。指針のふれが小さければ，15V，3Vの順に端子をつなぎ変える。

(4) 直列回路では，各区間の電圧の(⑤　　　　)が，電源(でんげん)の電圧の大きさと等しい。
└抵抗器や豆電球にかかる電圧。

(5) 並列回路では，枝分かれした各区間の電圧の大きさは電源の電圧の大きさと(⑥　　　　)。

プラスα
電圧計を回路に直列につなぐと，回路に電流が流れない。

まるごと暗記
- 直列回路の各区間にかかる**電圧の和**は，**電源の電圧**に等しい。
- 並列回路の枝分かれした**各区間にかかる電圧**は，**電源の電圧**に等しい。

語群 ①並列回路／－／回路／直列回路／等しい／アンペア／和／電流計／直列
②ボルト／電圧／並列／－／等しい／和

★の用語は，説明できるようになろう！

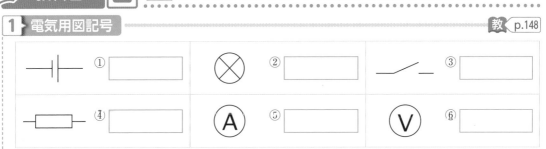

教科書の 図 □にあてはまる語句を，下の語群から選んで答えよう。

同じ語句を何度使ってもかまいません。

1 電気用図記号 教 p.148

① ② ③
④ ⑤ ⑥

2 回路に流れる電流 教 p.157

●直列回路

$I_1 = I_2 = I_3$

●並列回路

$I_4 = I_5 + I_6 = I_7$

回路のどの部分も，電流の大きさは①□。

枝分かれしたあとの電流の大きさの②□は，枝分かれする前や，合流したあとの電流の大きさと等しい。

3 回路にかかる電圧 教 p.165

●直列回路

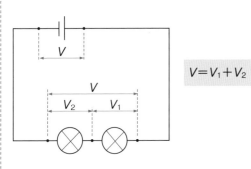

$V = V_1 + V_2$

●並列回路

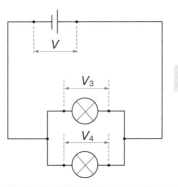

$V = V_3 = V_4$

それぞれの区間の電圧の①□は，電源の電圧に等しい。

それぞれの区間の電圧は，電源の電圧に②□。

語群 1スイッチ／電圧計／電流計／電池／電球／抵抗器
2和／等しい 3和／等しい

 わからない用語は，教科書の 要点 の★で確認しよう！

解答 p.17

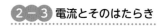

定着のワーク ステージ2 第1章 電流と電圧(1)

1 教 p.149 探究1 **豆電球と電流** 電流計の使い方について，次の問いに答えなさい。

(1) 電流計は，測定したい部分に対してどのようにつなぐか。
( )

(2) 電流の大きさが予想できないとき，乾電池（かんでんち）の＋極側，－極側の導線を，それぞれ図1の㋐～㋓のどの端子につなげばよいか。
＋極側( ) －極側( )

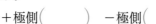

(3) 電流計で，500mAの－端子を用いて，図3の㋔を流れる電流をはかったとき，指針は図2のようにふれた。電流の大きさは何mAか。 ( )

(4) (3)は何Aか。[ヒント] ( )

(5) 図3の㋔，㋕を流れる電流の大きさはどのような関係になっているか。
( )

図1

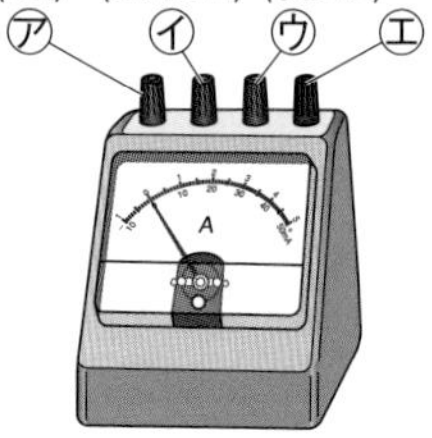

図2

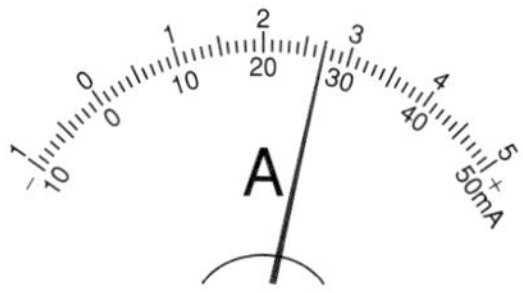

図3

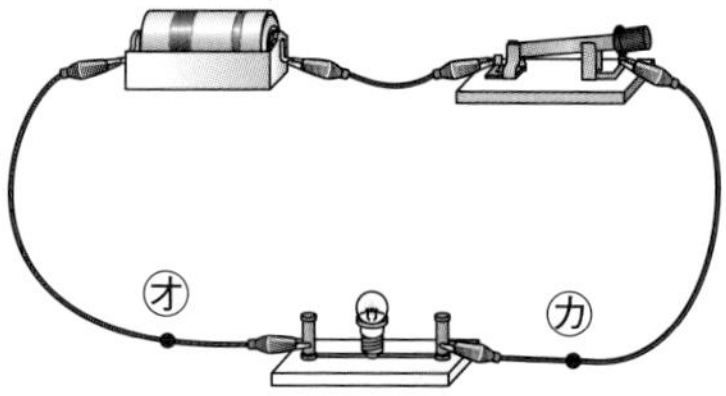

2 教 p.153 探究2 **直列回路と並列回路の電流** 2つの乾電池と2つの豆電球を図1，2のようにつないだ。これについて，次の問いに答えなさい。

(1) 豆電球を図1のようにつないだ回路を何というか。 ( )

(2) 図1の㋐，㋑，㋒の電流の大きさをそれぞれI_1，I_2，I_3としたとき，I_1，I_2，I_3にはどのような関係があるか。次のア～エから選びなさい。 ( )

ア $I_1+I_3=I_2$　　イ $I_1+I_2=I_3$
ウ $I_2+I_3=I_1$　　エ $I_1=I_2=I_3$

(3) 豆電球を図2のようにつないだ回路を何というか。 ( )

(4) 図2の㋓，㋔，㋕，㋖の電流の大きさをそれぞれI_4，I_5，I_6，I_7としたとき，I_4，I_5，I_6，I_7にはどのような関係があるか。次のア～エから選びなさい。[ヒント] ( )

ア $I_4=I_5+I_6=I_7$　　イ $I_4+I_5=I_6=I_7$
ウ $I_4+I_6=I_5=I_7$　　エ $I_4=I_5=I_6=I_7$

図1

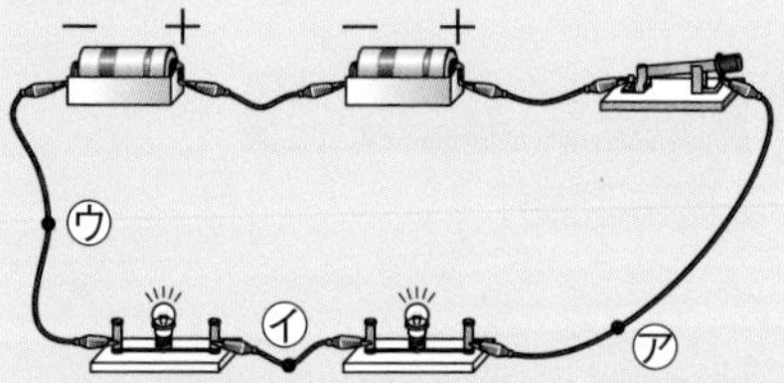

図2

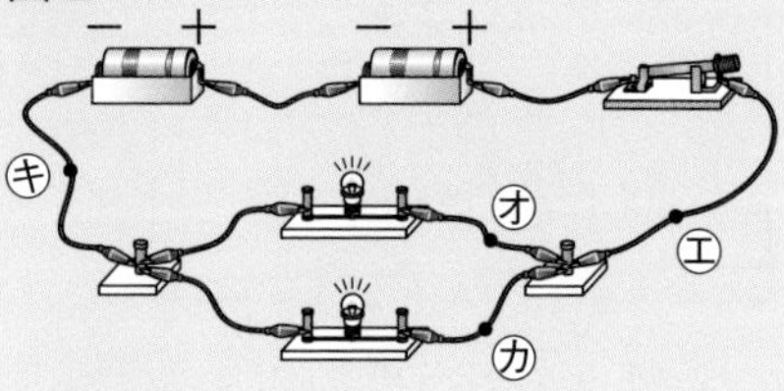

ヒントの森
❶(4) 1A＝1000mAである。　❷(4)並列回路では，枝分かれする前の電流の大きさは，枝分かれしたあとの2つの電流のそれぞれより大きい。

3 **電圧計の使い方** 電圧計の使い方について，次の問いに答えなさい。

(1) 電圧計は，測定したい部分に対して，どのようにつなぐ
か。次のア〜ウから選びなさい。 （　　）
ア　直列につなぐ。
イ　並列につなぐ。
ウ　直列につないでも，並列につないでもよい。

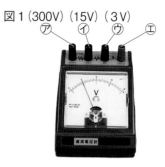

図1 (300V) (15V) (3V)

(2) 電圧の大きさが予想できないとき，電源の＋極側と−極
側の導線を，それぞれ図1の㋐〜㋓のどの端子につなげば
よいか。 **ヒント**　　＋極側（　　）　−極側（　　）

図2

(3) (2)で，指針のふれが小さいときは，電源の−極側につな
いだ導線を，次に図1の㋐〜㋓のどの端子につなぎ変えれ
ばよいか。 （　　）

(4) 電圧計で，3Vの−端子を用いて電圧をはかったとき，
指針は図2のようにふれた。電圧の大きさは何Vか。 **ヒント**
（　　）

2
–
3

4 **教** p.161 **探究3** **直列回路と並列回路の電圧** 2つの乾電池と2つの豆電球を図1，2の
ようにつないでスイッチを入れた。これについて，あとの問いに答えなさい。

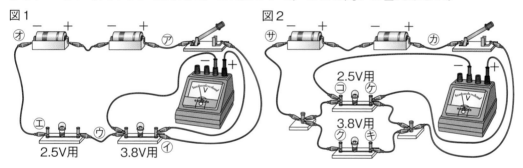

図1
㋕　　　　　　　　　㋐
㋓　　　　　　　㋒
2.5V用　　3.8V用　㋑

図2
㋚　　　　　　　　　㋖
2.5V用　㋙　㋘
3.8V用　㋗　㋔

(1) 図1の㋑㋒間の電圧をV_1，㋒㋓間の電圧をV_2，㋐㋕間の電圧をV_3としたとき，V_1，
V_2，V_3にはどのような関係があるか。次のア〜エから選びなさい。 （　　）
ア　$V_1 + V_2 = V_3$　　イ　$V_1 + V_3 = V_2$
ウ　$V_2 + V_3 = V_1$　　エ　$V_1 = V_2 = V_3$

(2) 図1の㋑㋓間の電圧は，どのようにして求められるか。V_1とV_2を用いた式で表しなさい。
（　　　　　）

(3) 図2の㋖㋗間の電圧をV_4，㋘㋙間の電圧をV_5，㋔㋚間の電圧をV_6としたとき，V_4，
V_5，V_6にはどのような関係があるか。次のア〜エから選びなさい。 （　　）
ア　$V_4 + V_5 = V_6$　　イ　$V_4 + V_6 = V_5$
ウ　$V_5 + V_6 = V_4$　　エ　$V_4 = V_5 = V_6$

3(2)指針がふり切れないよう，−端子は大きな値まではかれるものを選ぶ。 (4)指針がいっぱ
いにふれたときが3Vである。電圧計の下の目盛りで読む。

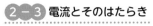

解答 ▶ p.17

実力判定テスト ステージ **3** 第1章 電流と電圧(1)　　30分　　/100

1 図1のような器具を用意して回路をつくり，回路を流れる電流の大きさを調べた。これについて，次の問いに答えなさい。

5点×3（15点）

 (1) 図1で，電流計の＋端子は，電池の＋極側，－極側のどちらにつなぐか。

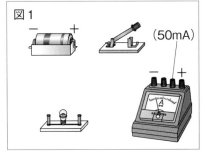

 (2) 図1で，豆電球を流れる前の電流をはかれるよう，50mAの端子を用いて，器具を線でつなぎなさい。

(3) (2)の回路図を，電気用図記号を用いて，図2にかきなさい。

(1)		(2)	図1に記入	(3)	図2に記入

2 異なる2個の豆電球を用いて図1，2のような回路をつくり，図1の㋐〜㋒，図2の㋓〜㋖を流れる電流の大きさをはかった。表はそれぞれの結果をまとめたものである。これについて，あとの問いに答えなさい。

5点×4（20点）

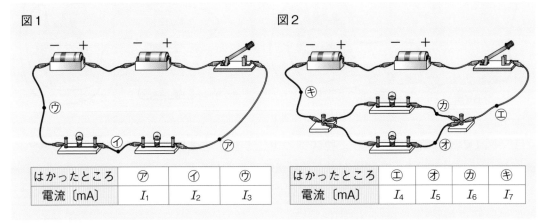

はかったところ	㋐	㋑	㋒
電流〔mA〕	I_1	I_2	I_3

はかったところ	㋓	㋔	㋕	㋖
電流〔mA〕	I_4	I_5	I_6	I_7

(1) 図1の回路で，電流の大きさI_1，I_2，I_3にはどのような関係があるか。I_1，I_2，I_3と記号（＋，＝）を用いた式で表しなさい。

(2) 図1の㋐の電流が800mA，㋑の電流が800mAのとき，㋒を流れる電流は何mAか。

(3) 図2の回路で，電流の大きさI_4，I_5，I_6，I_7にはどのような関係があるか。I_4，I_5，I_6，I_7と記号（＋，＝）を用いた式で表しなさい。

(4) 図2の㋓の電流が700mA，㋔の電流が300mAのとき，㋕を流れる電流は何mAか。

(1)		(2)		(3)		(4)	

3 異なる2個の豆電球を用いて図1，2のような回路をつくり，各区間にかかる電圧の大きさをはかり，表にまとめた。これについて，次の問いに答えなさい。

5点×13（65点）

(1) 図1のⒸⒹ間の電圧をはかりたい。電圧の大きさが予想できないとき，電圧計と導線のつなぎ方を図1にかき加えなさい。

(2) 図1の回路で，V，V_1，V_2にはどのような関係があるか。V，V_1，V_2と記号（＋，＝）を用いた式で表しなさい。

(3) 図1の下の表で，aにあてはまる数値を答えなさい。

(4) 図1で，ⒶⒺ間の電圧は何Vか。

(5) 図1で，ⒹⒺ間の電圧は何Vか。次のア～エから選びなさい。

ア 0V　　イ 1.2V
ウ 1.8V　　エ 3.0V

(6) 図1で，電源の電池の数を変えて，各区間の電圧をはかると，ⒶⒸ間が2.7V，ⒶⒹ間が4.5Vであった。ⒸⒹ間の電圧は何Vか。

(7) (6)のとき，電源の電圧は何Vか。

(8) 図2の回路で，V，V_3，V_4にはどのような関係があるか。V，V_3，V_4と記号（＋，＝）を用いた式で表しなさい。

(9) 図2の下の表で，bにあてはまる数値を答えなさい。

(10) 図2で，電源の電圧は何Vか。

(11) 図2で，ⓈⓍ間の電圧は何Vか。次のア～ウから選びなさい。

ア 0V　　イ 3.0V　　ウ 6.0V

(12) 図2で，電源の電圧を1.5Vにすると，ⓀⒸ間の電圧は何Vになるか。

(13) 図2の回路図を，電気用図記号を用いて，図3にかきなさい。

図1

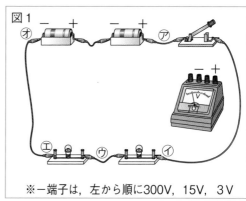

※ー端子は，左から順に300V，15V，3V

はかった区間	ⒸⒹ間 （V_1）	ⒹⒺ間 （V_2）	ⒸⒺ間 （V）
電圧〔V〕	1.8	1.2	a

図2

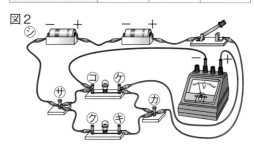

はかった区間	ⓀⓀ間 （V_3）	ⓀⒸ間 （V_4）	ⒸⓈ間 （V）
電圧〔V〕	3.0	3.0	b

図3

(1)	図1に記入	(2)		(3)		(4)		(5)	
(6)		(7)		(8)		(9)			
(10)		(11)		(12)		(13)	図3に記入		

解答 p.18

確認のワーク ステージ1 第1章　電流と電圧(2)

教科書の要点

同じ語句を何度使ってもかまいません。

(　　)にあてはまる語句を，下の語群から選んで答えよう。

1 電圧と電流の関係

教 p.167～173

(1) 電流の流れにくさを(①★　　　　　)といい，単位は★オーム(記号Ω)で表す。
└電気抵抗ともいう。

(2) 抵抗器(ていこうき)を流れる電流の大きさは，抵抗器にかかる電圧に比例するという関係を(②★　　　　　)という。

(3) 抵抗R[Ω]の抵抗器の両端にV[V]の電圧をかけたときに流れる電流をI[A]とすると，オームの法則は次の式で表される。

$$I=\frac{V}{R},\ R=\frac{V}{I},\ V=RI$$

(4) 抵抗の大きさがR_1, R_2である2つの抵抗器を直列につないだとき，全体の抵抗の大きさRは，R_1，R_2の(③　　　　　)に等しい。また，並列につないだときの全体の抵抗の大きさRは，R_1やR_2よりも(④　　　　　)く，次の式で求められる。

$$\frac{1}{R}=\frac{1}{(⑤\quad\quad)}+\frac{1}{(⑥\quad\quad)}$$

(5) 電流が流れやすい物質を(⑦★　　　　　)，電流が流れにくい物質を★不導体(ふどうたい)，または★絶縁体(ぜつえんたい)という。
└ガラスやゴムなど。

2 発熱と電力

教 p.174～181

(1) 電気器具が使われるとき，1秒間当たりに消費される★電気エネルギーを(①　　　　　)といい，単位は★ワット(記号W)で表す。

電力P[W]＝電圧V[V]×電流I[A]

(2) 電熱線が出す熱の量を(②★　　　　　)といい，単位は(③★　　　　　)(記号J)で表す。電熱線の熱量(ねつりょう)は電力と電流を流した時間に(④　　　　　)する。

(3) 「電力×時間」は，その時間に消費された電気エネルギーの総量を表している。これを★電力量(でんりょくりょう)という。

(4) 電力量の単位には，ジュール(記号J)のほかに，★ワット秒(記号Ws)や，(⑤　　　　　)(記号Wh)，キロワット時(記号kWh)も使われる。

まるごと暗記
- オームの法則
  電流＝$\frac{電圧}{抵抗}$
  抵抗＝$\frac{電圧}{電流}$
  電圧＝抵抗×電流
- 抵抗が小さい(電流が流れやすい)物質を導体，抵抗が大きい(電流が流れにくい)物質を不導体，または絶縁体という。

ワンポイント
導体ほど電気を通さないが，不導体よりは電気を通す物質を半導体という。

まるごと暗記
- 電力＝電圧×電流
- 1Jは，1Wの電力を1秒間消費したときの電気エネルギーの量。

プラスα
1時間は3600秒なので，1Wh＝3600Ws

語群
1 抵抗／導体(どうたい)／小さ／R_2／オームの法則／R_1／和
2 ジュール／電力／比例／ワット時／熱量

★の用語は，説明できるようになろう！

同じ語句を何度使ってもかまいません。

教科書の [図]　□にあてはまる語句を，下の語群から選んで答えよう。

1 電圧と電流の関係，オームの法則

教 p.170，171

電流は電圧に
① □ する。

└→② □ の
法則という。

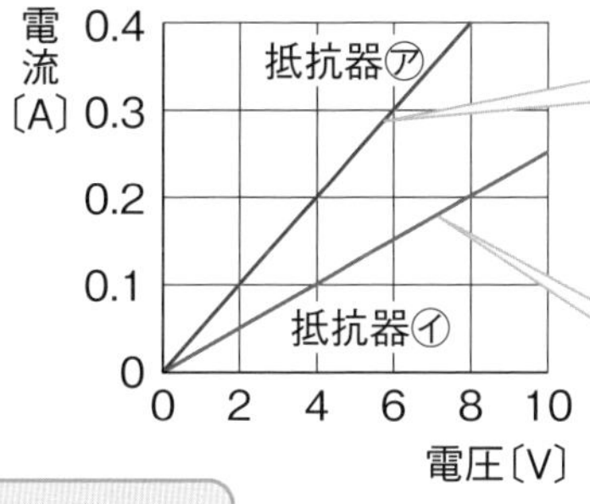

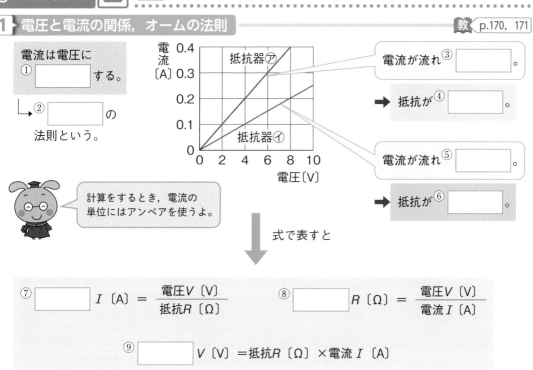

電流が流れ③ □。

➡ 抵抗が④ □。

電流が流れ⑤ □。

➡ 抵抗が⑥ □。

計算をするとき，電流の
単位にはアンペアを使うよ。

式で表すと

⑦ □ I〔A〕＝ $\frac{\text{電圧}V〔\text{V}〕}{\text{抵抗}R〔\Omega〕}$　　⑧ □ R〔Ω〕＝ $\frac{\text{電圧}V〔\text{V}〕}{\text{電流}I〔\text{A}〕}$

⑨ □ V〔V〕＝抵抗R〔Ω〕×電流 I〔A〕

2 電流による発熱

教 p.176〜178

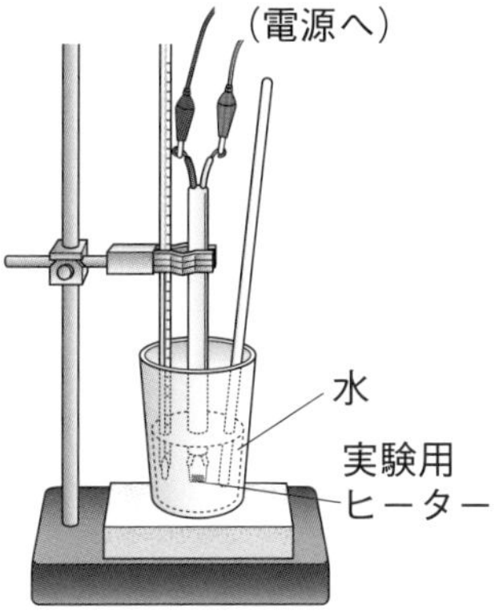

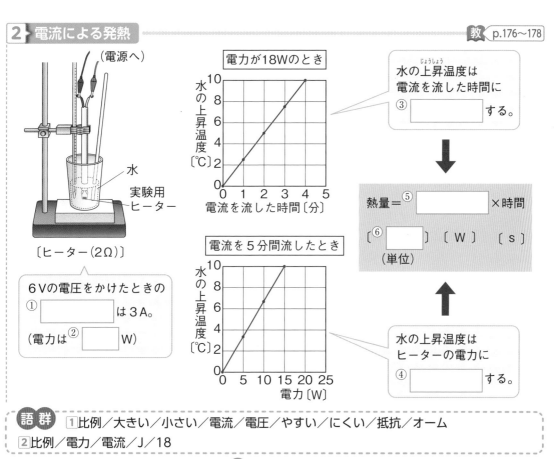

〔ヒーター(2Ω)〕

6Vの電圧をかけたときの
① □ は3A。
(電力は② □ W)

電力が18Wのとき

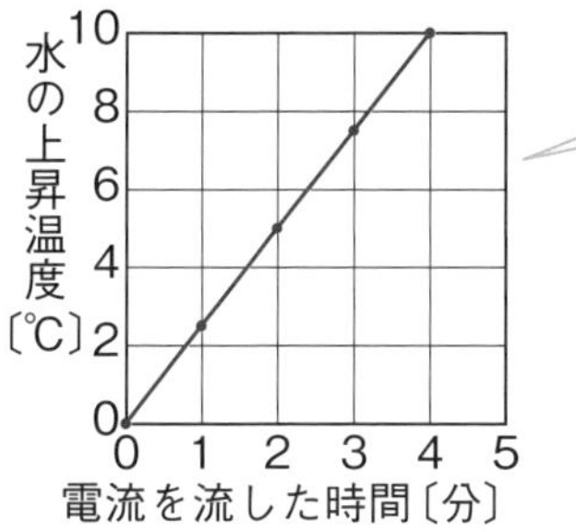

電流を5分間流したとき

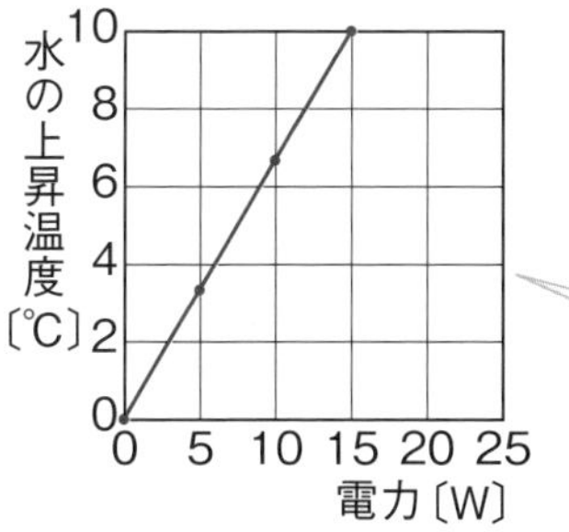

水の上昇(じょうしょう)温度は
電流を流した時間に
③ □ する。

熱量＝⑤ □ ×時間
〔⑥ □〕〔W〕〔s〕
(単位)

水の上昇温度は
ヒーターの電力に
④ □ する。

語群 [1]比例／大きい／小さい／電流／電圧／やすい／にくい／抵抗／オーム
[2]比例／電力／電流／J／18

わからない用語は，[教科書の] [要][点] の★で確認しよう！

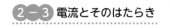

解答 ▶ p.18

定着のワーク ステージ2　第1章　電流と電圧(2)—①

1 教 p.167 探究 4 **電圧と電流の関係**　下の図のような回路をつくり，電源装置の電圧を変えて抵抗器㋐に流れる電流をはかった。次に，抵抗器㋐を抵抗器㋑にとりかえて，同様の実験を行った。グラフはその結果を表したものである。これについて，あとの問いに答えなさい。

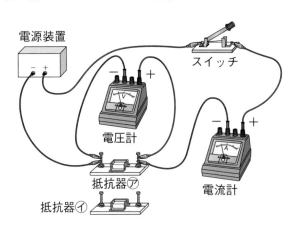

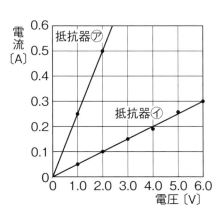

(1)　抵抗器㋐，㋑に同じ大きさの電圧をかけたとき，流れる電流が大きいのはどちらか。
　　　　　　　　　　　　　　　　　　　　　　　　　　　　　　　　（　　　　　　　　）

(2)　電流の流れにくさが大きいのは，抵抗器㋐，㋑のどちらか。 ヒント
　　　　　　　　　　　　　　　　　　　　　　　　　　　　　　　　（　　　　　　　　）

(3)　次の文の（　）にあてはまる言葉をそれぞれ答えなさい。
　　　　　　　　　　　　　　①（　　　　　　　　）　②（　　　　　　　　）

　　　グラフが（　①　）を通る直線になっているので，抵抗器に流れる電流の大きさは，抵抗器にかかる電圧に（　②　）することがわかる。

(4)　(3)のような電圧と電流の関係を何というか。　　　　　（　　　　　　　　）

(5)　(4)の関係は，抵抗をR〔Ω〕，電圧をV〔V〕，電流をI〔A〕とすると，どのような式で表すことができるか。3通りの式で答えなさい。
　　　$R=$（　　　　　　　）　$V=$（　　　　　　　　）　$I=$（　　　　　　　）

(6)　電源装置の電圧を2.0Vにすると，抵抗器㋐，抵抗器㋑にはそれぞれ何Aの電流が流れるか。　　　　抵抗器㋐（　　　　　　　）　抵抗器㋑（　　　　　　　）

(7)　電源装置の電圧を8.0Vにすると，抵抗器㋐，抵抗器㋑にはそれぞれ何Aの電流が流れるか。 ヒント　　　抵抗器㋐（　　　　　　　）　抵抗器㋑（　　　　　　　）

(8)　抵抗器㋐に0.25Aの電流が流れているとき，電源の電圧は何Vか。　（　　　　　）

(9)　抵抗器㋑に0.25Aの電流が流れているとき，電源の電圧は何Vか。　（　　　　　）

(10)　抵抗器㋐，㋑の抵抗の大きさは，それぞれ何Ωか。
　　　　　　抵抗器㋐（　　　　　　　）　抵抗器㋑（　　　　　　　）

ヒントの森　❶(2)同じ大きさの電圧をかけたとき，抵抗器に流れる電流が小さい方が，電流が流れにくい。
　　　(7)抵抗器㋐，抵抗器㋑に加わる電圧は，2.0Vの4倍になっている。

[2] オームの法則

オームの法則の式を用いて，図１～３の回路の電流 I，電圧 V，抵抗 R の値を求めた。これについて，あとの問いに答えなさい。[ヒント]

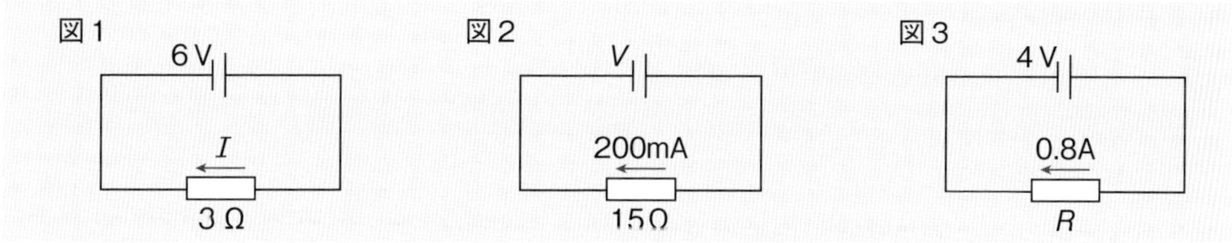

図１
6 V
I
3 Ω
図２
V
200mA
15Ω
図３
4 V
0.8A
R

(1) 次の㋐～㋒に数値を入れて，図１の電流 I の値を求めなさい。

㋐(　　　　　)　㋑(　　　　　)　㋒(　　　　　)

$$I = \frac{(\text{㋐})[\mathrm{V}]}{(\text{㋑})[\Omega]} = (\text{㋒})[\mathrm{A}]$$

(2) 次の㋐～㋒に数値を入れて，図２の電圧 V の値を求めなさい。

㋐(　　　　　)　㋑(　　　　　)　㋒(　　　　　)

200mA＝(㋐)A，V＝(㋑)〔Ω〕×(㋐)〔A〕＝(㋒)〔V〕

(3) 次の㋐～㋒に数値を入れて，図３の抵抗 R の値を求めなさい。

㋐(　　　　　)　㋑(　　　　　)　㋒(　　　　　)

$$R = \frac{(\text{㋐})[\mathrm{V}]}{(\text{㋑})[\mathrm{A}]} = (\text{㋒})[\Omega]$$

(4) 図１で，電圧を９Ｖにかえたとき，電流 I は何Ａか。(　　　　　)

(5) 図１で，抵抗を12Ωのものにかえたとき，電流 I は何mAか。(　　　　　)

(6) 図２で，電流が0.5Ａのとき，電圧 V は何Ｖか。(　　　　　)

(7) 図２で，抵抗を25Ωのものにかえたとき，電圧 V は何Ｖか。(　　　　　)

(8) 図３で，抵抗器をかえたら，２Ａの電流が流れた。この抵抗器の抵抗は何Ωか。

(　　　　　)

[3] いろいろな物質の抵抗

右の表は，いろいろな物質について，長さと太さを同じにしたときの抵抗を示したものである。また，図は導線のつくりを表したものである。これについて，次の問いに答えなさい。

(長さ１m，断面積１mm^2)

物質	抵抗〔Ω〕
アルミニウム	0.025
鉄	0.089
ニクロム	1.1
ガラス	10^9～10^{16} 以上
ゴム	10^{10}～10^{15}
ポリエチレン	10^{14} 以上

(1) 表の物質で，導体，不導体はどれか。それぞれ表からすべて選び，物質名を答えなさい。

導体(　　　　　)

不導体(　　　　　)

(2) 導線の材料となっている銅線とプラスチックは，それぞれ導体，不導体のどちらか。　銅線(　　　　　)

プラスチック(　　　　　)

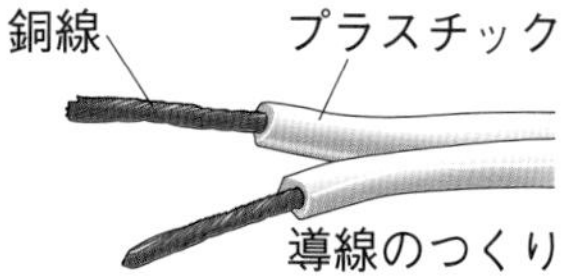

銅線
プラスチック

導線のつくり

ヒントの森

[2]電流 $I = \dfrac{\text{電圧}V}{\text{抵抗}R}$ の式をもとに，求めたいものによって変形して用いる。

解答 p.18

定着のワーク ステージ2　第1章　電流と電圧(2)−②

1 2つの抵抗器をつないだときの全体の抵抗

図1，2のように2つの抵抗器をつなぎ，電圧をかけて回路に流れる電流の大きさをはかり，全体の抵抗を調べた。これについて，次の問いに答えなさい。

図1 [直列回路]

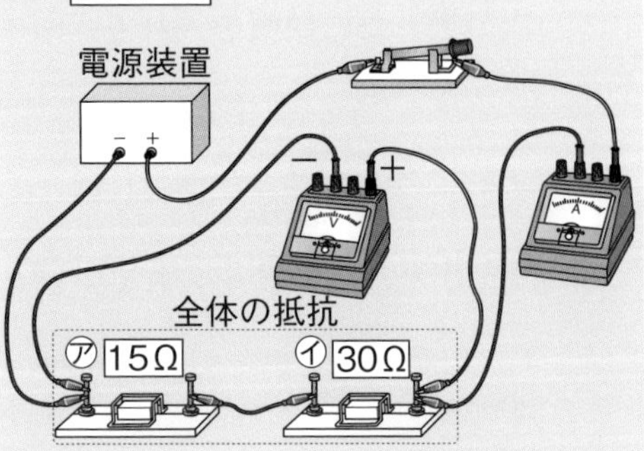
電源装置
− +
−
+
全体の抵抗
㋐15Ω
㋑30Ω

図2 [並列回路]

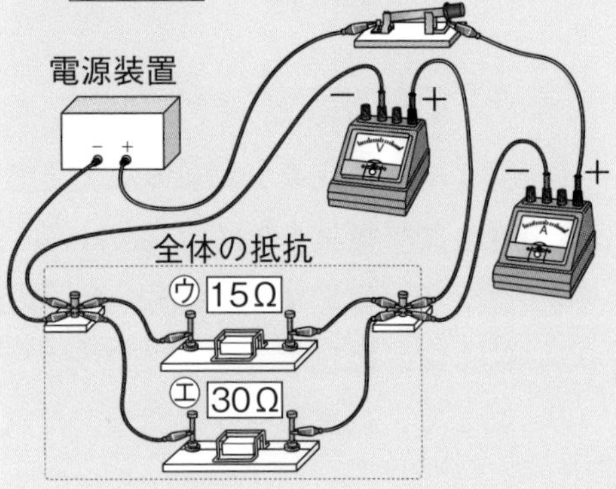
電源装置
− +
−
+
全体の抵抗
㋒15Ω
㋓30Ω

(1) 図1で，回路には0.1 Aの電流が流れた。㋐に流れる電流は何Aか。
( )

(2) 図1で，㋐にかかる電圧は何Vか。
( )

(3) 図1で，㋑にかかる電圧は何Vか。
( )

(4) 図1で，回路全体にかかる電圧は何Vか。
( )

(5) 図1で，回路全体の抵抗は何Ωか。[ヒント]
( )

(6) 図2で，電源の電圧は4.5Vであった。㋒を流れる電流は何Aか。[ヒント]
( )

(7) 図2で，㋓を流れる電流は何Aか。[ヒント]
( )

(8) 図2で，回路全体の抵抗は何Ωか。
( )

(9) 図2で，回路全体の抵抗の大きさは，並列につないだ㋒や㋓のそれぞれの抵抗の大きさと比べて，どのようになっているか。
( )

2 電気エネルギー

電気がもつ能力について，次の問いに答えなさい。

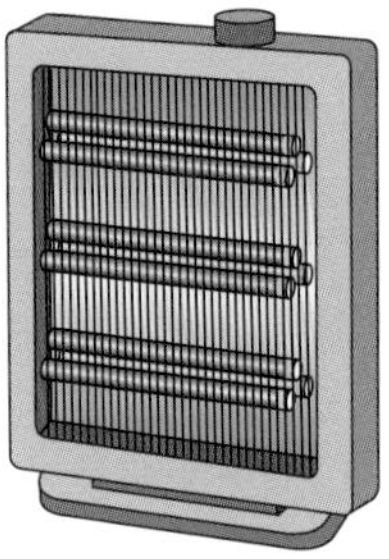

(1) 電気には，電気器具を通していろいろなはたらきをする能力がある。このようなエネルギーを何というか。
( )

(2) 1秒間当たりに消費される(1)のエネルギーを何というか。
( )

(3) (2)の大きさは，何と何の積で表されるか。
( )( )

(4) 図の電気ストーブに100 Vの電圧をかけたとき，8 Aの電流が流れた。この電気ストーブの(2)を，単位をつけて求めなさい。
( )

ヒントの森

1(5)抵抗器を直列につなぐと，全体の抵抗はそれぞれの抵抗器の抵抗より大きくなる。
(6)(7)抵抗器を並列につなぐと，2つの抵抗にかかる電圧はそれぞれ電源の電圧に等しい。

❸ 教 p.175 探究 5 **電熱線の発熱と電力・時間の関係** 図1のように，2Ωの実験用ヒーター
に6Vの電圧をかけて，電流を流した時間と水の上昇温度の関係を調べた。図2はその結果
をグラフにまとめたものである。次に，ヒーターにかける電圧を変えて5分間電流を流し，
電力と水の上昇温度の関係を調べた。図3はその結果をグラフにまとめたものである。これ
について，次の問いに答えなさい。

(1) 6Vの電圧をかけたとき，
ヒーターに流れる電流は何A
か。
（ 　　　　　　　 ）

(2) 図2から，ヒーターに電流
を流した時間と水の上昇温度
には，どのような関係がある
ことがわかるか。 ヒント
（ 　　　　　　　 ）

(3) 6Vの電圧をかけたとき，
ヒーターの電力は何Wか。
（ 　　　　　　　 ）

(4) 図3から，電力と水の上昇
温度には，どのような関係が
あることがわかるか。
（ 　　　　　　　 ）

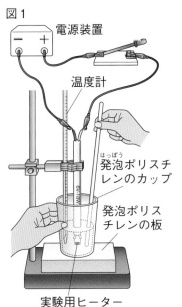

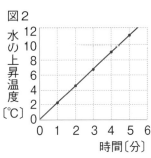

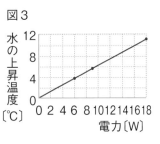

(5) ヒーターを4Ωのものにかえて同じ実験をした。電力と水の上昇温度の関係を表すグラ
フは2Ωのヒーターのときと同じか，ちがうか。 （ 　　　　　　　 ）

❹ **熱量と電力量** 図1は，電気ポットと，それに表示されている電力を示したものである。
また，図2は，電力メーターである。これについて，次の問いに答えなさい。

(1) この電気ポットに100Vの電圧をかけると，何A
の電流が流れるか。 （ 　　　　　　　 ）

(2) この電気ポットを3分間使ったときの電力量は
何Jか。 ヒント （ 　　　　　　　 ）

(3) (2)の電力量が，すべて熱の発生に使われたとき，
発生する熱量は何Jか。 （ 　　　　　　　 ）

(4) 家庭で毎日1200Wの電力を10時間使用したとき，
30日間で消費される電力量は何Whか。
（ 　　　　　　　 ）

(5) (4)は何kWhか。 ヒント
（ 　　　　　　　 ）

700W

❸(2)グラフは原点を通る直線になっていることから考える。
❹(2)電力量＝電力×時間　(5)1000Wh＝1kWh

実力判定テスト　ステージ3　第1章　電流と電圧(2)

1 右の図は，抵抗器㋐，㋑にかかる電圧の大きさと電流の大きさをはかり，グラフにまとめたものである。これについて，次の問いに答えなさい。

3点×8（24点）

(1) 電圧が6Vのとき，抵抗器㋐に流れる電流は何Aか。

(2) 抵抗器㋑に流れる電流が0.4Aのとき，電圧は何Vか。

(3) 抵抗器㋐，㋑のそれぞれにかかる電圧と流れる電流の大きさにはどのような関係があるか。

(4) (3)のような関係を表す法則を何というか。

(5) 抵抗器㋐，㋑のそれぞれに同じ大きさの電圧をかけたとき，流れる電流が大きいのはどちらか。

(6) 抵抗器㋐，㋑のそれぞれに同じ大きさの電流が流れているとき，かかる電圧が大きいのはどちらか。

(7) 抵抗器㋐，㋑の抵抗は，それぞれ何Ωか。

(1)		(2)		(3)		(4)	
(5)		(6)		(7)㋐		㋑	

2 図1は2つの抵抗器を直列につないだ回路，図2は2つの抵抗器を並列につないだ回路である。これについて，次の問いに答えなさい。

3点×10（30点）

(1) 図1で，電源の電圧が10V，抵抗器㋑の抵抗が5Ωのとき，抵抗器㋐にかかる電圧は7.5Vであった。抵抗器㋑にかかる電圧は何Vか。

(2) 図1で，抵抗器㋑を流れる電流は何Aか。

(3) 図1で，抵抗器㋐の抵抗は何Ωか。

(4) 図1で，回路全体の抵抗は何Ωか。

(5) 図2で，電源の電圧が8Vのとき，回路のA点の電流の大きさは2A，B点の電流の大きさは400mAであった。抵抗器㋓を流れる電流は何Aか。

(6) 図2で，抵抗器㋒，㋓にかかる電圧はそれぞれ何Vか。

(7) 図2で，抵抗器㋒，㋓の抵抗はそれぞれ何Ωか。

(8) 図2で，回路全体の抵抗は何Ωか。

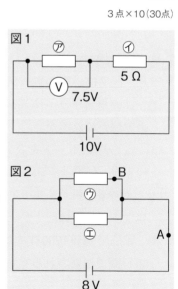

(1)		(2)		(3)		(4)		(5)	
(6)㋒		㋓		(7)㋒		㋓		(8)	

3 右の図の回路について，次の問いに答えなさい。　2点×9（18点）

(1) ㋐に流れる電流は何Aか。

(2) ㋐にかかる電圧は何Vか。

(3) ㋑と㋒を1つの抵抗器㋓と考えたとき，㋓にかかる電圧は何Vか。

(4) ㋓に(3)の電圧がかかるとき，㋑，㋒にかかる電圧はそれぞれ何Vか。

(5) ㋑に流れる電流は何Aか。

(6) ㋑，㋒の抵抗はそれぞれ何Ωか。

(7) 回路全体の抵抗は何Ωか。

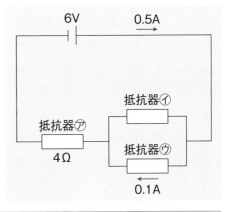

(1)		(2)		(3)		(4)㋑		㋒	
(5)		(6)㋑		㋒		(7)			

2
|
3

4 右の図のようにして，抵抗が4Ωの電熱線に6Vの電圧をかけて5分間電流を流し，100gの水の上昇温度をグラフにまとめた。これについて，次の問いに答えなさい。

4点×7（28点）

(1) グラフから，電流を流した時間と水の上昇温度との間にはどのような関係があることがわかるか。

(2) 電熱線に流れる電流は何Aか。

(3) 電熱線の電力は何Wか。

(4) 1分間に電熱線から発生した熱量は何Jか。

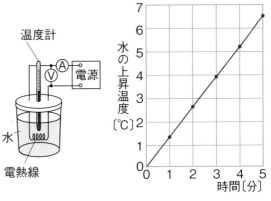

(5) 実験と同じ電熱線で，電圧の大きさ，水の質量は実験と同じにし，電流を流す時間を10分間に変えた。このとき，水の上昇温度は何℃になると考えられるか。最も近い値を，次のア～エから選びなさい。

　ア　3.2℃　　　イ　6.5℃
　ウ　13.0℃　　　エ　26.0℃

(6) 電圧を12Vにすると，電熱線の電力は何Wになるか。

(7) (6)のとき，100gの水に電流を5分間流すと，水の上昇温度は何℃になると考えられるか。最も近い値を，(5)のア～エから選びなさい。

(1)		(2)		(3)		(4)	
(5)		(6)		(7)			

解答 p.20

確認のワーク ステージ1 第2章 電流と磁界

教科書の要点

(　)にあてはまる語句を，下の語群から選んで答えよう。
同じ語句を何度使ってもかまいません。

1 電流による磁界

教 p.182〜190

(1) 磁石のまわりに生じる力を(①★　　　)といい，磁力のはたらく空間には(②★　　　)がある。

(2) 磁針のN極が指す向きが(③★　　　)である。

(3) 磁界の向きをなめらかに結んだ曲線を(④★　　　)といい，N極からS極へ向かう矢印で表す。

(4) 導線に電流を流すと，導線を中心とした(⑤　　　)の磁界ができる。磁界の向きは電流の向きによって決まる。

(5) コイルに電流を流したときの磁界の向きは，(⑥　　　)の向きによって決まる。右手の4本の指を電流の向きに合わせてにぎったとき，広げた親指の先の向きがコイル内部の磁界の向きになる。
右手の法則。

(6) コイルに電流を流したときの磁力は，コイルの外側より内側の方が(⑦　　　)。

まるごと暗記
- 磁力がはたらく空間には磁界があり，磁界の中で磁針のN極が指す向きを**磁界の向き**という。
- コイルにできる磁界は，コイルの外側より，磁力線が集まった**内側**の方が強い。

ワンポイント
磁力線は，交わったり途中で分かれたりしない。

2 モーター・発電機，直流と交流

教 p.191〜203

(1) 磁界の中で，電流は(①　　　)から力を受ける。その力の大きさは，電流を大きくしたり，磁力を強くしたりするほど(②　　　)なる。また，磁界から受ける力の向きは，電流の向きや磁界の向きによって決まる。

(2) コイルの中の磁界を変化させると，コイルに電流を流そうとする電圧が生じる。この現象を(③★　　　)，流れる電流を(④★　　　)という。

(3) 誘導電流の向きは，磁石をコイルに近づけるか遠ざけるかによって，また，出し入れする磁石の極によって決まる。

(4) 常に一定の向きに流れる電流を(⑤★　　　)，向きが周期的に変化する電流を(⑥★　　　)という。家庭のコンセントから利用する電流は交流である。

(5) 交流で電流の向きが変わってもとにもどるまでを★周期という。1秒間当たりの周期の回数を(⑦★　　　)といい，単位は(⑧★　　　)(記号Hz)で表す。

まるごと暗記
- コイルの中の磁界が変化すると**電磁誘導**によって電圧が生じ，コイルに**誘導電流**が流れる。
- **一定の向きに流れる**電流を直流，電流の向きが**周期的に変化する**電流を交流という。

プラスα
家庭のコンセントは100V(または200V)になっている。

語群
1 同心円状／強い／電流／磁界／磁界の向き／磁力／磁力線
2 交流／周波数／電磁誘導／ヘルツ／直流／誘導電流／磁界／大きく

★の用語は，説明できるようになろう！

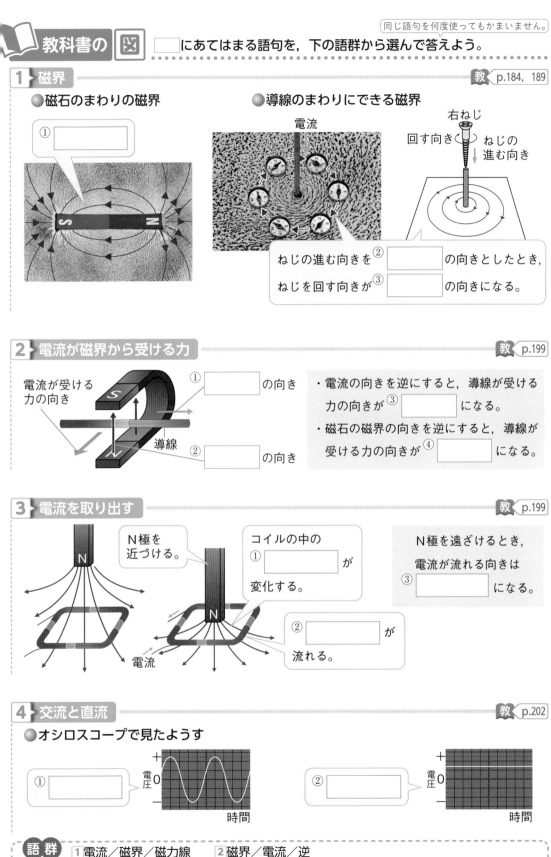

教科書の 図 ◻にあてはまる語句を，下の語群から選んで答えよう。

1 磁界 教 p.184, 189

●磁石のまわりの磁界 ●導線のまわりにできる磁界

①

電流

右ねじ

回す向き ねじの進む向き

ねじの進む向きを② の向きとしたとき，ねじを回す向きが③ の向きになる。

2 電流が磁界から受ける力 教 p.199

電流が受ける力の向き

① の向き

② の向き

導線

・電流の向きを逆にすると，導線が受ける力の向きが③ になる。

・磁石の磁界の向きを逆にすると，導線が受ける力の向きが④ になる。

3 電流を取り出す 教 p.199

N極を近づける。

コイルの中の① が変化する。

N極を遠ざけるとき，電流が流れる向きは③ になる。

② が流れる。

電流

4 交流と直流 教 p.202

●オシロスコープで見たようす

① 電圧 0 時間

② 電圧 0 時間

語群 1電流／磁界／磁力線　2磁界／電流／逆
3誘導電流／逆／磁界　4直流／交流

わからない用語は、教科書の 要点 の★で確認しよう！

第2章 電流と磁界

1 **磁石のまわりの磁界** 右の図は，磁石による力のはたらく空間を表したものである。これについて，次の問いに答えなさい。

(1) 磁石のまわりに生じる力を何というか。
（　　　　　　　　　）

(2) (1)のはたらく空間には何があるか。
（　　　　　　　　　）

(3) (2)の向きをなめらかにつないだ曲線を何というか。
（　　　　　　　　　）

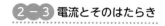

(4) 図で，A〜Cに磁針を置くと，N極はどの向きを指すか。それぞれ次の㋐〜㋓から選びなさい。 ヒント
A（　　） B（　　） C（　　）

2 教 ▶ p.185 探究 6 **電流と磁界の関係** 右の図のように，コイルのまわりにできる磁界について調べた。これについて，次の問いに答えなさい。

(1) 図1のように，厚紙の箱の上に磁針A〜Gを置いて電流を流すと，磁針AのN極は図2のような向きを指した。磁針BのN極が指す向きを，次の㋐〜㋓から選びなさい。 ヒント
（　　　　　　　　　）

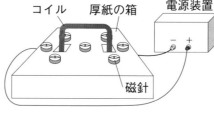

(2) N極の指す向きが磁針Bと同じになるものを，磁針C〜Gから選びなさい。 （　　　）

(3) 図2で，コイルを流れる電流の向きを，あ，いから選びなさい。 （　　　）

(4) 図2で，電流の向きを反対にすると，磁針BのN極が指す向きはどのようになるか。(1)の㋐〜㋓から選びなさい。 （　　　）

記述 (5) 厚紙の箱の上に鉄粉をまくと，同心円状の模様ができる。導線に近いところほど模様がはっきりしている。その理由を答えなさい。（　　　　　　　　　）

ヒントの森 ❶(4)磁針のN極は磁石のS極に引きつけられる。
❷(1)導線には電流の向きに対して右回りの同心円状の磁界ができる。右ねじの法則で考える。

③ 教 p.191 探究 7 **コイルと磁石ではたらく力** 右の図のように，磁界の中のコイルに電流
を流したところ，コイルは図の矢印の向きに動いた。これについて，次の問いに答えなさい。

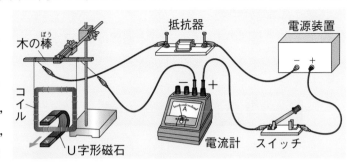

(1) 磁石による磁界の向きはN
極からS極，S極からN極の
どちらか。
（　　　　　　　　　）

(2) 電流や磁石の磁界の向きを，
次の①〜③のように変えると，
コイルの動く向きは，図の矢
印と同じになるか，逆になるか。ヒント

① 磁石の磁界の向きを逆にする。　　　　　　　　　（　　　　　　　）

② 電流の向きを逆にする。　　　　　　　　　　　（　　　　　　　）

③ 磁石の磁界の向きと電流の向きの両方を逆にする。（　　　　　　　）

(3) コイルに流す電流を大きくすると，コイルの動き方はどうなるか。
（　　　　　　　　　　　　）

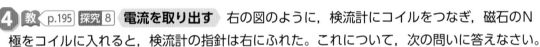

④ 教 p.195 探究 8 **電流を取り出す** 右の図のように，検流計にコイルをつなぎ，磁石のN
極をコイルに入れると，検流計の指針は右にふれた。これについて，次の問いに答えなさい。

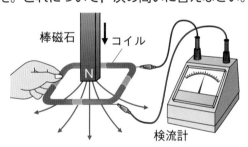

(1) 次の①，②のとき，検流計の指針は，左と右
のどちらにふれるか。

① S極をコイルに入れる。　（　　　　　　）

② S極をコイルから出す。　（　　　　　　）

(2) コイルに電流が流れるのは，コイルの中の何
が変化したからか。　　（　　　　　　　）

(3) (2)の変化により，コイルに電流が流れる現象
を何というか。　　　（　　　　　　　）

⑤ **モーターの原理** 右の図は，モーターの原理を表したものである。これについて，次の
問いに答えなさい。

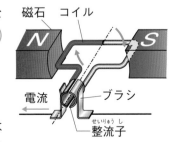

(1) モーターは，何を利用した装置か。次のア〜ウから選びな
さい。　　　　　　　　　　　　　　（　　　）

ア 磁界の向き

イ コイルのまわりにできる磁界の強さ

ウ 電流が磁界から受ける力

(2) コイルに流す電流の向きを変えると，コイルが回る向きは
どうなるか。ヒント　　　　　（　　　　　　　）

③(2)電流が磁界から受ける力の向きは，電流の向きや磁界の向きによって決まる。

⑤(2)モーターのコイルが半回転すると，ブラシと整流子のはたらきで電流の向きが変わる。

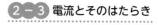

 第2章　電流と磁界

解答 ▶ p.21

1 棒磁石や導線のまわりにできる磁界について，あとの問いに答えなさい。　6点×4（24点）

図1

図2

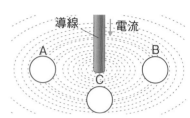

(1)　図1の　　　の中に，磁界のようすを表す磁力線をかき入れ，磁界の向きを矢印で示しなさい。

(2)　図2で，A〜Cに置いた磁針のN極はどの向きを指すか。それぞれ次の㋐〜㋘から選びなさい。

(1)	図1に記入	(2) A		B		C	

2 右の図のように，導線を巻いてコイルにした装置をつくり，それぞれに電流を流した。これについて，次の問いに答えなさい。
4点×6（24点）

(1)　図1で，磁針A，BのN極が指す向きを，それぞれ図2の㋐〜㋓から選びなさい。

(2)　(1)の向きは，電流の大きさ，電流の向きのどちらによって変化するか。

(3)　コイル㋐，㋑は，どちらも同じ導線を同じ回数巻いてつくったものである。コイルのまわりにできる磁界が強いのは，㋐，㋑のどちらか。

(4)　磁界について，次の文の（　）にあてはまる言葉を答えなさい。

図1

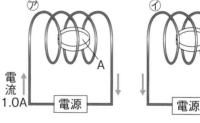

図2

㋐ あ　　　い　　　う　　　え

　　コイルの巻数が多いほど磁界が強いのは，コイルの巻数が多いと，コイルのまわりに多くの（ ① ）が集まって，その間隔が（ ② ）なるからである。

(1) A		B		(2)		(3)	
(4) ①				②			

3 右の図のような装置でコイルに電流を流したところ，コイルのABの部分が㋑の向きに動いた。これについて，次の問いに答えなさい。　4点×2（8点）

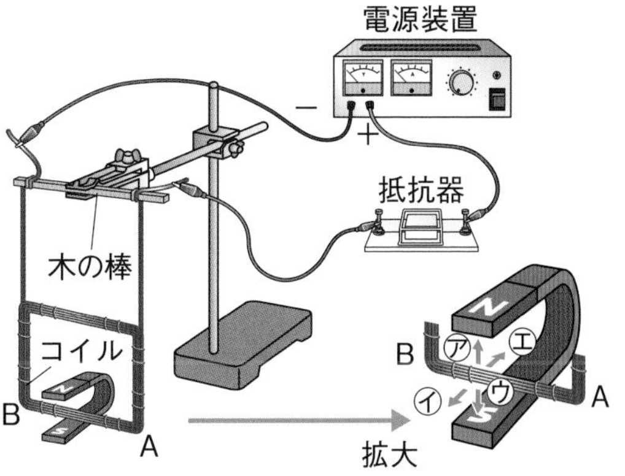

(1)　コイルに流れる電流の向きを逆にすると，ABの部分はどの向きに動くか。図の㋐～㋓から選びなさい。

(2)　ABの部分が受ける力を大きくする方法を，１つ答えなさい。

(1)		(2)	

4 右の図のように，コイルに棒磁石のN極を入れたところ，電流が流れて，検流計の指針が右にふれた。これについて，次の問いに答えなさい。　4点×4（16点）

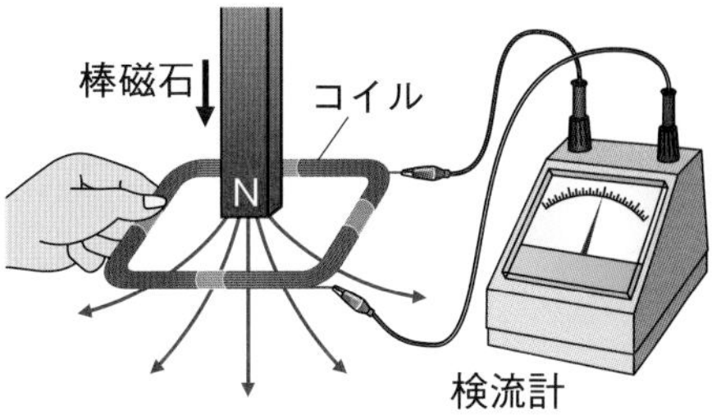

(1)　コイルに流れた電流を何というか。

(2)　棒磁石のN極をコイルに入れたままにしておくと，検流計の指針はどうなるか。

(3)　コイルに入れた棒磁石のN極をコイルから遠ざけると，検流計の指針はどうなるか。

(4)　コイルに流れる電流を大きくするには，棒磁石をどのように動かせばよいか。

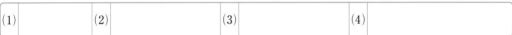

(1)		(2)		(3)		(4)	

5 右の図のように，オシロスコープで見た交流と直流について，次の問いに答えなさい。

4点×7（28点）

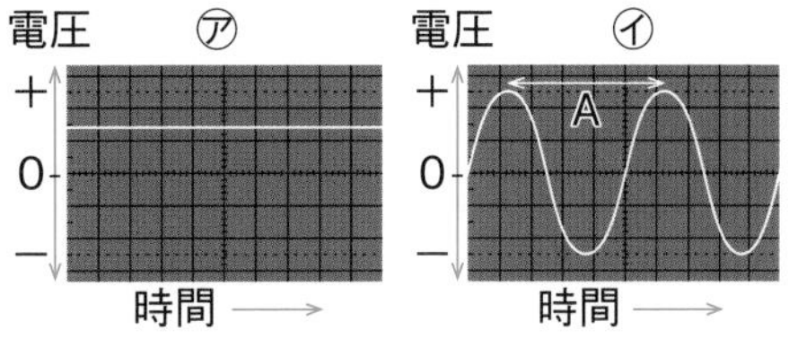

(1)　図の㋐，㋑は，それぞれ交流，直流のどちらのようすを表しているか。

(2)　家庭用のコンセントからの電流は，交流，直流のどちらか。

(3)　㋑のグラフのAを何というか。

(4)　１秒間当たりの(3)の回数を何というか。

(5)　(4)の単位であるHzの読み方を答えなさい。

(6)　電源につないだ発光ダイオードが点灯と消灯をくり返すのは，交流，直流のどちらか。

(1) ㋐		㋑		(2)		(3)	
(4)		(5)		(6)			

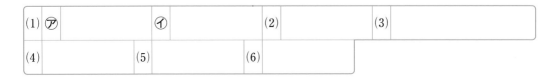

解答 p.22

確認のワーク ステージ1　第3章　電流の正体

教科書の要点

同じ語句を何度使ってもかまいません。

（　　）にあてはまる語句を，下の語群から選んで答えよう。

1 静電気と電流

教 p.204〜209

(1)　2種類の物体をこすり合わせると，物体が電気を帯びることがある。この電気を（①★　　　　）という。

(2)　物質は，−の電気を帯びた（②★　　　　）をもっている。

(3)　2種類の物質をこすり合わせると，一方の物質の電子の一部がもう一方に移動する。電子を失った物質は（③　　　　）の電気を帯び，電子を受け取った物質は（④　　　　）の電気を帯びる。

(4)　回路の導線の中には，自由に動くことができる電子が多数ある。回路に電圧がかかると，電子は電源の（⑤　　　　）極側から（⑥　　　　）極側に移動する。この移動が電流の正体である。

電子の移動と電流が流れる向きは逆である。

(5)　電気には＋と−の2種類があり，同じ種類の電気の間には，（⑦　　　　）力がはたらき，異なる種類の電気の間には，（⑧　　　　）力がはたらく。この力を（⑨★　　　　）といい，離(はな)れていてもはたらく。

まるごと暗記

- 電子は電池の−極から出て，＋極に向かって動く。これは電流の流れとは**逆向き**である。
- 電流の正体は−の電気を帯びた小さな粒子(電子)の流れである。
- 電気には，＋と−の2種類がある。
- 同じ種類の電気は**しりぞけ合い**，異なる種類の電気は**引き合う**。

2 放射線(ほうしゃせん)とその利用

教 p.210〜217

(1)　たまっていた電気が流れ出したり，電流が空間を流れたりする現象を（①★　　　　）という。

雷などの現象。

(2)　けい光灯のように，気体の圧力をとても低くした空間を電流が流れる現象を（②★　　　　）という。

(3)　クルックス管に高い電圧をかけると，真空放電が起こり，★**電子線**とよばれる電子の流れが観察できる。

(4)　電子線を電極板の陽極と陰極ではさんで電圧をかけると，電子線は（③　　　　）極の方に曲がる。このことから，電子線は（④　　　　）の電気を帯びていることがわかる。

(5)　電子線や★**エックス線**などを（⑤★　　　　）という。物質によっては，放射線を出す能力(★**放射能**(ほうしゃのう))がある。放射線を出す物質は（⑥★　　　　）とよばれる。放射線には，物質を通りぬける性質などがある。

まるごと暗記

- **放電**は，たまっていた電気が流れ出したり，電流が空間を流れたりする現象。
- **電子線**は真空放電で陰極から陽極に向かう電子の流れである。

プラスα

エックス線を発見したのはレントゲンである。

語群

1 ＋／−／しりぞけ合う／静電気／引き合う／電気の力／電子

2 真空放電／陽／放射性物質(ほうしゃせいぶっしつ)／−／放射線／放電

★の用語は，説明できるようになろう！

教科書の 図 ◻︎にあてはまる語句を，下の語群から選んで答えよう。

同じ語句を何度使ってもかまいません。

1 電流と電子

教 p.206

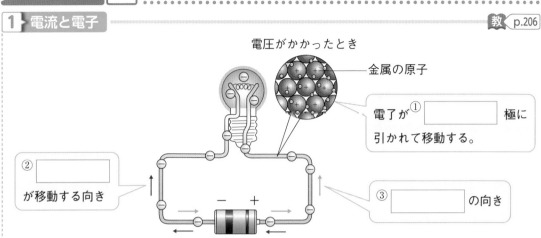

電圧がかかったとき

金属の原子

電了が① ◻︎ 極に引かれて移動する。

② ◻︎ が移動する向き

③ ◻︎ の向き

2－3

2 真空放電

教 p.211

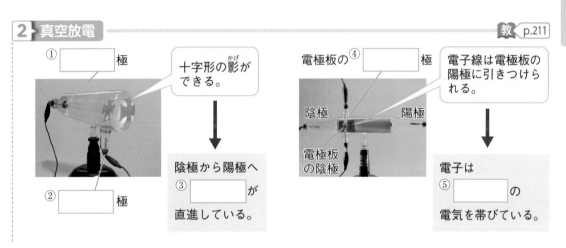

① ◻︎ 極

② ◻︎ 極

十字形の影ができる。

陰極から陽極へ③ ◻︎ が直進している。

電極板の④ ◻︎ 極

陰極　陽極

電極板の陰極

電子線は電極板の陽極に引きつけられる。

電子は⑤ ◻︎ の電気を帯びている。

3 放射線・放射能・放射性物質

教 p.212

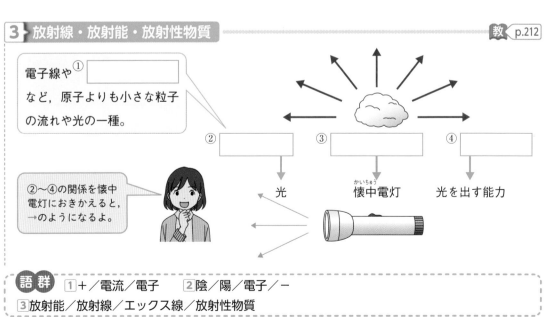

電子線や① ◻︎ など，原子よりも小さな粒子の流れや光の一種。

② ◻︎

③ ◻︎

④ ◻︎

光

懐中電灯

光を出す能力

②～④の関係を懐中電灯におきかえると，→のようになるよ。

語群 1 ＋／電流／電子　　2 陰／陽／電子／－
3 放射能／放射線／エックス線／放射性物質

☺ わからない用語は，📖教科書の 要点 の★で確認しよう！

解答 p.22

定着のワーク ステージ2　第3章　電流の正体

1 静電気　右の図のように，ポリ塩化ビニル製のパイプとティッシュペーパーをこすり合わせた。これについて，次の問いに答えなさい。

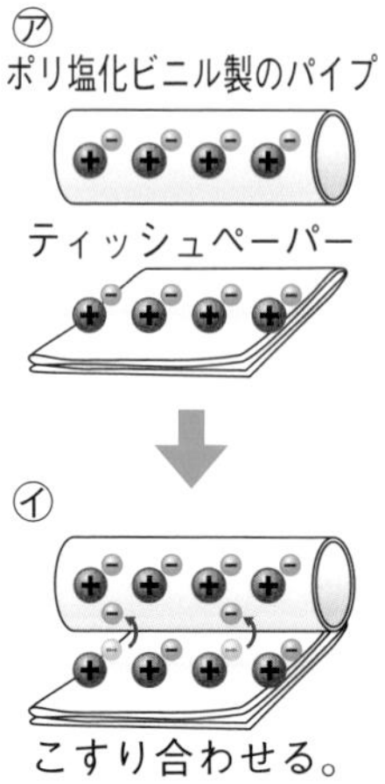

(1)　㋐で，こすり合わせる前のパイプとティッシュペーパーはどのような状態になっているか。それぞれ次の**ア**～**ウ**から選びなさい。

パイプ(　　　)　ティッシュペーパー(　　　)

ア　＋の電気を帯びている。
イ　－の電気を帯びている。
ウ　電気を帯びていない。

(2)　㋑で，パイプとティッシュペーパーをこすり合わせたときに移動するのは，＋の電気，－の電気のどちらか。(　　　)

(3)　(2)の電気を帯びた粒子を何というか。(　　　)

(4)　㋑で，(3)の粒子の一部は，パイプとティッシュペーパーのどちらからどちらへ移動するか。
(　　　　　　　　　　)

(5)　(4)の結果，パイプが帯びる電気は，＋の電気，－の電気のどちらか。[ヒント]
(　　　)

(6)　２種類の物体をこすり合わせると，それぞれの物体は異なる電気を帯びる。このときの電気を何というか。(　　　)

2 電流と電子　右の図は，導線に電流を流したときのようすを模式的に表したものである。これについて，次の問いに答えなさい。

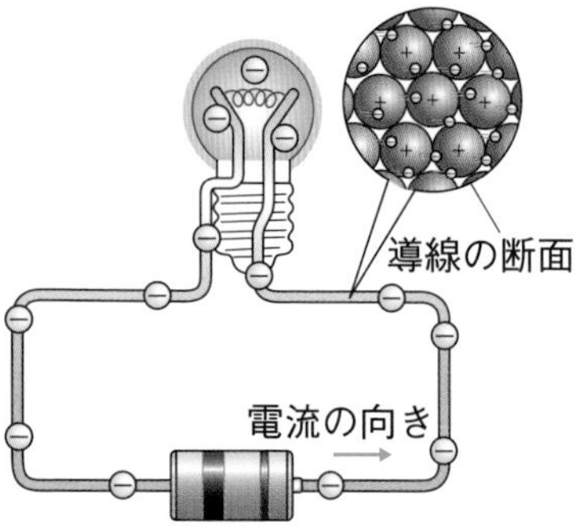

(1)　金属の内部に多数ある，－の電気を帯び，原子と原子の間を自由に動き回っているものを何というか。
(　　　)

(2)　(1)は電池の何極に引かれて動くか。
(　　　)

(3)　(1)の移動する向きは，電流の向きと同じか，逆向きか。
[ヒント]　(　　　)

(4)　電流の正体についてまとめた次の文の(　)にあてはまる言葉を答えなさい。

①(　　　)　②(　　　)　③(　　　)

電流の正体は，(①)極から(②)極へ移動する(③)である。

ヒントの森
❶(5)パイプには－の電気を帯びた粒子が多くなる。
❷(3)電流は，乾電池の＋極から出て，－極へ向かう。

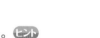

❸ 教 p.207 探究 9 **電子にはたらく力** 図1のように，ストローA，Bとティッシュペーパーをこすり合わせ，図2のように，ストローAを回転できるようにした。これについて，次の問いに答えなさい。

(1) 図2のように，ストローAにストローBを近づけると，ストローAはどうなるか。

　（　　　　　　　　　　　　　　　　）

(2) 図2で，ストローAにティッシュペーパーを近づけると，ストローAはどうなるか。

　（　　　　　　　　　　　　　　　　）

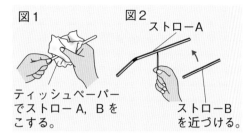

図1　ティッシュペーパーでストローA，Bをこする。

図2　ストローA　ストローBを近づける。

(3) 実験から，①同じ種類の電気の間，②異なる種類の電気の間には，それぞれどのような力がはたらくことがわかるか。

　　　　　①（　　　　　　　　　）　②（　　　　　　　　　　　　）

(4) 電気を帯びた2つの物体の間にはたらく力を何というか。　（　　　　　　　　　）

❹ **電子線** クルックス管に高い電圧をかけたときに起こる現象について調べた。これについて，次の問いに答えなさい。

(1) 気体の圧力を非常に低くした空間を電流が流れる現象を何というか。　（　　　　　　　　　）

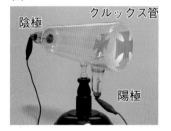

図1　陰極　クルックス管　陽極

(2) 図1で，クルックス管に高い電圧をかけると，陰極の反対側に十字形の影ができた。このとき，影のまわりの光っている部分に当たっている粒子を何というか。

　（　　　　　　　　　　　　　　　　）

(3) 図1から，(2)はクルックス管の何極から飛び出して，何極に向かうことがわかるか。〔ヒント〕

　（　　　　　　　　　　　　　　　　）

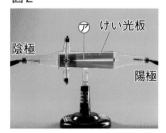

図2　⑦ けい光板　陰極　陽極

(4) 図2でクルックス管に高い電圧をかけると，けい光板に⑦の線が見られた。これは，何という線が当たって光ったものか。　（　　　　　　　　）

(5) 図3のように，(4)の線の通り道をはさむようにして，電極板に電圧をかけると，(4)の線は電極板の陽極の方（上の方向）に曲がった。このことから，(4)の線をつくっている粒子は，＋の電気，－の電気のどちらを帯びていることがわかるか。　（　　　　　　　　）

(6) 図3で，(4)の線をクルックス管の下の方向に曲げるには，どのようにすればよいか。〔ヒント〕

　（　　　　　　　　　　　　　　　　）

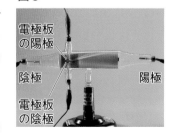

図3　電極板の陽極　陰極　陽極　電極板の陰極

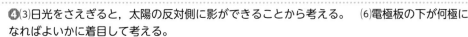

ヒントの森　❹(3)日光をさえぎると，太陽の反対側に影ができることから考える。　(6)電極板の下が何極になればよいかに着目して考える。

左端余白：2-3

解答 p.23

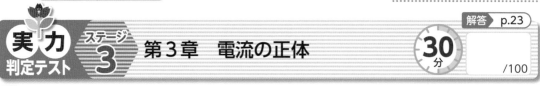

実力判定テスト ステージ3 第3章 電流の正体

30分 /100

1 図1のように，2本のストロー㋐，㋑とティッシュペーパーをこすり合わせ，図2のような装置で，ストロー㋐が回転できるようにした。これについて，次の問いに答えなさい。

4点×7（28点）

図1

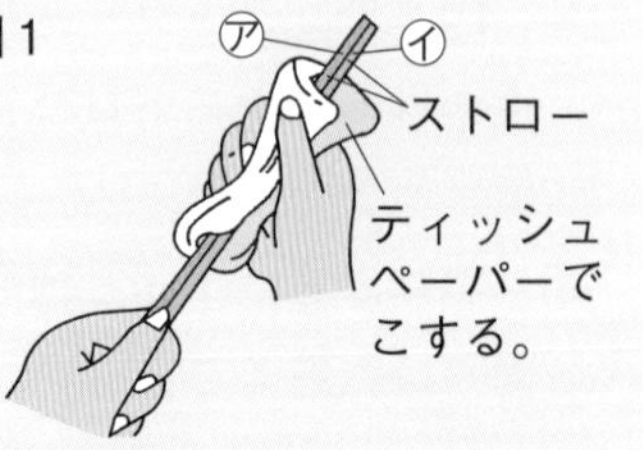

図2

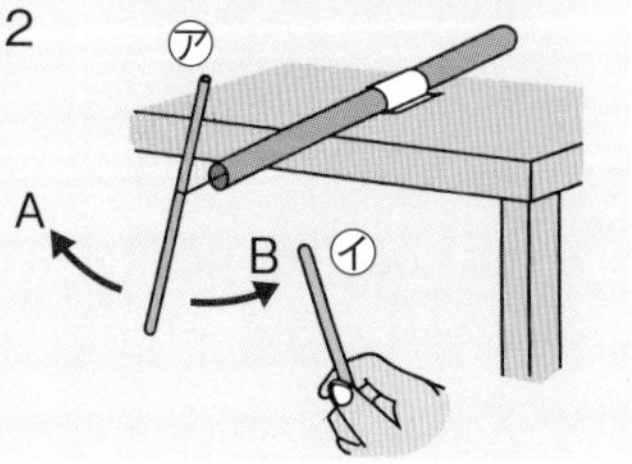

(1) 図1のように，ストローとティッシュペーパーをこすり合わせると，ストロー㋐は−の電気を帯びる。このとき，ストロー㋑は，＋の電気，−の電気のどちらを帯びているか。

(2) (1)のとき，ティッシュペーパーは，＋の電気，−の電気のどちらを帯びているか。

(3) ストローやティッシュペーパーが帯びている電気を何というか。

[記述] (4) 2種類の物体をこすり合わせると(3)の電気が生じるのはなぜか。

(5) 図2のように，ストロー㋑をストロー㋐の下の方に近づけると，ストロー㋐はA，Bのどちらに動くか。

(6) 次の2つの物体の間にはどのような力がはたらくか。

① ストロー㋐とストロー㋑　② ストロー㋐とティッシュペーパー

(1)		(2)		(3)		
(4)						
(5)		(6)	①		②	

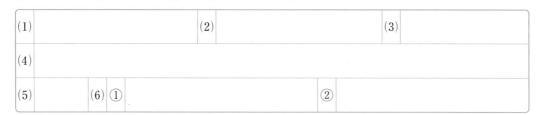

2 電気の移動によって起こる現象について，次の問いに答えなさい。

6点×4（24点）

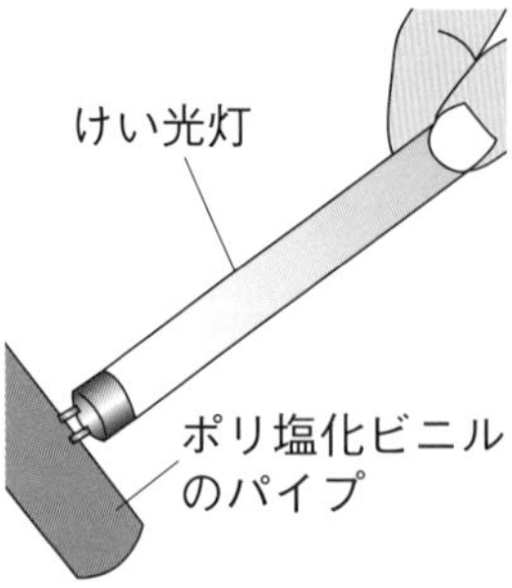

[記述] (1) 右の図のように，ティッシュペーパーでこすったポリ塩化ビニルのパイプにけい光灯を触れさせると，けい光灯は一瞬(いっしゅん)光った。けい光灯が一瞬しか光らない理由を簡単に答えなさい。

(2) (1)のような現象を何というか。

(3) (2)について，次の文の（ ）にあてはまる言葉を答えなさい。

放電管の中の気圧を（ ① ）して高い電圧をかけると，放電管には（ ② ）が流れる。

(1)						
(2)		(3)	①		②	

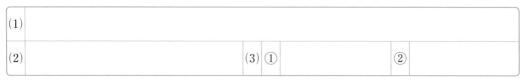

3 2種類のクルックス管を使って，実験を行った。これについて，次の問いに答えなさい。

4点×7 (28点)

(1) クルックス管の中は，気体の圧力がどのようになっているか。

(2) 図1で見られた明るい線は，何という粒子の流れか。

(3) 図1のように，クルックス管に高い電圧をかけて，明るい線をはさむようにした電極板㋐，㋑にも電圧をかけると，明るい線は上の方に曲がった。電極板㋐は陽極，陰極のどちらか。

(4) 図2で，電極㋒，㋓に高い電圧をかけると，ガラスに金属板の影ができた。陽極は㋒，㋓のどちらか。

(5) 図2について，次の文の(　)にあてはまる言葉を答えなさい。

十字形の金属板の影ができるのは，(①)極から(②)極に向かって(③)した(2)の流れが，金属板にさえぎられたからである。

図1

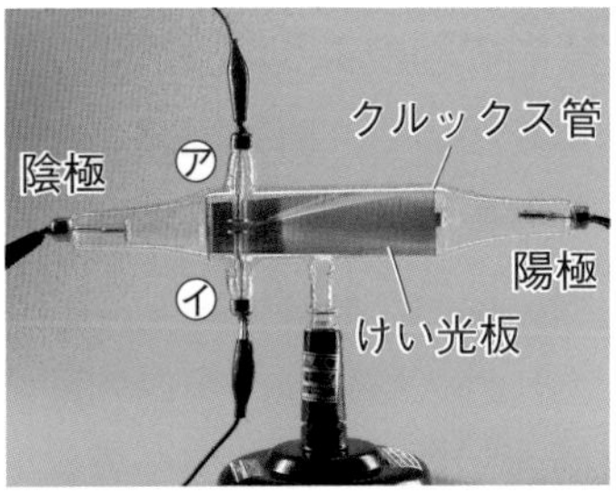

図2

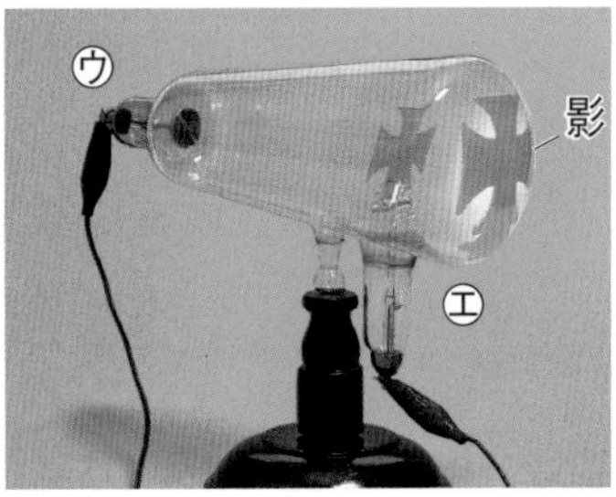

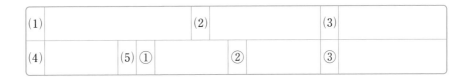

(1)		(2)		(3)	
(4)		(5) ①		②	③

4 右の図は，放射線やその能力などの関係を表したものである。これについて，次の問いに答えなさい。

4点×5 (20点)

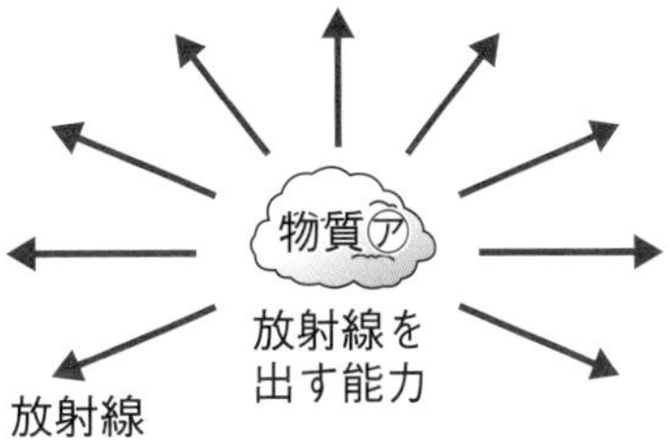

(1) 放射線ついて，次の文の(　)にあてはまる言葉を答えなさい。

真空放電の実験のときにクルックス管のまわりに出ている，目に見えない光のようなものを(①)といい，(①)や電子線などを放射線という。放射線には，物質を通りぬける性質や，物質を(②)させる性質がある。

(2) 放射線を出す物質㋐を何というか。

(3) 放射線を出す能力を何というか。

(4) 放射線の物質を通りぬける性質を利用したものを，次のア～ウから選びなさい。

ア　プラスチックの改質

イ　CTスキャン

ウ　ペットボトルの殺菌(さっきん)

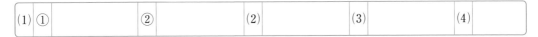

(1) ①		②		(2)		(3)		(4)	

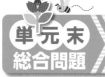

解答 p.23

単元末総合問題 2−3 電流とそのはたらき

40分　/100

1 右の図のように，抵抗が等しい２つの抵抗器㋐，㋑を用いて，直列回路と並列回路をつくり，電流のはたらきについて調べた。これについて，次の問いに答えなさい。　4点×7（28点）

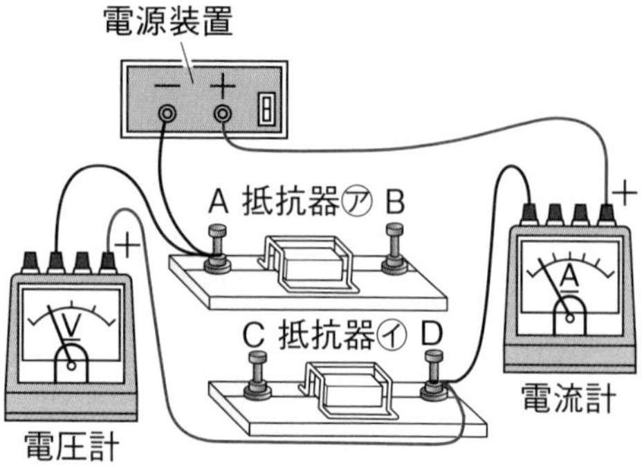
電源装置
−
+
A 抵抗器㋐ B
C 抵抗器㋑ D
+
+
電圧計
電流計

(1)　抵抗器㋐，㋑の直列回路をつくるには，図のA〜Dのどの部分を導線でつなぐか。次のア〜エから選びなさい。

ア　AとC　　イ　BとD

ウ　BとC　　エ　AとD

(2)　抵抗器㋐，㋑の直列回路をつくり，電源の電圧を６Ｖにすると，回路全体には0.3Ａの電流が流れた。抵抗器㋐の抵抗は何Ωか。

(3)　抵抗器㋐，㋑の並列回路をつくるには，図のA〜Dのどの部分を導線でつなぐか。次のア〜エから２つ選びなさい。

ア　AとC　　イ　BとD　　ウ　BとC　　エ　AとD

(4)　抵抗器㋐，㋑の並列回路をつくり，電源の電圧を５Ｖにすると，抵抗器㋐を流れる電流は何Ａか。

(5)　抵抗器㋐，㋑の並列回路をつくり，電源の電圧を６Ｖにすると，回路全体に流れる電流は何Ａか。

(6)　(5)のとき，抵抗器㋑で消費される電力は何Ｗか。

1

(1)		
(2)		
(3)		
(4)		
(5)		
(6)		

2 右の図のように，２つの電熱線㋐（２Ω），電熱線㋑（６Ω）を用いて，水の温度変化を調べた。ビーカーA，Bの水は，それぞれ質量100g，温度18℃で，電源の電圧は6Vである。これについて，次の問いに答えなさい。　6点×4（24点）

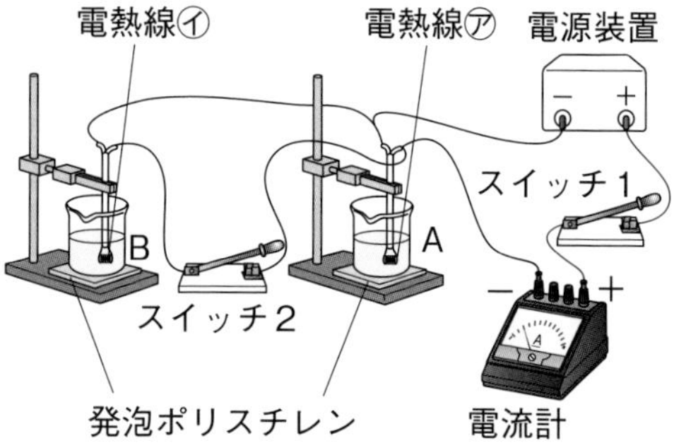
電熱線㋑
電熱線㋐
電源装置
−
+
スイッチ１
B
A
スイッチ２
−
+
発泡ポリスチレン
電流計

(1)　スイッチ１だけを入れて電流を流すと，電流計を流れる電流は何Ａか。

(2)　スイッチ１だけを入れて電流を２分間流すと，電熱線から発生する熱量は何Ｊか。

(3)　スイッチ１，２を入れて電流を流すと，電流計を流れる電流は何Ａか。

レベルUP

(4)　スイッチ１，２を入れて電流を流した。５分後のビーカーの水の温度はどのようになっているか。次のア〜ウから選びなさい。

ア　AよりBの方が高い。　　イ　BよりAの方が高い。

ウ　AとBは同じである。

2

(1)	
(2)	
(3)	
(4)	

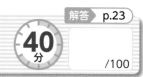

目標 オームの法則を使いこなそう。電流の大きさや向きと磁界の関係をしっかり理解しておこう。

自分の得点まで色をぬろう！

😣がんばろう！　😊もう一歩　😄合格！

0　　　　　　　60　　80　　100点

3 電流と磁界の関係について調べた。これについて，次の問いに答えなさい。　4点×6（24点）

図1

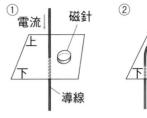
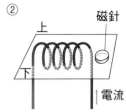

(1) 図1の①，②のように磁針を置き，矢印の向きに電流を流すと，磁針のN極はどの向きを指すか。それぞれ図2の㋐〜㋓から選びなさい。ただし，㋐〜㋓は真上から見た磁針のようすである。

図2

(2) 磁針のN極が指す向きを何というか。

(3) 図3のように，磁石のN極をコイルに近づけると，検流計の指針は右にふれた。このように，磁界が変化することでコイルに電流が流れる現象を何というか。

図3

コイル　　　　検流計

(4) コイルの巻数を多くして，図3のときと同じように，磁石のN極をコイルに近づけると，検流計の指針はどのようにふれるか。次のア〜エから選びなさい。

ア　右に図3のときより大きくふれる。

イ　左に図3のときより大きくふれる。

ウ　右に図3のときより小さくふれる。

エ　左に図3のときより小さくふれる。

(5) 図3で，磁石のS極をコイルに近づけると，検流計の指針は，右，左のどちらにふれるか。

3

(1)	①	
	②	
(2)		
(3)		
(4)		
(5)		

4 図1のようにして静電気を起こし，実験を行った。これについて，次の問いに答えなさい。　6点×4（24点）

図1

ストロー

ティッシュペーパーでこする。

図2

ストロー㋐

ストロー㋑

つまようじ

(1) ストロー㋐は−の電気を帯びていた。このとき，ティッシュペーパーが帯びている電気の種類は何か。

(2) 図2のようにして，ストロー㋑をストロー㋐に近づけると，2つのストローの間にはどのような力がはたらくか。

(3) ストロー㋑が帯びている電気の種類は何か。

(4) ストローとティッシュペーパーをこすり合わせたとき，ストローに移動した，電気を帯びた粒子を何というか。

4

(1)	
(2)	
(3)	
(4)	

😀 終わったら後ろの，**2**，**6**，**12**をやろう。

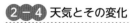

解答 ▶ p.25

ステージ 1 第1章 大気の性質と雲のでき方

📖 **教科書の** 要点 （　）にあてはまる語句を，下の語群から選んで答えよう。

> 同じ語句を何度使ってもかまいません。

1 地球をつつむ大気

教 p.218～228

(1) 地球をつつむ ★**大気の層**を(①★　　　　　　　)という。

(2) 空気の重さによって大気が面を押す作用を(②★　　　　　　　)
といい，標高の高いところほど小さくなる。 └─気圧ともいう。

(3) 単位面積当たりの面を垂直に押す力を(③★　　　　　　　)とい
う。単位は(④★　　　　　　　)(記号Pa)である。

$$圧力[Pa] = \frac{面を垂直に押す力[N]}{力がはたらく面積[m^2]}$$

(4) 大気圧の単位には(⑤★　　　　　　　)(記号hPa)を用いる。海
面と同じ高さでの大気圧の平均は ★**1気圧**(約1013hPa)である。

> **まるごと 暗記**
> ● 圧力は，(面を垂直に
> 押す力)÷(力がはたら
> く面積)で求め，単位
> はPa(またはN／m²)
> で表す。
> ● 空気の重さによる圧力
> を**大気圧**といい，海面
> の高さでの大気圧は1
> 気圧である。

2 空気中の水蒸気

教 p.229～235

(1) 空気中の水蒸気が冷えて水滴になることを(①★　　　　　　　)
といい，凝結が始まる温度を(②★　　　　　　　)という。

(2) ある温度の空気にふくまれる水蒸気量が最大限になっているとき，
その空気は水蒸気で(③★　　　　　　　)しているといい，このと
きの水蒸気量を(④★　　　　　　　)という。

(3) ある温度の空気中の水蒸気量が，飽和水蒸気量の何％になるかを
表した値を(⑤★　　　　　　　)といい，次の式で求める。

$$湿度[\%] = \frac{空気1m^3にふくまれる実際の水蒸気量[g/m^3]}{その温度での(⑥　　　　　　)[g/m^3]} \times 100$$

> **まるごと 暗記**
> ● 空気中の水蒸気の凝結
> が始まる温度を，その
> 空気の露点という。

> **まるごと 暗記**
> ● 上空で露点に達した空
> 気中の水蒸気が水滴と
> なり，雲ができる。

3 雲のでき方

教 p.236～241

(1) 上昇気流によって空気のかたまりが上昇して，まわりの気圧が低
くなると，空気は(①　　　　　　　)し，温度が下がる。そして
気温が(②　　　　　　　)に達すると，水蒸気が凝結して
(③　　　　　　　)になり，雲ができる。

(2) 雲の粒である水滴や氷の粒が大きくなると，上昇気流によっても
支えきれなくなり，(④　　　　　　　)や雪となって地上に落ち
てくる。雨や雪などをまとめて(⑤　　　　　　　)という。

> 「気象要素の観測」
> は，この本のP.98
> ～103であつかうよ。

語群 ❶圧力／大気圧／ヘクトパスカル／パスカル／大気圏
❷飽和水蒸気量／湿度／凝結／飽和／露点 ❸露点／雨／降水／水滴／膨張

😊 ★の用語は，説明できるようになろう！

教科書の 図 □にあてはまる語句を, 下の語群から選んで答えよう。

同じ語句を何度使ってもかまいません。

1 凝結が起こるしくみと湿度　教 p.234, 235

●温度30℃, 水蒸気量17.3g/m³の空気を冷やす

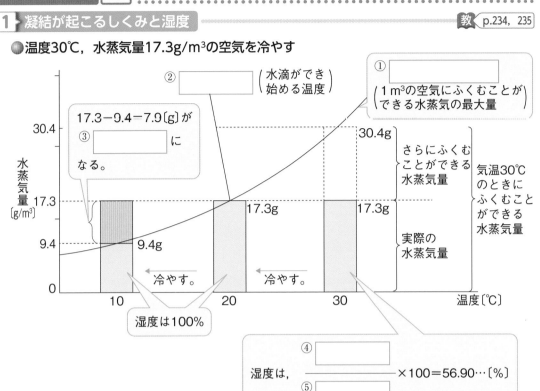

2 雲のでき方　教 p.241

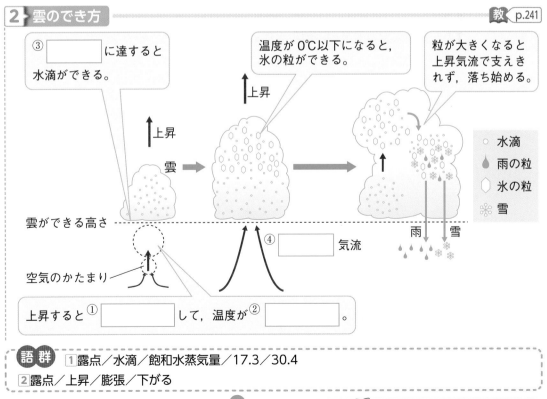

語群 1 露点／水滴／飽和水蒸気量／17.3／30.4
2 露点／上昇／膨張／下がる

😊 わからない用語は, 教科書の 要点 の★で確認しよう！

2－4

解答 ▶ p.25

定着のワーク ステージ2　第1章　大気の性質と雲のでき方－①

1 地球をつつむ大気　右の図は標高と大気圧（気圧）の関係を表したものである。これについて，次の問いに答えなさい。

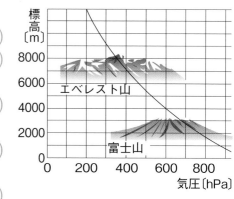

(1)　地球をとりまく空気を何というか。
　　　　　　　　　　　　（　　　　　　　　　）

(2)　(1)の層を何というか。（　　　　　　　　　）

記述 (3)　大気圧とはどのような作用か。
　　（　　　　　　　　　　　　　　　　　　　　）

(4)　圧力の単位hPaの読み方を答えなさい。
　　　　　　　　　（　　　　　　　　　　　　　）

(5)　標高の高いところほど，大気圧はどうなるか。
　　ヒント　　　　（　　　　　　　　　　　　）

記述 (6)　(5)のように考えた理由を答えなさい。
　　（　　　　　　　　　　　　　　　　　　　　）

(7)　海面の高さでの大気圧は，平均すると何hPaか。次のア～エから選びなさい。（　　　）

　　ア　約10.13hPa　　イ　約101.3hPa　　ウ　約1013hPa　　エ　約10130hPa

(8)　(7)の大気圧の大きさを何というか。　　　　　　　　　（　　　　　　　　　　）

(9)　大気圧は，物体のどのような向きの面にはたらいているか。
　　　　　　　　　　　　　　　（　　　　　　　　　　　　　　）

2 教 p.226 実験 力・面積・圧力の関係　図1のような2kgのレンガを，図2の⑦～⑦のように置き方を変えてスポンジの上にのせた。これについて，あとの問いに答えなさい。ただし，100gの物体が受ける重力の大きさを1Nとする。

図1
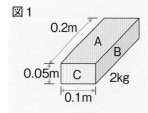
0.2m　A　B
0.05m　C　2kg
0.1m

図2
⑦ 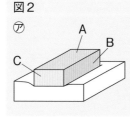　A B C
⑦ 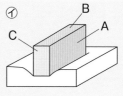　B C A
⑦ 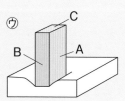　C B A

(1)　レンガが受ける重力は何Nか。　　　　　　　　　　（　　　　　　　）

(2)　図2の⑦～⑦のスポンジがレンガから受ける圧力は，それぞれ何Paか。**ヒント**
　　　　⑦（　　　　　　　　）　⑦（　　　　　　　　）　⑦（　　　　　　　）

(3)　スポンジのへこみ方が最も大きいものを，図2の⑦～⑦から選びなさい。（　　　）

(4)　スポンジのへこみ方が最も小さいものを，図2の⑦～⑦から選びなさい。（　　　）

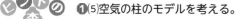
ヒントの森　❶(5)空気の柱のモデルを考える。
　　　　　　　❷圧力＝面を垂直に押す力÷力がはたらく面積

3 教 p.228 実験 **大気圧を求める** 直径の異なる注射器を用いて、右の図のような装置をつくり、一番下まで押し下げたピストンがゆっくり上がっている状態で、ばねばかりの目盛りを読んだ。表は、その結果をまとめたものである。これについて、あとの問いに答えなさい。

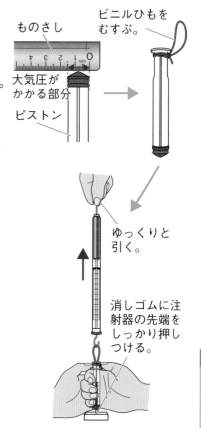

ものさし

ビニルひもをむすぶ。

大気圧がかかる部分

ピストン

ゆっくりと引く。

消しゴムに注射器の先端をしっかり押しつける。

注射器の容量	2.5mL	5mL	10mL
大気圧がかかる部分の面積〔cm²〕	0.64cm²	1.34cm²	1.78cm²
垂直に引くときの力の平均〔N〕	7.3N	13.2N	19.5N
大気圧〔Pa〕	114000	X	110000

(1) 表の**X**の値は、どのような計算式で求めるか。次の**ア**〜**ウ**から選びなさい。　　（　　）

　ア $(1.34 \div 10000) \times 13.2$

　イ $(1.34 \div 10000) \div 13.2$

　ウ $13.2 \div (1.34 \div 10000)$

(2) 大気圧がかかる部分の面積が大きくなると、垂直に引くときの力の平均の値はどうなったか。 ヒント

　　　　　　　（　　　　　　　　　　　）

(3) 大気圧がかかる部分の面積が大きくなると、大気圧は大きく変化したか。　（　　　　　　　　）

4 **水の循環** 右の図は、地球上の水が循環するようすを模式的に表したものである。これについて、次の問いに答えなさい。

(1) 次の①〜⑥を表している矢印を、図の**ア**〜**カ**から選びなさい。

　① 海からの蒸発　（　　　）

　② 陸への雨、雪　（　　　）

　③ 河川からの流入　（　　　）

　④ 海への雨、雪　（　　　）

　⑤ 陸からの蒸発　（　　　）

　⑥ 地下水からの流入（　　　）

雲

陸

海

(2) 図の**エ**、**カ**の矢印で、水は何に変化して空気中を移動するか。　（　　　　　　　　）

(3) 図のような水の循環をもたらしているエネルギー源は何か。 ヒント（　　　　　　　）

(4) 陸で蒸発しないで河川などになった水は、最後にはどこへ流れこむか。

　　　　　　　　　　　　　　（　　　　　　　　）

(5) 地球の表面上に存在する水の蒸発する量が多いのは、陸、海のどちらか。

　　　　　　　　　　　　　　（　　　　　　　　）

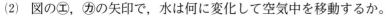

3(2)面積と垂直に引く力の大きさは、ほぼ比例の関係にある。

4(3)地表の水や海水は、暖められると蒸発する。

解答 ▶ p.25

第1章　大気の性質と雲のでき方−②

1 教 p.231 探究 2 **空気を冷やして露点を求める**　右の図のように，くみおきの水を3分の1くらい入れた金属製のコップに，氷水を少しずつ加えていき，コップの表面にくもりができた温度を調べた。表は，温度と飽和水蒸気量を表したものである。これについて，次の問いに答えなさい。

(1)　室温とコップに入れた水の温度は，どちらも20℃であった。この部屋の空気の飽和水蒸気量は何g/m³か。

（　　　　　　　）

温度〔℃〕	飽和水蒸気量〔g/m³〕
0	4.8
5	6.8
10	9.4
15	12.8
20	17.3
25	23.1

(2)　図のように，氷水を少しずつ加えながらかき混ぜると，コップの表面にくもりができた。このときの温度を何というか。

（　　　　　　　）

(3)　(2)のときの水温は15℃であった。この部屋の空気1m³にふくまれる水蒸気量は何gか。

（　　　　　　　）

(4)　この部屋の空気の湿度は何％か。小数第1位を四捨五入して答えなさい。 ヒント

（　　　　　　　）

2 **湿度と水蒸気量**　1m³に12.1gの水蒸気をふくんだ22℃の空気がある。右の温度と飽和水蒸気量との関係を表すグラフを参考にして，次の問いに答えなさい。

(1)　この空気1m³には，あと何gの水蒸気をふくむことができるか。（　　　　　　　）

(2)　この空気の露点は何℃か。 ヒント

（　　　　　　　）

(3)　この空気の湿度は何％か。小数第1位を四捨五入して答えなさい。（　　　　　　　）

(4)　この空気の温度が上がると，湿度はどうなるか。（　　　　　　　）

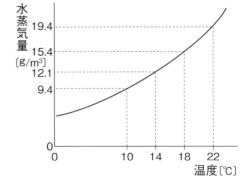

(5)　この空気が冷えて，温度が14℃になったとき，湿度は何％か。 ヒント

（　　　　　　　）

(6)　この空気が冷えて，温度が10℃になったとき，空気1m³当たり何gの水滴が現れるか。

（　　　　　　　）

(7)　(6)のとき，湿度は何％か。　　　　　　　　　（　　　　　　　）

ヒントの森
1(4)気温からわかる飽和水蒸気量と，(3)の水蒸気量を使って求める。
2(2)(5)露点のとき，空気中にふくまれる水蒸気量は，その温度での飽和水蒸気量に等しい。

3 教 p.237 探究 3 **実験室で雲をつくる** 右の図のように，中をぬらし，線香の煙を少し入れたフラスコに注射器を取りつけた。そして，ピストンを引いたり押したりして，フラスコ内のようすの変化を調べた。これについて，次の問いに答えなさい。

(1) フラスコ内の空気を膨張させるには，
注射器のピストンをどのように動かせば
よいか。
（　　　　　　　　　　　）

(2) (1)のようにすると，フラスコ内のよう
すはどのように変化するか。 ヒント
（　　　　　　　　　　　）

(3) (1)のようにすると，フラスコ内の温度
はどのように変化するか。
（　　　　　　　　　　　）

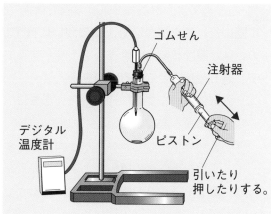

(4) (2)のあと，ピストンをもとにもどすと，フラスコ内のようすは，どのように変化するか。
（　　　　　　　　　　　）

(5) (4)のとき，フラスコ内の温度はどのようになるか。　　　（　　　　　　　　　　　）

4 **雲のでき方** 右の図は，雲のでき方と雲が発達していくようすを模式的に表したものである。これについて，次の問いに答えなさい。

(1) 地上付近にあった空気のかたまりが
上昇していくと，次の①〜③は，それ
ぞれどのようになるか。 ヒント

① 気圧 （　　　　　　　　）

② 体積 （　　　　　　　　）

③ 温度 （　　　　　　　　）

(2) 上昇気流は，地表付近の空気がどの
ようになったときに生じるか。
（　　　　　　　　）

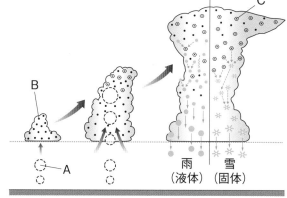

(3) 図の----は，雲のできる高さを表して
いる。水蒸気が水滴(雲)に変化する温度を何というか。　　（　　　　　　　　）

(4) 水蒸気が水に変化することを何というか。　　　　　　　（　　　　　　　　）

(5) 図の**C**の位置の空気の温度は0℃以下である。**A〜C**は，それぞれ水がどのような姿になったものを表しているか。次の**ア〜ウ**から選びなさい。

A（　　）　**B**（　　）　**C**（　　）

ア 水滴　　**イ** 水蒸気　　**ウ** 氷の粒

(6) 雲から地上に落ちてきた雨や雪を何というか。　　　　　（　　　　　　　　）

ヒントの森 **3**(2)空気が膨張するとフラスコ内の水蒸気がどのようになるか考える。
4(1)①気圧は空気の重さによる圧力である。

実力判定テスト ステージ **3** 第1章 大気の性質と雲のでき方

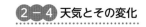
30分 解答 ▶ p.26 /100

1 右の図のような質量800gの直方体を，置き方を変えて机の上に置いた。これについて，次の問いに答えなさい。ただし，100gの物体が受ける重力の大きさを1Nとする。 5点×5（25点）

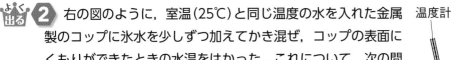
4cm A面 C面 5cm B面 8cm

(1) 直方体が受ける重力は何Nか。

(2) 直方体が机を垂直に押す力の大きさについて正しいものを，次のア〜エから選びなさい。

　ア　A面を下にして置いたときが最も大きい。

　イ　B面を下にして置いたときが最も大きい。

　ウ　C面を下にして置いたときが最も大きい。

　エ　どの面を下にして置いても，大きさは同じである。

(3) A面を下にして置いたとき，机が受ける圧力は何Paか。

(4) C面を下にして置いたときの圧力は，B面を下にして置いたときの圧力の何倍か。

(5) 面を押す力が一定の場合，力を受ける面積が小さくなると，圧力はどうなるか。

(1)		(2)		(3)		(4)		(5)	

2 右の図のように，室温（25℃）と同じ温度の水を入れた金属製のコップに氷水を少しずつ加えてかき混ぜ，コップの表面にくもりができたときの水温をはかった。これについて，次の問いに答えなさい。 4点×4（16点）

温度計 かき混ぜる。 氷水 セロハンテープ 金属製のコップ スタンド

(1) 金属製のコップにはどのような性質があるか。次のア〜ウから選びなさい。

　ア　熱を伝えやすい。

　イ　水がしみ出しやすい。

　ウ　氷を入れても割れない。

(2) コップにセロハンテープをはるのはなぜか。その理由を答えなさい。

(3) コップの表面にくもりができた理由を答えなさい。

(4) コップの表面にくもりができたとき，水温は10℃であった。右の飽和水蒸気量の表を参考

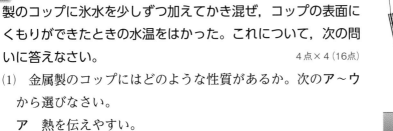

温度〔℃〕	0	5	10	15	20	25	30
飽和水蒸気量〔g/m³〕	4.8	6.8	9.4	12.8	17.3	23.1	30.4

にして，このときの湿度を，小数第1位を四捨五入して求めなさい。

(1)		(2)	
(3)			(4)

3 右の図のような装置で,雲ができるしくみを調べる実験を行った。これについて,次の問いに答えなさい。　6点×4（24点）

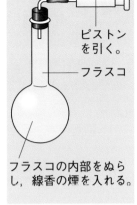

ピストンを引く。

フラスコ

フラスコの内部をぬらし,線香の煙を入れる。

(1) フラスコ内に線香の煙を入れる理由を答えなさい。

(2) ピストンを引いたとき,フラスコ内の空気はどのように変化するか。次のア〜ウから選びなさい。

ア　膨張する。

イ　圧縮される。

ウ　変わらない。

(3) (2)のとき,フラスコ内が白くくもった。これは,フラスコの中の何が水滴に変化したためか。

(4) (3)から,ピストンを引くことで,フラスコ内の空気の温度がどのように変化することがわかるか。

(1)						
(2)		(3)			(4)	

4 右の図は,雲ができていくようすを模式的に表したものである。これについて,次の問いに答えなさい。　5点×7（35点）

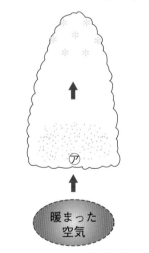

暖まった空気

地表面

(1) 図のように,地表付近の空気が暖められると上昇気流ができる。空気は何によって暖められるか。

(2) (1)のほかに,上昇気流ができる例を,「山」という言葉を使って答えなさい。

(3) 水蒸気をふくんだ空気のかたまりが上昇気流によって動いていくにつれて,まわりの気圧はどのように変化するか。

(4) まわりの気圧が(3)のように変化すると,空気の体積と温度はそれぞれどのように変化するか。

(5) 空気が上昇し,㋐の高さで気温が何に達すると,雲ができ始めるか。

(6) 水滴や氷の粒が降水として地上に落ちてくるのはなぜか。「上昇気流」という言葉を使って答えなさい。

(1)		(2)				
(3)		(4) 体積		温度		(5)
(6)						

2-4

解答 ▶ p.27

確認 のワーク ステージ **1** 第2章 天気の変化

📖 **教科書の** 要点 （　）にあてはまる語句を，下の語群から選んで答えよう。

> 同じ語句を何度使ってもかまいません。

1 気象要素（きしょうようそ）

教 ▶ p.220～223，242～247

(1) 降雨や雲，風など，大気の中で起こるさまざまな現象を
（①　　　　　）という。

(2) 気温や湿度のほか，気圧，★風向（ふうこう），風力（ふうりょく），雨量（うりょう），★雲量（うんりょう）などを
（②　　　　　）という。天気の区分けは，雲量によって決め
られている。
└ 雲量2～8のときが晴れ。

(3) 気圧が等しい地点を結んだ曲線を（③★　　　　　）という。

(4) 等圧線（とうあつせん）が丸く閉じていて，中心の気圧が周囲よりも高いところを
（④★　　　　　），低いところを（⑤★　　　　　）という。
高気圧（こうきあつ）や低気圧（ていきあつ）の分布のようすを（⑥★　　　　　）という。

(5) 地図上の気圧配置に，各地の天気，風向・風力，前線（ぜんせん）などをかき
こんだものを（⑦★　　　　　）という。

(6) 風は，（⑧　　　　　）の高いところから低いところに向
かってふく。
└ 高気圧の中心付近から風がふき出す。

まるごと暗記♪
- ●気象→大気の中で起こるさまざまな現象。
- ●気象要素→気温，湿度，気圧，風向，風力，雨量，雲量などがある。
- ●等圧線が閉じていて，中心の気圧が周囲より高いところを高気圧，低いところを低気圧という。

2 気団（きだん）と前線

教 ▶ p.248～253

(1) 地表の影響を受けて温度や湿度が一様になった大規模な空気のか
たまりを（①★　　　　　）という。
└ 空気が広い場所に長時間とどまると起こる。

(2) 寒気団（かんきだん）（冷たい気団）と暖気団（だんきだん）（暖かい気団）が接する境界面を
（②★　　　　　）といい，前線面（ぜんせんめん）が地表とまじわるところを
（③★　　　　　）という。
└ 性質のちがう気団は急には混じり合わない。

(3) 寒気が暖気側に進んでいくとき，寒気が暖気の下にもぐりこむよ
うにしてできる前線を（④★　　　　　）という。

(4) 暖気が寒気側に進んでいくとき，暖気が寒気の上にのり上げるよ
うにしてできる前線を（⑤★　　　　　）という。

(5) ほぼ同じ勢力の寒気と暖気がぶつかると，前線があまり動かない。
これを（⑥★　　　　　）という。

(6) 寒冷前線（かんれいぜんせん）は進む速さが温暖前線（おんだんぜんせん）よりも速いため，やがて温暖前線
に追いついて重なる。こうしてできた前線を（⑦★　　　　　）
という。
└ 低気圧は弱まる。

(7) 寒冷前線や温暖前線が通過するとき，天気が変化する。

まるごと暗記
- ●気団と気団の境界面を前線面，前線面が地面とまじわるところを前線という。
- ●前線の種類
  - ・寒冷前線
  - ・温暖前線
  - ・停滞前線
  - ・閉塞前線

プラスα
梅雨（つゆ）のころの停滞前線を梅雨前線（ばいうぜんせん），秋の停滞前線を秋雨前線（あきさめぜんせん）という。

語群 ❶等圧線／気象要素（きしょう）／気象／低気圧／天気図（てんきず）／気圧／気圧配置／高気圧
❷寒冷前線／前線／温暖前線／閉塞前線（へいそくぜんせん）／気団／停滞前線（ていたいぜんせん）／前線面

😊 ★の用語は，説明できるようになろう！

教科書の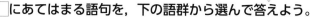

同じ語句を何度使ってもかまいません。

□ にあてはまる語句を，下の語群から選んで答えよう。

1 気象要素の変化

教 p.244

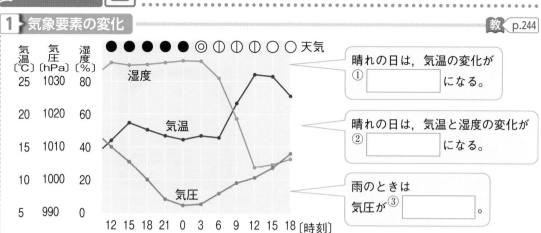

晴れの日は，気温の変化が
① □ になる。

晴れの日は，気温と湿度の変化が
② □ になる。

雨のときは
気圧が③ □ 。

2 高気圧・低気圧のまわりの風のふき方

教 p.247

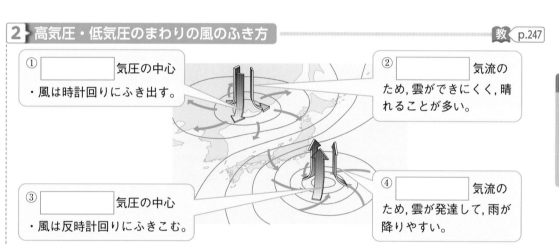

① □ 気圧の中心
・風は時計回りにふき出す。

② □ 気流の
ため，雲ができにくく，晴
れることが多い。

③ □ 気圧の中心
・風は反時計回りにふきこむ。

④ □ 気流の
ため，雲が発達して，雨が
降りやすい。

3 前線と雲

教 p.250, 251

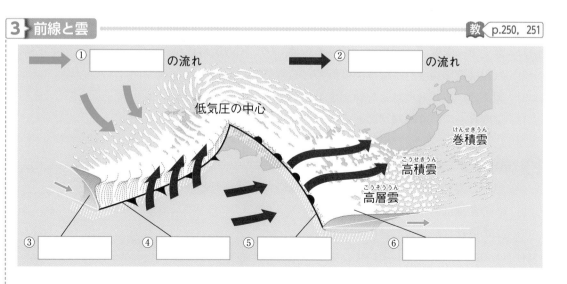

① □ の流れ　② □ の流れ

低気圧の中心

巻積雲（けんせきうん）
高積雲（こうせきうん）
高層雲（こうそううん）

③ □　④ □　⑤ □　⑥ □

語群 1 逆／山形／低い　2 上昇／下降／高／低
3 暖気／寒気／温暖前線／寒冷前線／積乱雲（せきらんうん）／乱層雲（らんそううん）

 わからない用語は，教科書の 要点 の★で確認しよう！

解答 p.27

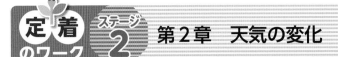

定着のワーク ステージ2 第2章 天気の変化

1 [教] p.220 [探究1] 気象要素の関係 気象観測について，次の問いに答えなさい。

図1

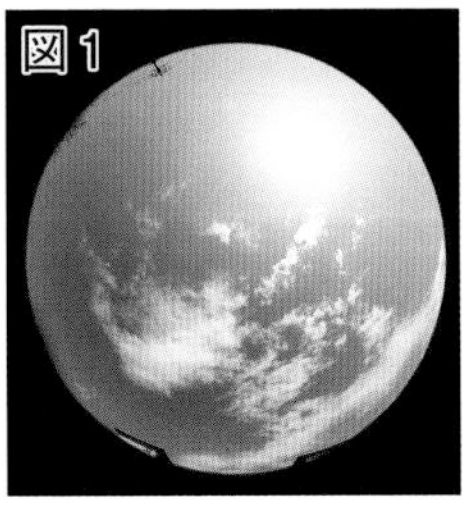

図2

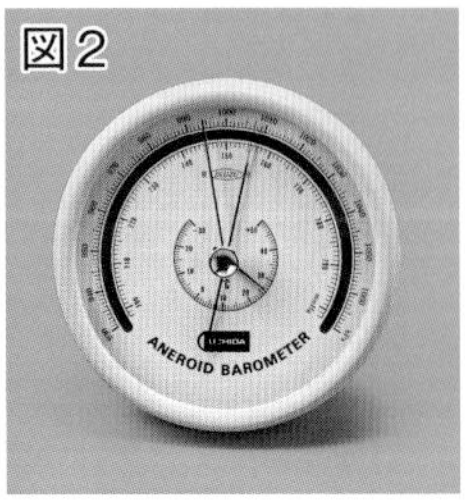

(1) 空をおおう雲の割合を何というか。
（　　　）

(2) 図1のように，全天の3割程度を雲がおおっているときの天気は何か。[ヒント]
（　　　）

(3) 気圧は，図2のような器具ではかる。この器具の名称を答えなさい。（　　　）

図3

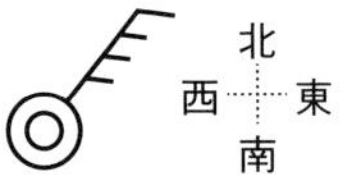

(4) 図3の天気記号で表された，天気，風向，風力を答えなさい。[ヒント]

天気（　　　）　風向（　　　）
風力（　　　）

2 [教] p.220 [探究1] 気象要素の関係 図1は乾湿計(かんしつけい)，図2は乾湿計の示す温度，図3は湿度表の一部を表したものである。これについて，あとの問いに答えなさい。

図1

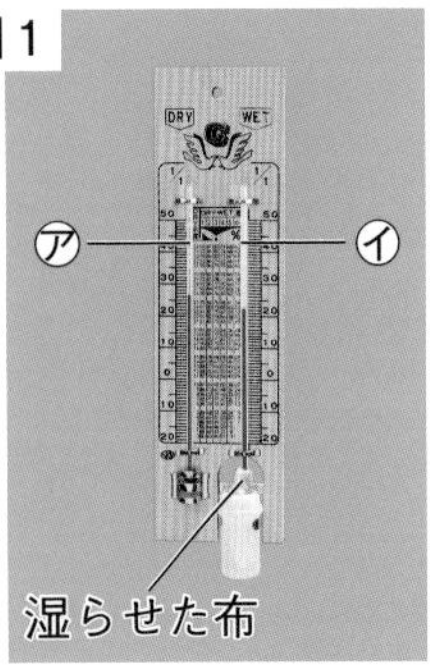

図2

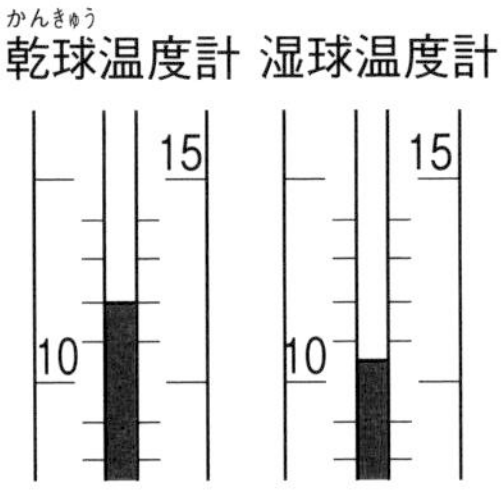

図3 湿度表

乾球温度〔℃〕	乾球温度と湿球温度の差〔℃〕				
	0.0	0.5	1.0	1.5	2.0
14	100	94	89	83	78
13	100	94	88	82	77
12	100	94	88	82	76
11	100	94	87	81	75
10	100	93	87	80	74

(1) 図1で，湿球温度計を表しているのは，㋐，㋑のどちらか。（　　　）

(2) 気温は乾球(かんきゅう)温度計，湿球温度計のどちらで読み取るか。（　　　）

(3) 図2で，乾球温度計と湿球温度計の示す温度の差は何℃か。（　　　）

(4) 湿度表を用いて，図2のときの湿度を求めなさい。（　　　）

3 気圧 気圧について，次の問いに答えなさい。

(1) 気圧の同じ地点をなめらかな線でつないだ曲線を何というか。（　　　）

(2) (1)の曲線は何hPaごとに引くか。（　　　）

(3) (1)の曲線は何hPaごとに太くするか。（　　　）

(4) (1)の曲線が丸く閉じていて，中心の気圧がまわりよりも低いところを何というか。
（　　　）

ヒントの森

1 (2)空をおおう雲の割合が9，10のときがくもりである。 (4)風向は風がふいてくる方向で，軸(じく)をつける向きである。

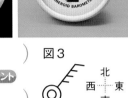

[4] 気団と前線

下のモデル図のように，水そうにしきり板を入れ，一方をしばらく冷やし，この空気を「寒気」とした。また，冷やしていない空気は「暖気」とした。次に，しきり板をはずして空気の流れを調べた。これについて，あとの問いに答えなさい。

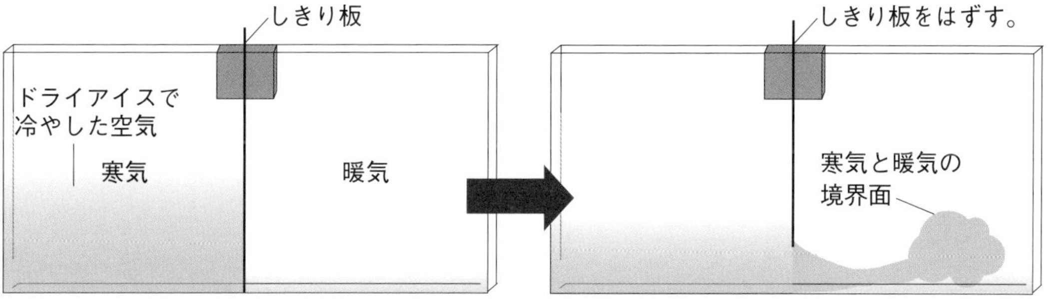

(1) 海洋上や大陸上などに空気が長い時間とどまると，温度や湿度が一様な空気のかたまりになる。この空気のかたまりを何というか。 (　　　　　)

(2) 実験では寒気と暖気はすぐに混じり合わず，境界面ができる。このようにしてできる，寒気のかたまりと暖気のかたまりの境界面を何というか。 (　　　　　)

(3) (2)が地表とまじわるところを何というか。 (　　　　　)

[5] 低気圧と前線

右の図は，日本列島付近の低気圧のようすである。これについて，次の問いに答えなさい。

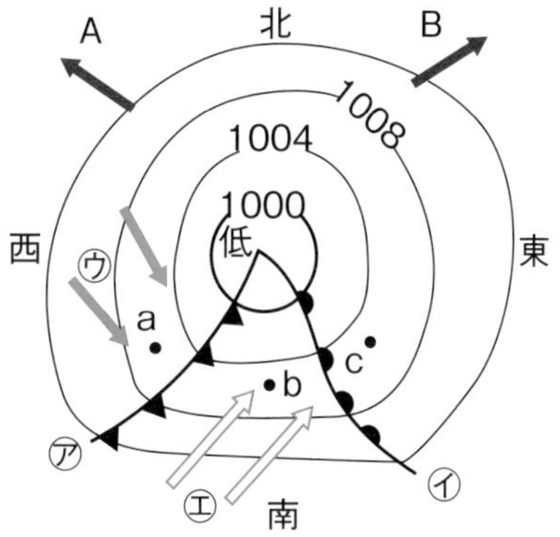

(1) 低気圧の中心付近では，どのような気流が生じているか。 (　　　　　)

(2) 図のア，イの前線を，それぞれ何というか。
ア(　　　　　) イ(　　　　　)

(3) 図のウ，エの矢印は，それぞれ寒気，暖気のどちらの動きを表しているか。
ウ(　　　　　) エ(　　　　　)

(4) 図のa～cのうち，気温が最も高いと考えられるのはどこか。[ヒント] (　　　)

(5) 低気圧は時間とともに，どちらの方向に移動するか。図のA，Bから選びなさい。[ヒント] (　　　)

(6) アの前線が進む速さは，イの前線が進む速さより速い。このことから，やがてアの前線とイの前線はどのようになるか。 (　　　　　)

(7) (6)のようになったときできる前線を何というか。 (　　　　　)

(8) 接近中に雨が降るのは，ア，イのどちらの前線が通過するときか。 (　　　)

(9) (8)の前線が通過したあと，気温はどのように変化するか。[ヒント]
(　　　　　)

ヒントの森
[5](4)暖気におおわれた地域での気温は高くなる。 (5)前線を表す記号とその進行方向の関係から考える。(9)前線通過後は暖気におおわれる。

2-4

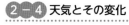

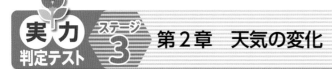

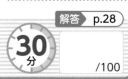

解答 p.28

実力判定テスト ステージ3 第2章 天気の変化

30分 /100

よく出る 1 下のグラフは，同じ場所で観測された３日間の気象の変化を表したものである。これについて，あとの問いに答えなさい。 5点×4（20点）

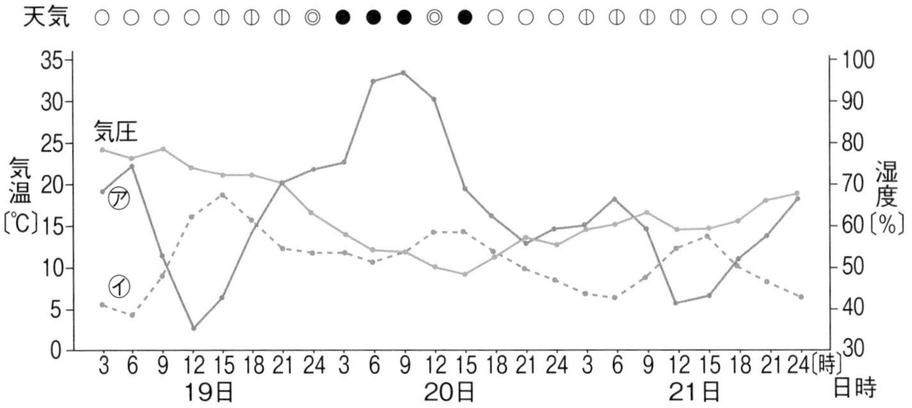

(1) グラフで，気温の変化を表しているのは，㋐，㋑のどちらか。

(2) 気温の変化が最も大きかった日は，どのような天気であったか。

(3) 雨やくもりの日は，いっぱんに気圧は高いか，低いか。

(4) 晴れの日の気温と湿度の変化のしかたはどのようになっているか。

(1)		(2)		(3)		(4)	

2 右の図は，ある日の気圧配置を表したものである。これについて，次の問いに答えなさい。 5点×6（30点）

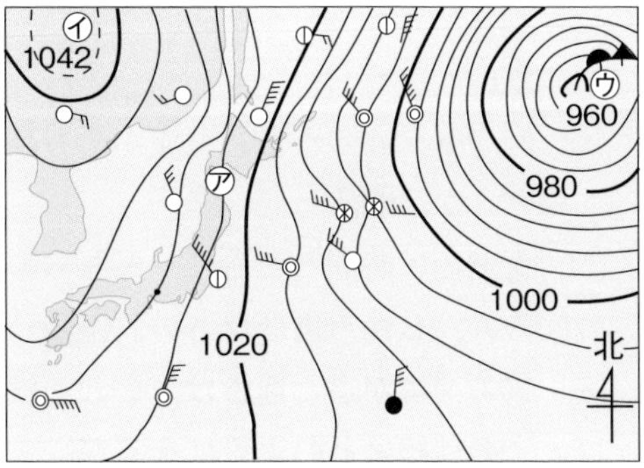

(1) 図の地点㋐の気圧は何hPaか。

(2) 高気圧を表しているのは，図の地点㋑，㋒のどちらか。

記述 (3) 等圧線の間隔がせまいほど強い風がふく理由を答えなさい。

記述 (4) 低気圧では，風はどのようにふいているか。「中心」という言葉を使って答えなさい。

(5) 晴れることが多いのは，高気圧，低気圧のどちらの中心付近か。

(6) (5)のようになるのは，その中心付近でどのような気流が生じているからか。

(1)		(2)		(3)	
(4)		(5)		(6)	

3 右の図は，暖気と寒気がぶつかり合っているところで，㋐－㋑はその境界面である。これについて，次の問いに答えなさい。 5点×6（30点）

(1) 図のAとBは空気の動きである。暖気の動きを表しているのはどちらか。

(2) 図で表した前線㋑を何というか。

(3) (2)の前線付近で降る雨の特徴を，次のア，イから選びなさい。

ア おだやかな雨が降り続く。

イ 大粒(おおつぶ)の雨が降る。

(4) 暖気が寒気の上へのり上げるようにしてできる前線を何というか。

(5) (4)の前線付近で降る雨の特徴(とくちょう)を，(3)のア，イから選びなさい。

(6) 低気圧や前線が西から東へ移動することで，天気はどのように移り変わることが多いか。

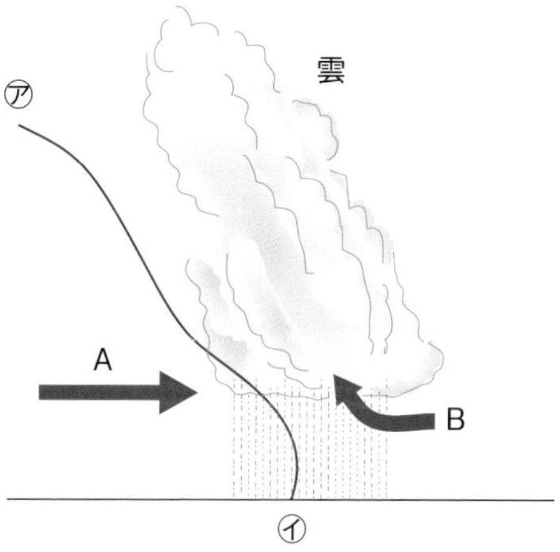

(1)		(2)		(3)		(4)	
(5)		(6)					

4 右の図は，日本のP地点における1日目の21時から3日目の21時までの気象要素をまとめたものである。これについて，次の問いに答えなさい。 4点×5（20点）

(1) P地点の2日目12時の天気と風向をそれぞれ答えなさい。

(2) P地点を寒冷前線が通過したと考えられる時間帯を，次のア～ウから選びなさい。

ア 2日目の3時から6時の間

イ 2日目の18時から21時の間

ウ 3日目の12時から15時の間

(3) (2)のように判断した理由を，気温の変化に着目して答えなさい。

(4) 前線には，寒冷前線とはちがってあまり動かないものもある。ほぼ同じ勢力の寒気と暖気がぶつかってできるこの前線を何というか。

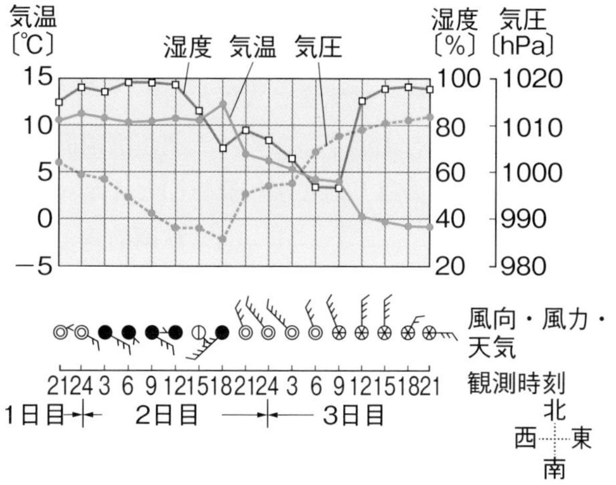

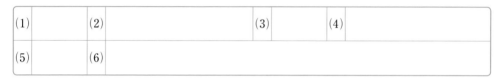

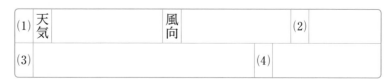

(1)	天気		風向	(2)	
(3)			(4)		

解答 p.28

第3章　日本の天気

教科書の 要点　（　）にあてはまる語句を，下の語群から選んで答えよう。

同じ語句を何度使ってもかまいません。

① 日本の気象に影響する要素　教 p.254〜257

(1) 日本付近の低気圧や高気圧が西から東へ移動することが多いのは，日本上空をふく（①★　　　　　　　）の影響である。

(2) 冬には，日本の北西にあるシベリア地域で（②★　　　　　　　　）が発達し，低温で乾燥したシベリア気団ができる。

(3) 初夏などには，オホーツク海上で（③　　　　　　　　）が発達し，低温で湿ったオホーツク海気団ができる。　日本の北東にある。

(4) 夏には，日本の南の太平洋上で★**太平洋高気圧**が発達し，高温で湿った（④　　　　　　　）ができる。

(5) 季節ごとに決まってふく風を（⑤★　　　　　　　）といい，日本付近では，夏は南東の風，冬は北西の風がふくことが多い。

(6) 海洋には，（⑥　　　　　　　）という海水の流れがあり，★**暖流**の上をふく風は暖められ，★**寒流**の上をふく風は冷やされる。

まるごと 暗記

● 日本上空にふく**偏西風**の影響で，日本付近の低気圧や高気圧は**西から東**へ移動する。

● 日本の天気は，シベリア高気圧やオホーツク海高気圧，太平洋高気圧の影響を受ける。

● 季節ごとに決まってふく風を季節風という。

② 四季の天気　教 p.258〜266

(1) 冬には，日本海側では雪の降る日が多く，太平洋側では乾燥した（①　　　　　　　）の日が多い。日本付近の気圧配置は，西が高く東が低い（②★　　　　　　）型になることが多い。

(2) 春と秋には，低気圧と大陸からの（③★　　　　　　　）高気圧が交互に日本を通過するため，天気が周期的に変わりやすい。

(3) 初夏や秋のはじめに小笠原気団とオホーツク海気団の勢力がつり合うと（④★　　　　　　　）や秋雨前線という停滞前線ができる。

(4) 夏には，日本の南の海上に太平洋高気圧，大陸上に低気圧があるため，南東の（⑤　　　　　　　）がふき，蒸し暑くなる。

(5) 熱帯の海上で発生した熱帯低気圧が発達して，最大風速17.2m/s以上になったものは（⑥★　　　　　　）とよばれる。

まるごと 暗記

● 冬の気圧配置は西高東低型になることが多い。

● 小笠原気団とオホーツク海気団の勢力がつり合うと**梅雨前線**や**秋雨前線**ができる。

プラスα

春や秋にやってくる移動性高気圧が東西に長いと，晴れの日が続く。

③ 気象と災害　教 p.267〜275

(1) 短い時間にせまい場所で大雨が降る（①　　　　　　　）や，ろうと状の激しい風のうず巻きである（②★　　　　　　　）などは，災害を発生させることがある。

まるごと 暗記

気象は恵みをもたらす一方，災害の原因にもなる。

語群 ❶オホーツク海高気圧／季節風／海流／シベリア高気圧／小笠原気団／偏西風
❷梅雨前線／台風／移動性／季節風／西高東低／晴れ　❸竜巻／集中豪雨

★の用語は，説明できるようになろう！

教科書の 図 ◻にあてはまる語句を，下の語群から選んで答えよう。

1 地球規模の大気の動き　教 p.255

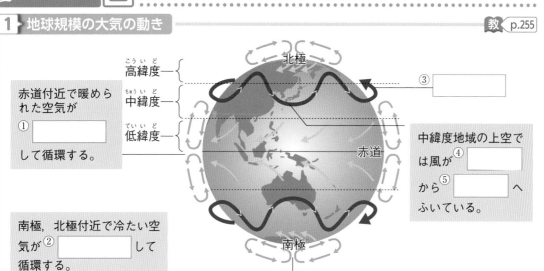

赤道付近で暖められた空気が ① ◻ して循環する。

南極，北極付近で冷たい空気が ② ◻ して循環する。

中緯度地域の上空では風が ④ ◻ から ⑤ ◻ へふいている。

2 日本周辺の高気圧と気団　教 p.256

冬に発達。シベリア高気圧 ① ◻ 気団　低温・乾燥

初夏などに発達。オホーツク海高気圧 ② ◻ 気団　低温・多湿

夏に発達。太平洋高気圧 ③ ◻ 気団　高温・多湿

3 季節風　教 p.256

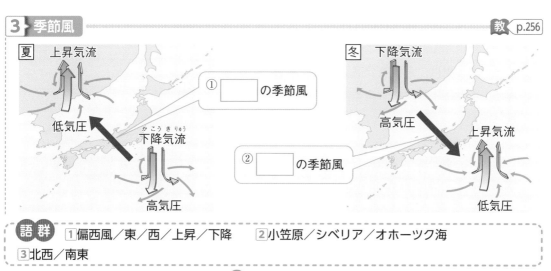

① ◻ の季節風

② ◻ の季節風

語群 1 偏西風／東／西／上昇／下降　2 小笠原／シベリア／オホーツク海　3 北西／南東

わからない用語は，教科書の 要点 の★で確認しよう！

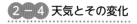

解答 p.28

定着のワーク ステージ2　第3章　日本の天気

1 地球規模の大気の動き

右の図は，地球規模の大気の動きを模式的に表したものである。これについて，次の問いに答えなさい。

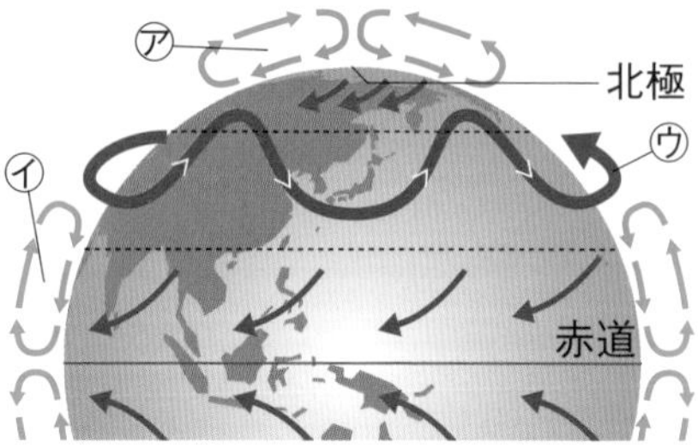

(1) 大気の循環㋐で，北極付近では，空気は上昇するか，下降するか。　（　　　　　　）

(2) 大気の循環㋑で，赤道付近では，空気は上昇するか，下降するか。　（　　　　　　）

(3) 中緯度地方の上空でふいている風㋒の名称を答えなさい。　（　　　　　　）

2 日本付近の気団

右の図は，日本付近で発達する気団を表したものである。次の①～③にあてはまる気団を，図の㋐～㋒から選び，名称も答えなさい。 [ヒント]

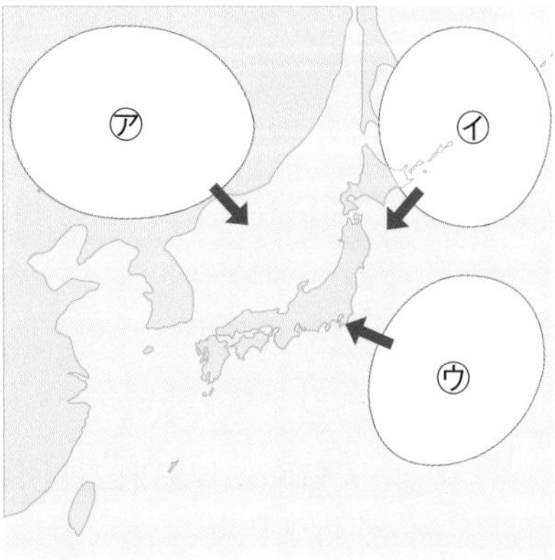

① 高温で湿った，夏に発達する気団
　記号（　　　）　名称（　　　　　　）

② 低温で湿った，初夏などに発達する気団
　記号（　　　）　名称（　　　　　　）

③ 低温で乾燥した，冬に発達する気団
　記号（　　　）　名称（　　　　　　）

3 冬の天気

図1は，ある冬の日の天気図で，図2はこのときの空気の流れを模式的に表したものである。これについて，次の問いに答えなさい。

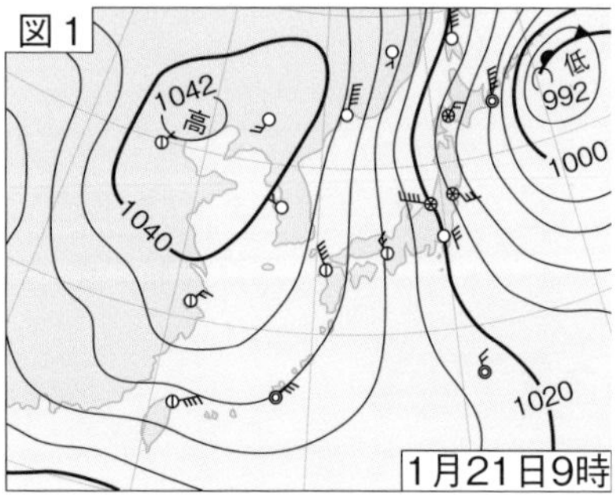

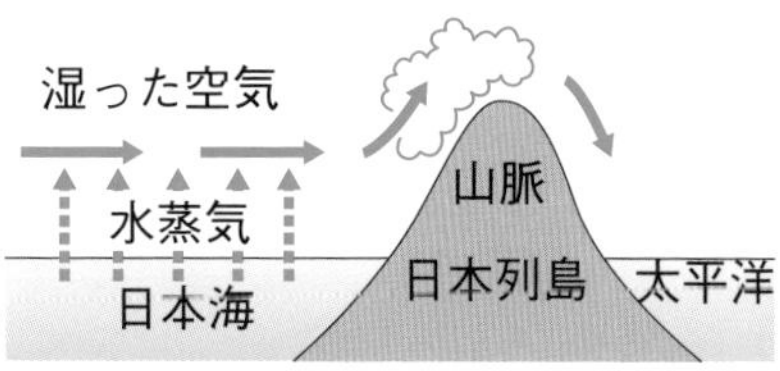

(1) 図1のような冬の気圧配置を何型というか。 [ヒント]
（　　　　　　）

(2) この時期にふく季節風の風向を答えなさい。
（　　　　　　）

(3) 冬の季節風は，大陸上の高気圧からふき出した風が，海洋上の低気圧に向かうことで生じる。このとき，上昇気流が生じているのは，大陸上か，海洋上か。
（　　　　　　）

(4) 図2で，季節風が山脈に当たって発生した雲は，日本海側にどのような天気をもたらすことが多いか。
（　　　　　　）

ヒントの森

❷大陸の気団は乾燥していて，海洋の気団は湿っている。また，低緯度にあれば高温，高緯度にあれば低温である。　❸(1)西に高気圧があり，東に低気圧がある気圧配置である。

4 春～秋の天気

下の図は，春，梅雨，夏の天気図である。これについて，あとの問いに答えなさい。

春

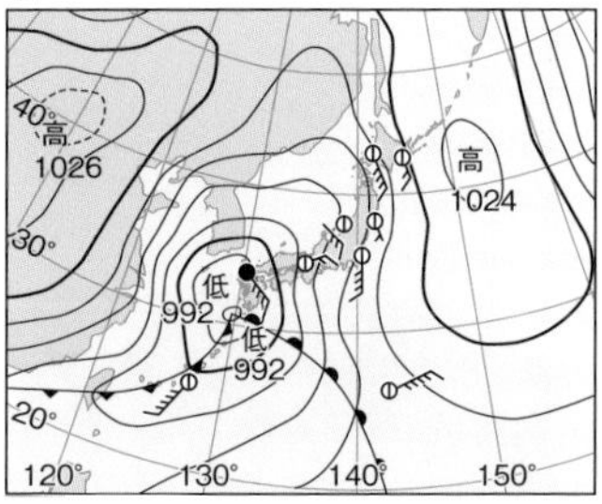

梅雨

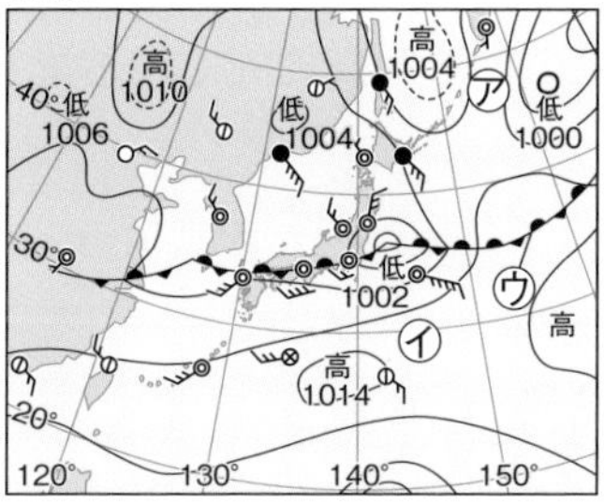

夏

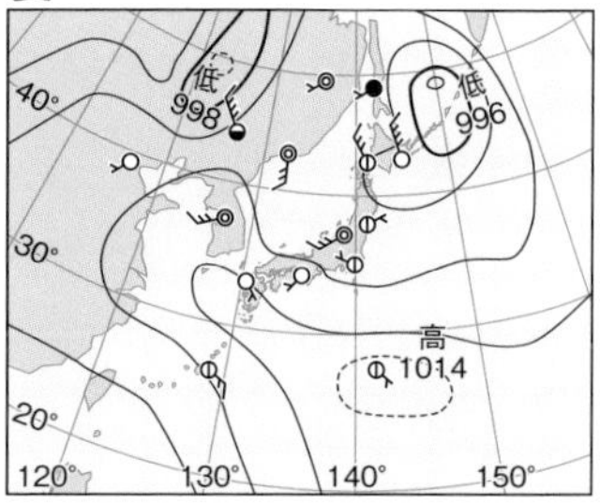

(1) 春の天気図に見られる移動性高気圧は，どのような空気をともなっているか。次の**ア**，**イ**から選びなさい。（　　）

ア 暖かく乾燥している空気　　**イ** 暖かく湿っている空気

(2) 移動性高気圧と低気圧が交互に日本列島に近づいてくることによって，春の天気はどうなることが多いか。次の**ア**～**ウ**から選びなさい。[ヒント]（　　）

ア 晴れの日が続く。　　**イ** 雨の日が続く。

ウ 晴れと雨の天気が4～5日の周期でくり返される。

(3) 梅雨の時期に勢力が強くなる㋐，㋑の高気圧の名称を，それぞれ答えなさい。

㋐（　　　　　　）　㋑（　　　　　　）

(4) 梅雨のころの天気図に見られる停滞前線㋒を，特に何というか。（　　　　　　）

(5) 夏の天気図に見られる日本列島をおおう高気圧を何というか。（　　　　　　）

(6) 秋のはじめに見られる停滞前線を，特に何というか。（　　　　　　）

5 台風

図1は，台風が日本に近づいたある日の天気図である。図2は，各月の平均的な台風の進路を表したものである。これについて，次の問いに答えなさい。

(1) 台風は，低緯度の海上で発生した低気圧が発達し，最大風速が17.2m/s以上になったものである。この低気圧を何というか。

（　　　　　　）

図1

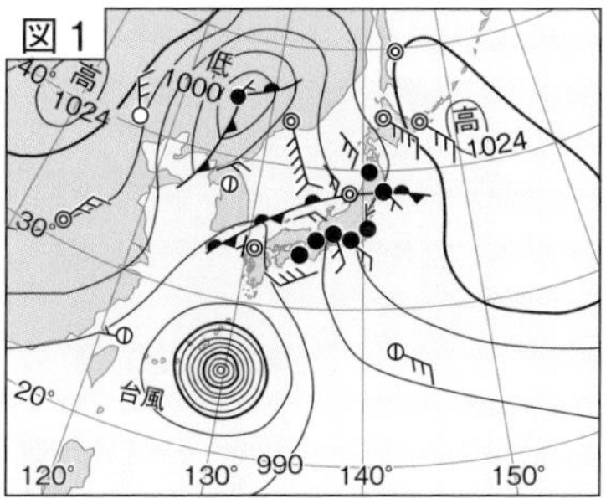

図2

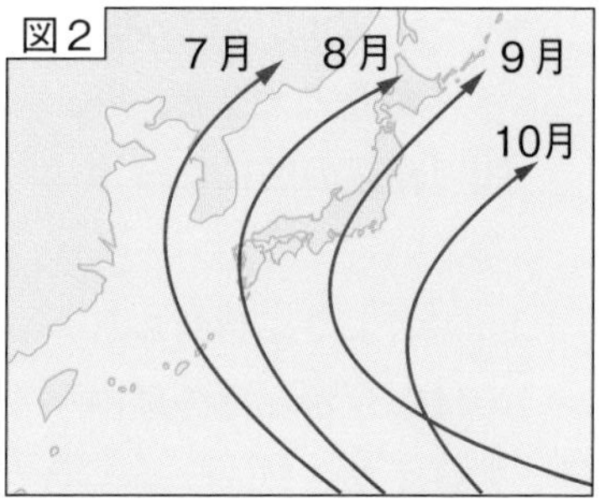

(2) 天気図で見た台風は，どのような形の等圧線で囲まれているか。（　　　　　　）

(3) 台風が接近すると，天気はどのようになるか。風と雨について答えなさい。[ヒント]

（　　　　　　　　　　　　　　　　　　　　）

(4) 台風が日本列島付近に接近するとき，図2のように進路を東向きに変えることが多い。これは上空の何という風の影響を受けるためか。（　　　　　　）

ヒントの森

4(2)高気圧におおわれると晴れることが多く，低気圧におおわれるとくもりや雨が多くなる。
5(3)台風の中心付近は，厚い雲が生じている。

 第3章　日本の天気

解答▶p.29

30分 /100

1 右の図は，地球規模の大気の動きを模式的に表したものである。これについて，次の問いに答えなさい。

4点×3（12点）

(1) 上昇気流が生じているのは，北極付近，赤道付近のどちらか。

(2) 偏西風は，図の㋐，㋑のどちらか。

(3) 偏西風の影響で，日本付近の高気圧や低気圧はどの向きに移動することが多いか。次の**ア**〜**エ**から選びなさい。

ア 東から西　**イ** 西から東　**ウ** 北から南　**エ** 南から北

(1)		(2)		(3)	

2 海岸付近でふく風や，日本周辺の海流について，次の問いに答えなさい。　3点×4（12点）

(1) 海上の気圧が低くなることによって，夜，陸から海に向かってふく風を何というか。

(2) (1)のとき，空気が上昇しているのは，陸上，海上のどちらか。

(3) 高緯度から低緯度に向かう，温度の低い海流を何というか。

(4) (3)の上をふく風は，暖められるか，冷やされるか。

(1)		(2)		(3)		(4)	

3 図の㋐〜㋒は，ある年の春に日本付近で発生した低気圧を，6時間ごとに撮影（さつえい）した雲画像である（ただし，順番通りではない）。これについて，次の問いに答えなさい。　6点×4（24点）

(1) 雲画像㋐〜㋒を，時間の経過の順にならべなさい。

(2) (1)のように判断したのはなぜか。その理由を答えなさい。

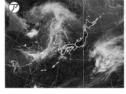  

(3) 春には，大陸上の高気圧の一部が移動し，日本付近の上空を通ることが多い。この高気圧の名称を答えなさい。

(4) 日本列島が(3)の高気圧におおわれている間，どのような天気が続くことが多いか。

(1)	→ →	(2)	
(3)		(4)	

4 図1の㋐～㋒は，冬，梅雨，夏のいずれかの日の天気図であり，図2は冬，梅雨，夏のいずれかの季節に特徴的な雲のようすである。これについて，あとの問いに答えなさい。

4点×10（40点）

図1

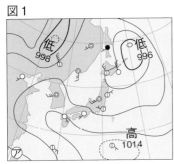

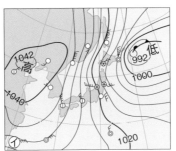

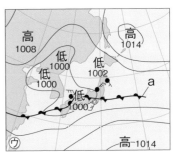

(1) 図1の㋐～㋒はいつのものか。それぞれ冬，梅雨，夏から選びなさい。

(2) 図2と同じ季節の天気図はどれか。図1の㋐～㋒から選びなさい。

(3) 図1の㋐で，この気圧配置によって日本付近にふく風の風向を答えなさい。

(4) 図1の㋐の天気図で表される季節には，どのような天気が続くことが多いか。

(5) 図1の㋑で，日本列島の西の大陸上で発達している気団の名称を答えなさい。

図2

(6) 図1の㋑で，この気圧配置によって日本付近にふく風の風向を答えなさい。

(7) (3)や(6)のように，季節ごとに決まってふく風を何というか。

(8) 図1の㋒で，日本列島上の停滞前線付近での天気の特徴を答えなさい。

(1)	㋐		㋑		㋒		(2)		(3)	
(4)		(5)		(6)		(7)			
(8)									

5 台風について，次の問いに答えなさい。

4点×3（12点）

(1) 台風は，最大風速が何m/s以上のものをいうか。次のア～ウから選びなさい。

ア 1.72m/s以上　　イ 7.2m/s以上　　ウ 17.2m/s以上

(2) 台風の等圧線の間隔は，中心に近いほどどのようになっているか。

(3) 台風が原因で起こることのある災害を，次のア～エからすべて選びなさい。

ア 津波　　イ 高潮（たかしお）　　ウ 集中豪雨　　エ 竜巻

(1)		(2)		(3)	

2-4

② − 4 天気とその変化

解答▶p.30

40分　／100

1 空気中の水蒸気量と温度との関係を調べるため，次のような実験を行った。これについて，あとの問いに答えなさい。　5点×4（20点）

温度〔℃〕	飽和水蒸気量〔g/m³〕
18	15.4
20	17.3
22	19.4
24	21.8
26	24.4
28	27.2
30	30.4

> **実験** 金属製のコップに水を入れた。このとき水温と室温は30℃であった。次に，図のように氷水を少しずつコップの中に入れていくと，18℃でコップの表面がくもった。

(1) 露点とは，どのような温度のことか。

(2) このときの室内の空気の露点は何℃か。

(3) このときの室内の空気の湿度は何％か。温度と飽和水蒸気量との関係を表した表を参考にして，小数第1位を四捨五入して答えなさい。

(4) 室内の温度を20℃まで下げると，室内の空気の湿度は何％になるか。小数第1位を四捨五入して答えなさい。ただし，空気中の水蒸気量は変わらないものとする。

1

(1)	
(2)	
(3)	
(4)	

2 下の図は，ある連続した3日間の気象観測の記録の一部である。これについて，あとの問いに答えなさい。　6点×5（30点）

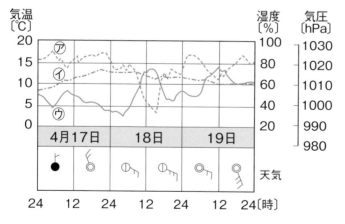

(1) 1日中くもっていたのは，17日，18日，19日のどの日か。

(2) 天気が晴れかくもりかは，何によって決められているか。

(3) 湿度のグラフは，図の㋐〜㋒のどれか。

(4) (3)のように判断した理由を答えなさい。

(5) グラフで，晴れの日に気温が正午を過ぎてから最高になるのはなぜか。

2

(1)	
(2)	
(3)	
(4)	
(5)	

目標 湿度の計算方法，気温・湿度・気圧のグラフの読み取り，前線や季節による日本の天気の特徴などを理解しておこう。

自分の得点まで色をぬろう!
がんばろう! もう一歩 合格!
0 60 80 100点

3 次の文は4月のある日に，天気の変化を観測して記録したものである。また，図はこの日の午前6時の天気図である。これについて，あとの問いに答えなさい。 5点×4(20点)

[記録] 明け方までは晴れていた。午前7時ごろに西の空に見えていた厚い雲が，午前8時ごろには空全体をおおってあたりがうす暗くなった。やがて強風をともなう強い雨が降り始めた。午前11時ごろには雨がやみ，やがて青空が見えるようになった。

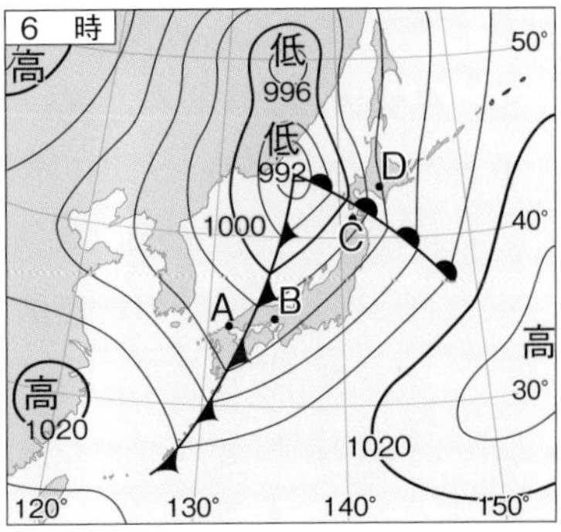

(1) 観測を行った場所を，天気図のA～Dから選びなさい。

(2) 観測を行ったときに通過した前線を何というか。

(3) (2)の前線の断面を表しているのはどれか。次の㋐～㋓から選びなさい。

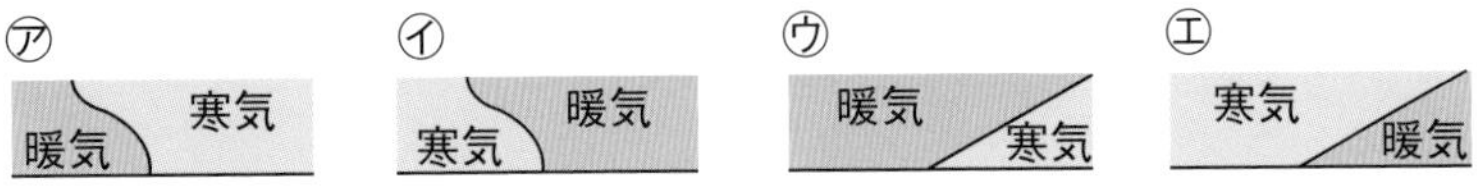

(4) 天気図で，(2)の前線をともなう低気圧は，このあとどの方向に移動すると考えられるか。次のア～エから選びなさい。

ア 北西　イ 北東　ウ 南東　エ 南西

3

(1)	
(2)	
(3)	
(4)	

4 下の図のA～Cは，日本付近の梅雨，夏，冬の特徴的な天気図である。これについて，あとの問いに答えなさい。 6点×5(30点)

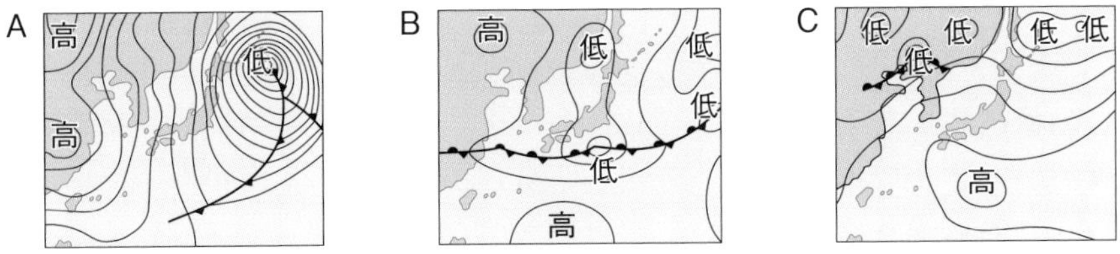

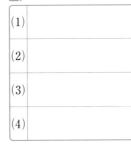

(1) 冬の特徴的な気圧配置を表しているのはどれか。図のA～Cから選びなさい。

(2) 冬に，晴れて乾燥した日が多いのは太平洋側か，日本海側か。

(3) A～Cの天気図の時期に，日本の天気で見られる特徴を，それぞれ次のア～エから選びなさい。

ア 強い風がふき，大雨が降っている。

イ 雨やくもりの日が続く。

ウ 高温で湿度が高く，蒸し暑い晴れの日が続く 。

エ 北西の風がふき，低温の日が続く。

4

(1)		
(2)		
(3)	A	
	B	
	C	

2-4

終わったら後ろの，[3]，[7]，[13]をやろう。

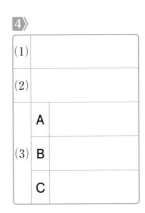

解答 p.31

プラスワーク　理科の力をのばそう

計算力 UP　注意して計算してみよう！

1 **銅の酸化と質量の変化**　右の図のように，4.0gの銅粉をステンレスの皿に入れて加熱したところ，5.0gの酸化銅が生じた。これについて，次の問いに答えなさい。

ステンレスの皿
銅粉

2-1 第2章
銅と酸素は，いつも一定の質量の比で結びつくことから計算。

(1) 4.0gの銅と結びついた酸素は何gか。

（　　　　　　　　　）

(2) 2.0gの銅粉をステンレスの皿に入れて加熱すると，何gの酸化銅が生じるか。

（　　　　　　　　　）

(3) 同様に実験を行ったところ，7.5gの酸化銅が生じた。このとき，銅と結びついた酸素は何gか。

（　　　　　　　　　）

(4) 同様に実験を行ったところ，8.0gの酸化銅が生じた。このとき，はじめにステンレスの皿に入れた銅粉は何gか。

（　　　　　　　　　）

(5) 酸化銅は，銅と酸素が何：何の質量の比で結びついているか。最も簡単な整数の比で答えなさい。

銅：酸素＝（　　　　　　　　　）

2 **電流と電圧**　右の図のように，抵抗の大きさが40Ωの抵抗器Xと10Ωの抵抗器Yを用いて回路をつくった。この回路に電圧をかけると，抵抗器Xを流れる電流は150mAであった。次の問いに答えなさい。

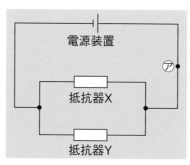

電源装置
㋐
抵抗器X
抵抗器Y

2-3 第1章
電流〔A〕，電圧〔V〕，抵抗〔Ω〕の関係式を利用して計算。

(1) 図の抵抗器Xに加わる電圧は何Vか。

（　　　　　　　　　）

(2) 図の抵抗器Yを流れる電流は何Aか。

（　　　　　　　　　）

(3) 図の㋐を流れる電流は何Aか。

（　　　　　　　　　）

(4) 抵抗器Xと抵抗器Yを1つの抵抗として考えたとき，全体の抵抗の大きさは何Ωか。

（　　　　　　　　　）

3 **湿度** 下の表は，温度と飽和水蒸気量との関係を表したものである。これについて，あとの問いに答えなさい。

2−4 第1章
(1)空気中の水蒸気量，飽和水蒸気量，湿度の関係式を利用して計算。

温度〔℃〕	10	12	14	16	18	20	22
飽和水蒸気量〔g/m³〕	9.4	10.7	12.1	13.6	15.4	17.3	19.4

(1) ある場所**A**では，気温が14℃で，空気1 m³に9.4gの水蒸気がふくまれていた。このときの湿度は何％か。小数第2位を四捨五入して求めなさい。

( )

(2) ある場所**B**では，気温が20℃で，湿度が62％であった。この空気の露点は何℃か。最も近い温度を，表の温度から選びなさい。

( )

作図力 UP よく考えてかいてみよう！

4 **銅の酸化** 銅を加熱すると，空気中の酸素と結びつく。これについて，次の問いに答えなさい。

2−1 第2章
(2)測定値を記入し，測定値が上下に均等にちらばるように直線をかく。

(1) 銅の粉末1.00gをステンレスの皿に入れ，加熱する時間を変えてステンレスの皿の中の物質の質量を調べたところ，次の表のようになった。このときの，加熱時間と銅と結びついた酸素の質量との関係を表すグラフを，下のグラフ1にかきなさい。

加熱時間〔分〕	0	2	4	6	8	10
ステンレスの皿の中の物質の質量〔g〕	1.00	1.07	1.14	1.21	1.25	1.25

(2) 銅の質量を変えてそれぞれ加熱し，加熱前の銅の質量と加熱後の酸化銅の質量との関係を調べたところ，次の表のようになった。このときの，加熱した銅の質量とできた酸化銅の質量との関係を表すグラフを，下のグラフ2にかきなさい。

加熱前の銅の質量〔g〕	0.4	0.8	1.2	1.6	2.0
酸化銅の質量〔g〕	0.5	1.1	1.4	2.0	2.5

グラフ1

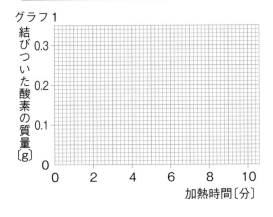

グラフ2

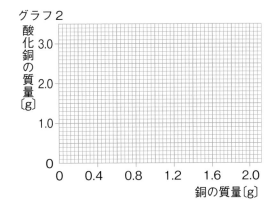

プラスワーク

5 　**化学反応式のモデル図**　水素が燃焼したときの化学反応式を，Ⓗ（水素原子）とⓄ（酸素原子）のモデルで表しなさい。

2−1 第2章
水分子が2個できることに着目。

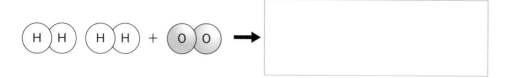

6 　**回路図**　次の回路を，回路図で表しなさい。

2−3 第1章
それぞれの電気器具を電気用図記号で表し，導線を表す線でつなぐ。

(1)

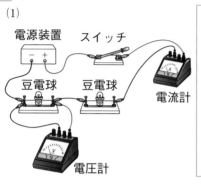

(2)

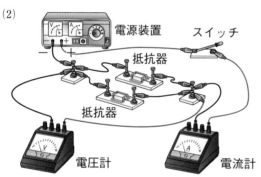

7 　**天気記号**　次の気象情報を天気記号で表しなさい。ただし，図の上の方位を北とする。

2−4 第2章
○の中に天気を示し，風向は軸の向き，風力は線の数で表す。

(1) 北の風，風力1，快晴

(2) 南東の風，風力2，くもり

(3) 南の風，風力7，雨

(4) 北西の風，風力3，くもり

(5) 風力0，晴れ

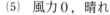

記述力UP 自分の言葉で表現してみよう！

8 **質量保存の法則** 化学変化が起こるとき，化学変化の前後で物質全体の質量が変わらないのはなぜか。「種類と数」という言葉を使って答えなさい。

（　　　　　　　　　　　　）

> **2－1** 第2章
> 「なぜか。」と理由を問われているので，「～から。」や「～ため。」という形で答える。

9 **植物のつくりとはたらき** 植物のつくりとはたらきについて，次の問いに答えなさい。

> **2－2** 第2章
> (1)「～役割。」という形で答える。

(1)　根毛にはどのような役割があるか。

（　　　　　　　　　　　　）

(2)　昼に気孔が開いている理由を，「蒸散」という言葉を使って答えなさい。

（　　　　　　　　　　　　）

10 **光合成** 下の図のように，試験管㋐，㋒にアジサイの葉を入れ，ストローで軽く息をふきこんでゴムせんをした。空の試験管㋑，㋓にも同様に息をふきこんでゴムせんをした。次に，試験管㋐，㋑を30分間ほど日光に当て，試験管㋒，㋓を30分間ほど暗い場所に置いた。すべての試験管に石灰水を入れてよくふると，試験管㋑，㋒，㋓が白くにごった。これについて，あとの問いに答えなさい。

> **2－2** 第2章
> (1)試験管㋐と試験管㋑でちがっている条件は，アジサイの葉を入れたか入れなかったかであることに着目。

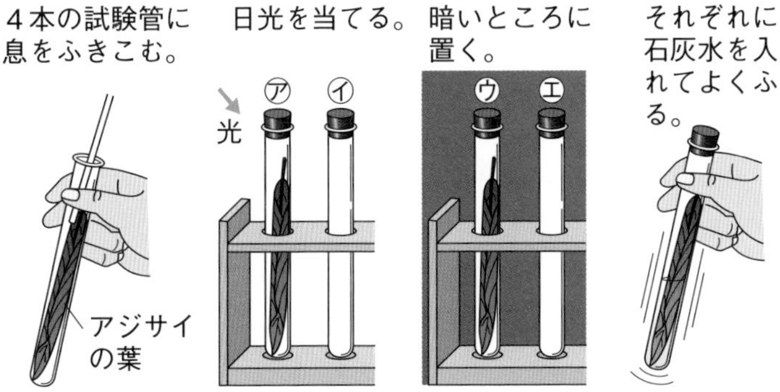

４本の試験管に息をふきこむ。
アジサイの葉
日光を当てる。
光
㋐
㋑
暗いところに置く。
㋒
㋓
それぞれに石灰水を入れてよくふる。

(1)　試験管㋐と㋑の結果を比べると，何がわかるか。

（　　　　　　　　　　　　）

(2)　試験管㋐の石灰水が白くにごらなかったのはなぜか。

（　　　　　　　　　　　　）

11 **血液の循環** 血液の循環と排出のしくみについて，次の問い
に答えなさい。

2−2 第3章
(1)「～ため。」という形で
答える。

⑴ 静脈に比べて，動脈の壁が厚くなっているのはなぜか。

(　　　　　　　　　　　　　　　　　　　　)

⑵ 肺循環というのは，血液のどのような流れか。ヒトの器官の名称を2つ使って答えなさ
い。

(　　　　　　　　　　　　　　　　　　　　)

⑶ 血液によって運ばれるアンモニアは，どのようにして体外に排出されるか。肝臓と腎臓
のはたらきに着目して答えなさい。

(　　　　　　　　　　　　　　　　　　　　)

12 **電流と磁界** 下の図のような装置を組み立て，コイルに電流
を流すと，コイルが⇨の向きに動いた。このコイルが動く向きを
逆にする方法を1つ答えなさい。

2−3 第2章
コイルが受ける力の向き
は，電流や磁石による磁
界の向きによって決まる
ことに着目。

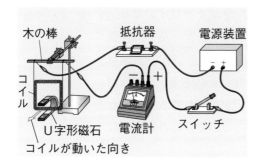

木の棒　　抵抗器　　電源装置
コイル
U字形磁石　電流計　スイッチ
コイルが動いた向き

(　　　　　　　　　　　　　　　　　　　　)

13 **雲や霧** 雲や霧のでき方について，次の問いに答えなさい。

2−4 第1章
(2)霧は，地上付近の水蒸
気が小さな水滴になって
浮かんでいることに着目。

⑴ 雲は，水蒸気をふくむ空気が上昇して，ある温度以下になる
と，空気中の水蒸気が水滴に変わることによってできる。空気
が上昇すると，温度が下がる理由を答えなさい。

(　　　　　　　　　　　　　　　　　　　　)

⑵ 霧は早朝に発生し，日中には消えることが多い。霧が日中に消えるのはなぜか。「露点」，
「小さな水滴」という言葉を使って答えなさい。

(　　　　　　　　　　　　　　　　　　　　)

定期テスト対策

得点アップ！予想問題

1 この「**予想問題**」で
実力を確かめよう！

....
時間も
はかろう

2 「**解答と解説**」で
答え合わせをしよう！

3 わからなかった問題は
戻って復習しよう！

この本での
学習ページ

スキマ時間でポイントを確認！
別冊「**スピードチェック**」も使おう

●予想問題の構成

回数	教科書ページ	教科書の内容		この本での学習ページ
第1回	14〜48	第1章	物質のなりたちと化学変化 化学変化と物質の質量(1)	2〜15
第2回	49〜73	第2章 第3章	化学変化と物質の質量(2) 化学変化の利用	16〜29
第3回	74〜107	第1章 第2章	生物のからだと細胞 植物のつくりとはたらき	30〜41
第4回	108〜143	第3章	動物のつくりとはたらき	42〜61
第5回	144〜181	第1章	電流と電圧	62〜75
第6回	182〜217	第2章 第3章	電流と磁界 電流の正体	76〜89
第7回	218〜275	第1章 第2章 第3章	大気の性質と雲のでき方 天気の変化 日本の天気	90〜111

理科2年　学校図書版

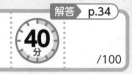

第1回 予想問題

第1章　物質のなりたちと化学変化
第2章　化学変化と物質の質量(1)

解答 p.34

40分　/100

1 物質のなりたちについて，次の問いに答えなさい。　3点×11(33点)

(1)　物質をつくっている，それ以上分割できない粒子を何というか。

(2)　(1)の粒子につけられた番号を原子番号という。原子番号が小さいほど，(1)の粒子1個の質量は大きいか，小さいか。

(3)　(1)の種類を元素という。元素を原子番号などで整理した表を何というか。

(4)　(1)の粒子がいくつか結びついて1つの単位になっているものを何というか。

(5)　1種類の(1)の粒子からできている物質を何というか。

(6)　2種類以上の(1)の粒子が結びついてできている物質を何というか。

(7)　次の物質を化学式で表しなさい。

①　酸素　　②　水素　　③　窒素　　④　炭素　　⑤　銅

(1)		(2)		(3)		(4)		(5)			
(6)		(7) ①		②		③		④		⑤	

2 右の図のような電気分解装置に水酸化ナトリウム水溶液を入れて電流を流したところ，それぞれの電極から気体が発生し，ゴムせんの近くには気体が集まっていた。これについて，次の問いに答えなさい。　4点×6(24点)

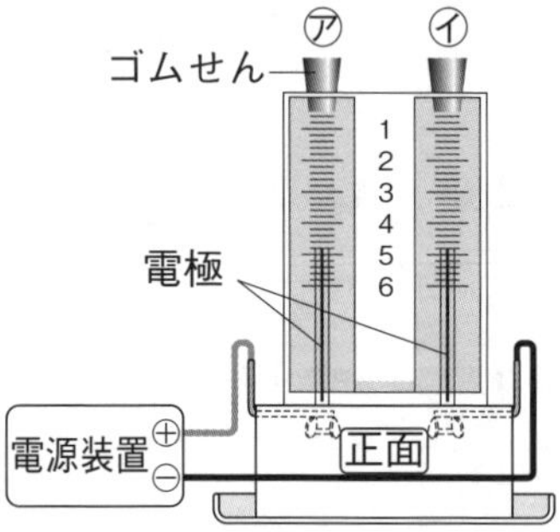

(1)　この実験で，水酸化ナトリウム水溶液を用いた理由を答えなさい。

(2)　十分に電流を流したあと，㋐のゴムせんをはずして，火のついた線香を入れると，線香が炎を上げて激しく燃えた。㋐で発生した気体は何か。化学式で答えなさい。

(3)　㋐のゴムせんをはずす前，液面の位置は2の目盛りであった。㋑の液面の位置の目盛りはおよそいくつか。

(4)　㋑で発生した気体が何であるかを知るのに適した方法を，次のア〜ウから選びなさい。

ア　石灰水に通す。　　イ　においをかぐ。　　ウ　マッチの炎を近づける。

(5)　㋑で発生した気体は何か。化学式で答えなさい。

(6)　㋐の気体と同じ気体が発生するものを，次のア〜ウから選びなさい。

ア　炭酸水素ナトリウムを加熱する。　イ　鉄に塩酸を加える。　ウ　酸化銀を加熱する。

(1)									
(2)		(3)		(4)		(5)		(6)	

[3] 硫酸ナトリウム水溶液と塩化バリウム水溶液を混ぜ合わせたときの化学変化について，次の問いに答えなさい。　3点×3（9点）

(1)　2つの水溶液を混ぜ合わせると，白い沈殿ができた。この沈殿の物質名を，次のア～エから選びなさい。

ア　ナトリウム　イ　塩化ナトリウム　ウ　バリウム　エ　硫酸バリウム

(2)　2つの水溶液を混ぜ合わせる前の全体の質量は198.5gであった。混ぜ合わせたあとの全体の質量はどうであったか。次のア～ウから選びなさい。

ア　198.5gより小さかった。
イ　198.5gであった。
ウ　198.5gより大きかった。

(3)　化学変化の前後で，物質全体の質量が(2)のようになることを何というか。

(1)		(2)		(3)	

[4] 炭酸水素ナトリウムを試験管㋐に入れ，右の図のようにして加熱した。これについて，次の問いに答えなさい。　3点×6（18点）

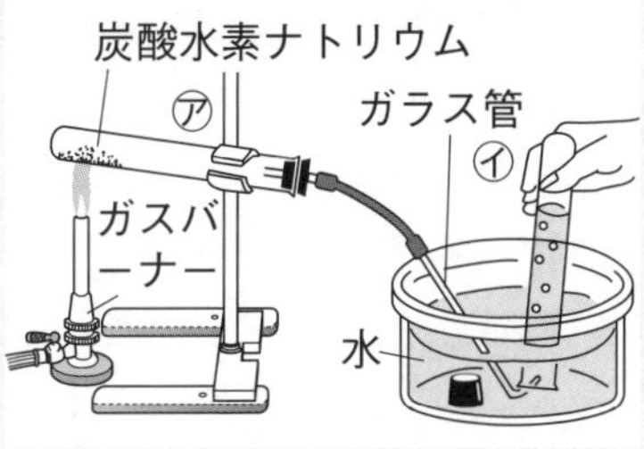

(1)　炭酸水素ナトリウムは単体，化合物，混合物のどれか。

(2)　気体を集めた試験管㋑に石灰水を入れてよくふると，石灰水が白くにごった。試験管㋑に集まった気体は何か。

(3)　加熱をやめるとき，ガスバーナーの火を消す前にする操作を，「ガラス管」という言葉を使って答えなさい。

(4)　加熱後，試験管㋐の口もとに液体がついていた。この液体に青色の塩化コバルト紙をつけると，塩化コバルト紙はうすい赤色に変化した。この液体の名称を答えなさい。

(5)　この実験で，炭酸水素ナトリウムに起こった化学変化を何というか。

(6)　炭酸水素ナトリウムを加熱したときの化学変化を化学反応式で表しなさい。ただし，炭酸水素ナトリウムの化学式は$NaHCO_3$，炭酸ナトリウムの化学式はNa_2CO_3である。

(1)		(2)		(3)	
(4)		(5)		(6)	

[5] 次のそれぞれの化学変化を化学反応式で表しなさい。　4点×4（16点）

①　酸化銀の熱分解　②　水の電気分解
③　水素の燃焼　④　鉄と硫黄の結びつき

①		②	
③		④	

第2回 予想問題

第2章　化学変化と物質の質量(2)
第3章　化学変化の利用

40分 /100　解答 p.34

1 銅粉の質量を変えて，図1のようにして十分に加熱し，できた酸化銅の質量をはかった。図2は，加熱する前の銅の質量と酸化銅の質量との関係をグラフに表したものである。これについて，次の問いに答えなさい。

3点×6（18点）

(1) 銅粉0.8gを十分に加熱すると，何gの酸化銅ができるか。

(2) (1)のとき，銅0.8gと結びついた酸素は何gか。

(3) 銅の質量と加熱してできる酸化銅の質量との間にはどのような関係があるか。

(4) 銅の質量と加熱してできる酸化銅の質量の比を，最も簡単な整数の比で答えなさい。

(5) 銅粉を十分に加熱すると，2.5gの酸化銅ができた。このとき加熱した銅粉は何gか。

(6) 銅の質量と銅と結びつく酸素の質量の関係を表すグラフを，右の図にかきなさい。

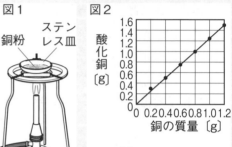
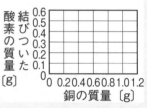

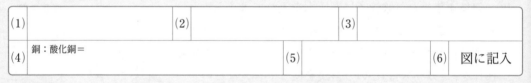

(1)		(2)		(3)	
(4) 銅：酸化銅＝				(5)		(6) 図に記入

2 右の図は，マグネシウムを加熱し，マグネシウムと加熱後にできた物質の質量の関係をグラフに表したものである。これについて，次の問いに答えなさい。

4点×7（28点）

(1) マグネシウムを加熱すると，何という物質ができるか。

(2) (1)ができるとき，マグネシウムと結びついた物質は何か。

(3) (1)ができるとき，マグネシウムと結びつく(2)の物質の質量の比を，最も簡単な整数の比で答えなさい。

(4) 加熱後の物質の質量が2.5gであるとき，マグネシウムと結びついた(2)の物質の質量は何gか。

(5) マグネシウム4.5gを十分に加熱すると，(1)の物質は何gできるか。

(6) (5)のとき，マグネシウムと結びついた(2)の物質の質量は何gか。

(7) マグネシウムを加熱したときの化学変化を，化学反応式で表しなさい。

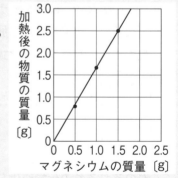

(1)		(2)		(3) マグネシウム：(2)の物質＝	
(4)		(5)		(6)		(7)

3 右の図のように塩化銅水溶液に電流を流すと，一方の電極には赤色の物質が付着し，もう一方の電極からは気体が発生した。これについて，次の問いに答えなさい。　3点×8（24点）

(1) 電流により物質を分解することを何というか。

(2) 赤色の物質が付着したのは，陰極と陽極のどちらか。

(3) 赤色の物質を薬さじでこすると，物質はどうなるか。次のア〜ウから選びなさい。

　ア　細長くのびる。　　イ　うすく広がる。
　ウ　金属光沢が出る。

(4) 赤色の物質は何か。

(5) 電極から発生した気体には，どのようなにおいがあるか。

(6) 気体のにおいを調べるとき，どのようにしてかげばよいか。「手」という言葉を使って答えなさい。

(7) 発生した気体は何か。

(8) この実験で起こった化学変化を，化学反応式で表しなさい。

陰極　　陽極

電源装置へ　　電源装置へ

塩化銅水溶液

(1)		(2)		(3)		(4)	
(5)				(6)			
(7)		(8)					

4 右の図のように，酸化銅の粉末1.3gと炭素粉末0.1gを混ぜたものを試験管Aに入れて加熱した。これについて，次の問いに答えなさい。　5点×6（30点）

(1) 銅を空気中で加熱して酸化銅ができるときの化学変化を，化学反応式で表しなさい。

(2) 加熱してしばらくすると気体が発生し，試験管Bの石灰水が白くにごった。発生した気体は何か。化学式で答えなさい。

(3) 気体の発生が終わったとき，試験管Aには何が残っているか。物質名を答えなさい。

(4) この実験で，炭素に起こった化学変化を何というか。

(5) この実験で，酸化銅に起こった化学変化を何というか。

(6) この実験で起こった化学変化を，化学反応式で表しなさい。

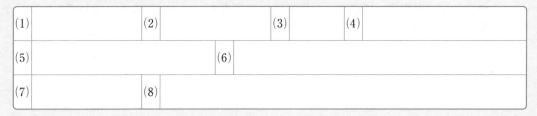

酸化銅の粉末と炭素粉末

試験管A

試験管B

石灰水

(1)				(2)		(3)	
(4)		(5)		(6)			

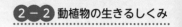

第3回 予想問題　第1章　生物のからだと細胞
　　　　　　　　第2章　植物のつくりとはたらき

40分　/100

解答 ▶ p.35

1　右の図は，オオカナダモの葉の細胞とヒトのほおの粘膜の細胞を顕微鏡で観察し，スケッチしたものである。これについて，次の問いに答えなさい。　　　　　4点×8（32点）

(1)　ヒトのほおの粘膜の細胞は，図のA，Bのどちらか。

(2)　図の㋐のつくりを何というか。

(3)　図の2つの細胞に共通するつくりのうち，細胞質の1つであるつくりは何か。

(4)　図のAの細胞だけに見られる，緑色をした粒状のつくりを何というか。

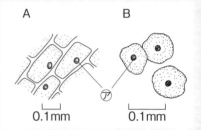

A　　　　　B

0.1mm　　0.1mm

(5)　オオカナダモやヒトのように，多くの細胞でからだができている生物を何というか。

(6)　(5)の生物のからだのつくりについて，次の文の（　）にあてはまる言葉を答えなさい。

　　生物のからだは，同じはたらきをもつ多数の細胞が集まって（　①　）になり，いくつかの（　①　）が集まって決まった形やはたらきをもつ（　②　）になる。そして，（　②　）が集まって1つの（　③　）をつくっている。

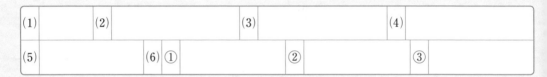

(1)		(2)		(3)		(4)	
(5)		(6)①		②		③	

2　根や茎，葉のつくりとはたらきについて，次の問いに答えなさい。　　　4点×8（32点）

(1)　根の先端にある，細い毛のような突起を何というか。

(2)　右の図は，茎の断面のようすを表したものである。図の㋐は何が通る管か。

(3)　(2)の管を何というか。

(4)　図の㋑は何が通る管か。

(5)　(4)の管を何というか。

(6)　(3)と(5)は，何本もまとまって束になっている。この束を何というか。

(7)　葉などの気孔から，植物のからだの中の水が空気中に出ていくことを何というか。

(8)　(7)の現象がさかんなのは，昼と夜のどちらか。

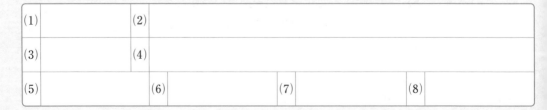

(1)		(2)	
(3)		(4)	
(5)		(6)		(7)		(8)	

3 右の図のように，1日暗いところに置いたふ（色がうすい部分）入りの葉の一部をアルミニウムはくでおおい，一定時間日光に当てた。そのあと，葉を切り取って，熱湯に入れ，温めたエタノールにつけてから水洗いした。次に，その葉を試薬Aに入れて，葉の色の変化を調べた。これについて，次の問いに答えなさい。

3点×12(36点)

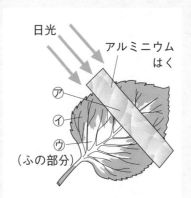

(1) 葉の緑色の部分の細胞にはあって，ふの部分の細胞にないものは何か。

(2) 葉を熱湯に入れたのはなぜか。その理由を答えなさい。

(3) 葉を温めたエタノールにつけたのはなぜか。その理由を答えなさい。

(4) 試薬Aは，デンプンがあるかどうかを調べるためのものである。試薬Aを，次のア～エから選びなさい。

　ア　石灰水

　イ　ヨウ素液

　ウ　フェノールフタレイン溶液

　エ　植物染色剤

(5) 試薬Aは，デンプンがあれば何色に変化するか。次のア～エから選びなさい。

　ア　赤色　　イ　茶色

　ウ　黄色　　エ　青紫色

(6) デンプンができていたのは，葉の㋐～㋒のどの部分か。

(7) 実験の結果から，どのようなことがわかるか。次のア～エからすべて選びなさい。

　ア　葉でデンプンがつくられるとき，水が必要である。

　イ　葉でデンプンがつくられるとき，日光が必要である。

　ウ　デンプンをつくるはたらきは，葉のすべての細胞で行われる。

　エ　デンプンをつくるはたらきは，細胞の中の(1)のつくりで行われる。

(8) 植物がデンプンなどの養分をつくることを何というか。

(9) (8)を行うためには，原料として水と何が必要か。

(10) (8)が行われるとき，デンプンがつくられると同時に何という気体が発生するか。

(11) (10)の気体は何というつくりから空気中に出されるか。

(12) 葉でつくられたデンプンなどの養分は，どのような物質になってからだ全体に運ばれるか。

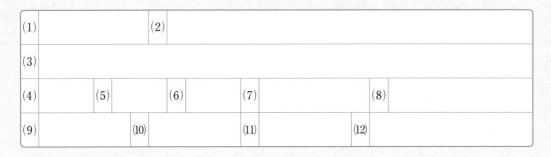

(1)		(2)			
(3)					
(4)	(5)	(6)	(7)	(8)	
(9)	(10)	(11)	(12)		

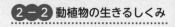

第**4**回
予想問題

第3章　動物のつくりとはたらき

40分

解答 p.36

/100

1 右の図は，ヒトの血液循環の経路を模式的に表したものである。これについて，次の問い
に答えなさい。

3点×8（24点）

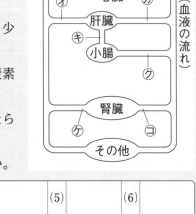

(1) 図の㋐〜㋙から，動脈をすべて選びなさい。

(2) 図の㋐〜㋙から，酸素を最も多くふくむ血液が流れる血
管を選びなさい。

(3) 図の㋐〜㋙から，二酸化炭素を最も多くふくむ血液が流
れる血管を選びなさい。

(4) 図の㋐〜㋙から，養分を最も多くふくむ血液が流れる血
管を選びなさい。

(5) 図の㋐〜㋙から，尿素などの不要物をふくむ量が最も少
ない血液が流れる血管を選びなさい。

(6) 肺の気管支の先にある，血液との間で酸素と二酸化炭素
のガス交換を行っている袋状のつくりを何というか。

(7) 図の㋔のところどころにある弁には，どのようなはたら
きがあるか。

(8) 体循環とは血液がどのように循環する道すじのことか。

(1)		(2)		(3)		(4)		(5)		(6)	
(7)				(8)							

2 右の図は，小腸の内側のようすを拡大して模式的に表したものである。これについて，次
の問いに答えなさい。

4点×6（24点）

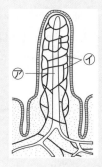

(1) 図の突起を何というか。

(2) (1)があることによって，どのような利点があるか。「効率」という言葉
を使って答えなさい。

(3) 図の㋐の管を何というか。

(4) 図の㋑の管から吸収される養分を2つ答えなさい。

(5) 図の㋑の管に吸収された養分は，何という臓器を通って，全身に運ば
れるか。

(1)		(2)			
(3)		(4)			(5)

[3] 図１は，ヒトの目のつくりを，図２は，ヒトの刺激の信号が伝わるしくみを表したものである。これについて，次の問いに答えなさい。　4点×13(52点)

図１

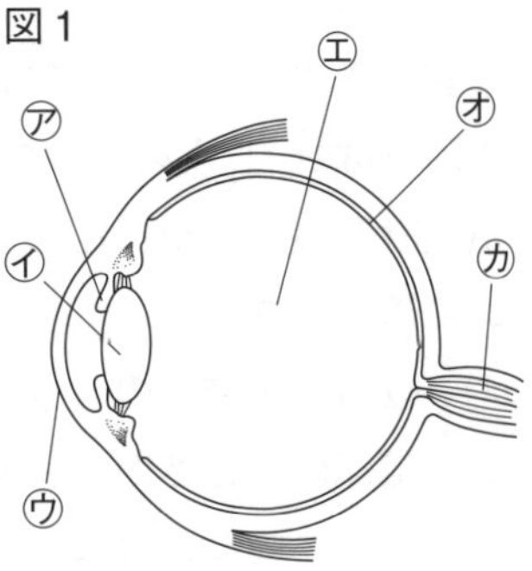

図２

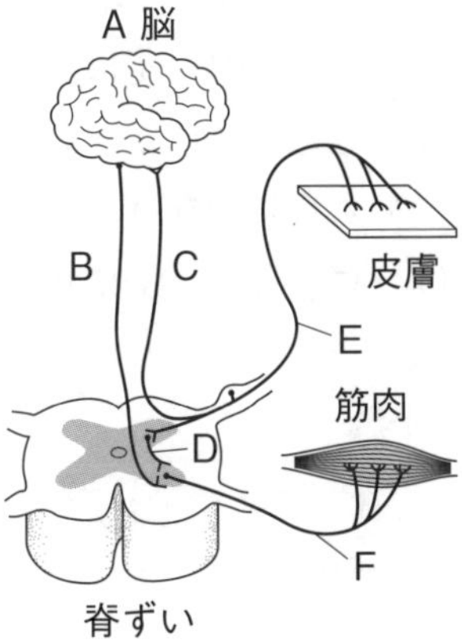

⑴　目のように，刺激を受け取る器官を何というか。

⑵　図１で，光の刺激を受け取る部分はどこか。㋐～㋕から選びなさい。

⑶　⑵の部分の名称を答えなさい。

⑷　⑵で受け取った光の刺激は，信号に変えられ，神経を通ってどこへ伝えられることで感覚が生じるか。

⑸　図２で，皮膚からの信号を脊ずいに伝える神経Eを何というか。

⑹　図２で，脊ずいからの信号を筋肉に伝える神経Fを何というか。

⑺　⑸と⑹の神経をまとめて何というか。

⑻　脳と脊ずいからなる神経を何というか。

⑼　「熱いものに触れ，思わず手を引っこめた」というように，刺激に対して，意識とは無関係に決まった反応が起こることを何というか。

⑽　⑼の反応は，からだのはたらきを調節すること以外に，どのようなことに役立っているか。

⑾　⑼の反応で，刺激を受けてから反応するまでの刺激や命令の信号が伝わる経路を，図２のA～Fの記号と矢印を用いて表しなさい。

⑿　⑼の反応は，意識して行う反応に比べて，刺激を受けてから反応するまでの時間が長いか，短いか。

⒀　⑼の反応を，次のア～オからすべて選びなさい。

ア　明るい部屋に入ったら，ひとみが小さくなった。
イ　道路を横断しようとしたが，車が来たので止まった。
ウ　目の前に，急に虫が飛んできたので，思わず目を閉じた。
エ　後方から名前をよばれて，すぐにふり返った。
オ　おなかがすいたので，食事をした。

⑴		⑵		⑶		⑷		⑸	
⑹		⑺		⑻		⑼			
⑽									
⑾	皮膚→　　　→筋肉	⑿		⒀					

第5回 予想問題 解答 p.37

第1章　電流と電圧

40分　/100

1 図1のように，2つの豆電球㋐，㋑をつないだ回路をつくり，3Vの電圧を加えたところ，電流計は0.15Aを示した。次に，豆電球㋐にかかる電圧を調べるため，3Vの－端子を用いて，電圧計を接続した。このとき，電圧計の指針は図2のようになった。これについて，次の問いに答えなさい。　4点×7（28点）

図1

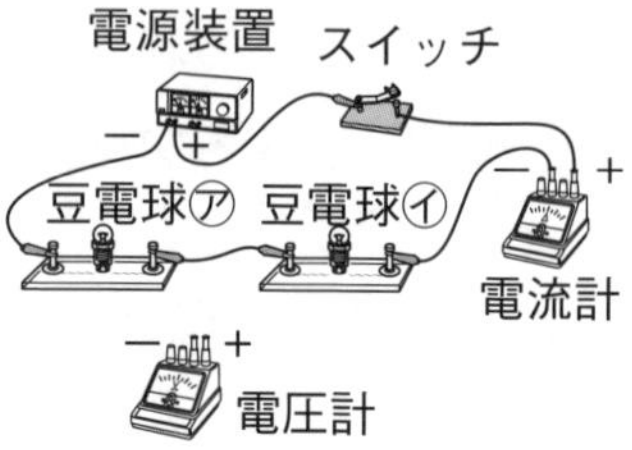

図2

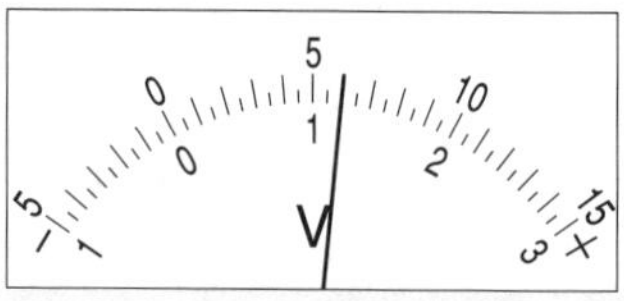

(1)　豆電球を図1のようにつないだ回路を何というか。

(2)　電流の大きさが予想できないとき，導線は電流計のどの－端子につなげばよいか。次のア～ウから選びなさい。

ア　5Aの－端子

イ　500mAの－端子

ウ　50mAの－端子

(3)　豆電球㋐，㋑に流れる電流はそれぞれ何Aか。

(4)　豆電球㋐にかかる電圧を調べるとき，電圧計は回路にどのようにつなげばよいか。図1に導線をかき加えなさい。

(5)　豆電球㋐，㋑にかかる電圧はそれぞれ何Vか。

(1)		(2)		(3)	㋐		㋑	
(4)	図1に記入	(5)	㋐		㋑			

2 豆電球A，Bと電流計㋐，㋑を使って，下の図のような回路をつくり，3Vの電圧を加えたところ，電流計㋐は300mA，電流計㋑は50mAを示した。　3点×4（12点）

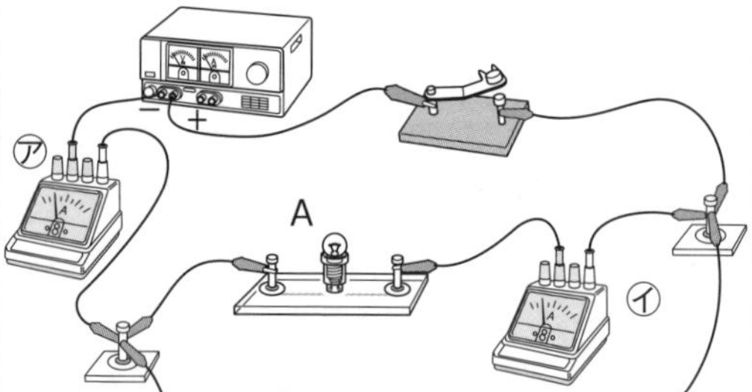

(1)　電気用図記号を使って，図の回路図を上の□にかきなさい。

(2)　豆電球Bに流れる電流は何Aか。また，豆電球Bにかかる電圧は何Vか。

(3)　この回路全体の抵抗は何Ωか。

(1)	図に記入	(2)	電流		電圧		(3)	

3 下の図のように，抵抗器㋐，㋑にそれぞれ電圧をかけ，そのときに流れる電流の大きさを調べてグラフに表した。これについて，あとの問いに答えなさい。 5点×6 (30点)

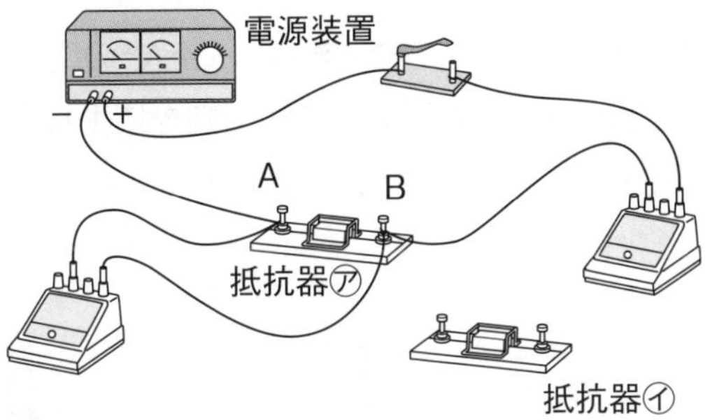

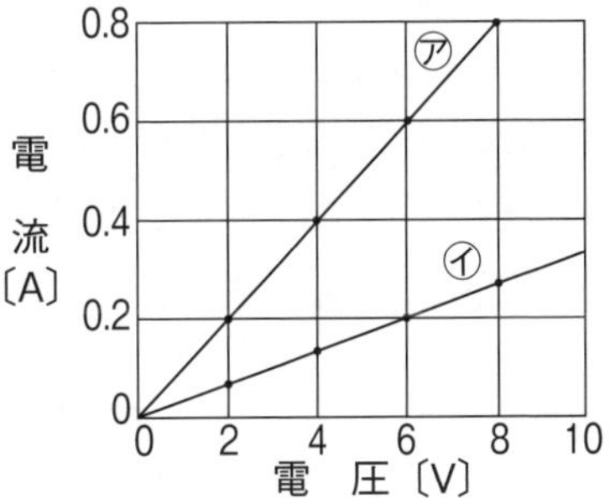

(1) 電流計と電圧計がどちらかわかるようにして，右の□に上の図の回路図をかきなさい。

(2) スイッチを入れたとき，抵抗器を流れる電流の向きは，A→B，B→Aのどちらか。

(3) 抵抗器㋐の抵抗は何Ωか。

(4) 抵抗器㋑の抵抗は何Ωか。

(5) 抵抗器㋐，㋑を直列につなぐと，回路全体に400mAの電流が流れた。抵抗器㋑にかかる電圧は何Vか。

(6) 抵抗器㋐，㋑を並列につなぐと，抵抗器㋑に200mAの電流が流れた。抵抗器㋐を流れる電流は何mAか。

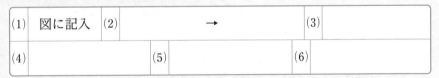

(1)	図に記入	(2)	→	(3)	
(4)		(5)		(6)	

4 「100V 800W」と表示されたドライヤーと「100V 600W」と表示された電気ポットがある。これについて，次の問いに答えなさい。 5点×6 (30点)

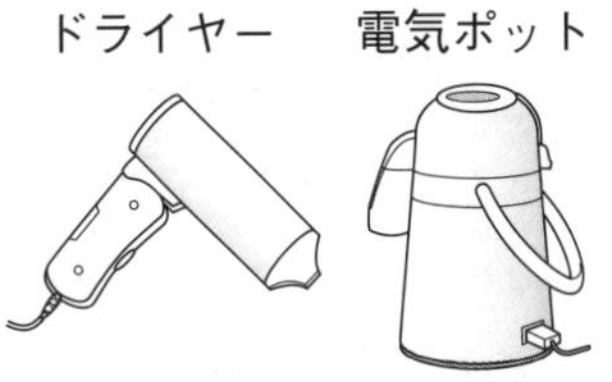

「100V 800W」 「100V 600W」

(1) ドライヤーに100Vの電圧をかけたときに流れる電流は何Aか。

(2) ドライヤーの抵抗は何Ωか。

(3) ドライヤーに100Vの電圧をかけ，2分間使用したときに消費される電力量は何Jか。

(4) 電気ポットに100Vの電圧をかけたときに流れる電流は何Aか。

(5) 電気ポットに100Vの電圧をかけ，10分間使用したときに発生する熱量は何Jか。

(6) ある家庭では，1か月間にドライヤーを合計4時間，電気ポットを合計30時間使用した。これら2つの機器で1か月間に消費した電力量は合わせて何kWhか。

(1)		(2)		(3)		(4)		(5)		(6)	

解答 p.38

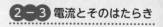

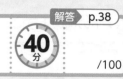

第6回 予想問題 第2章 電流と磁界 第3章 電流の正体

40分 /100

[1] 図1のような装置をつくった。図2はスイッチを入れて電流を流したときの磁石のまわりを拡大した模式図である。電流を流したとき，コイルは図2の矢印の向きに少し動いた。このとき，図1の㋐㋑間の電圧は8V，回路を流れる電流は0.5Aであった。これについて，あとの問いに答えなさい。 6点×6（36点）

図1

図2

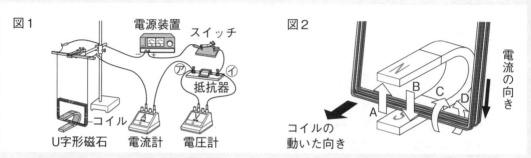

(1) 実験で用いた抵抗器の抵抗は何Ωか。

(2) 図2で，磁石による磁界の向きをA，Bから，コイルに電流を流したときのコイルのまわりの磁界の向きをC，Dからそれぞれ選びなさい。

(3) 図1の装置で，電源装置の電圧を大きくしてスイッチを入れると，コイルの動きは図2のときと比べてどのようになるか。

(4) 図1の装置で，電源装置の＋極と−極を逆につなぐと，コイルの動く向きは，図2のときと比べてどのようになるか。次のア，イから選びなさい。

ア 同じ向きに動く。 イ 逆向きに動く。

(5) 図1の装置で，U字形磁石のN極とS極を逆にしてスイッチを入れると，コイルの動く向きは図2のときと比べてどのようになるか。(4)のア，イから選びなさい。

(1)		(2)	磁石		コイル		(3)		(4)		(5)	

[2] 右の図のような装置で，棒磁石のN極を下にしてコイルに上から近づけると，検流計の指針は左にふれた。これについて，次の問いに答えなさい。 4点×4（16点）

(1) 棒磁石をコイルに近づけたときにコイルに電圧が生じ，電流が流れる現象を何というか。

(2) (1)で流れる電流を何というか。

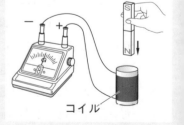

(3) 棒磁石を次の①，②のようにしたとき，検流計の指針は右，左のどちらにふれるか。

① S極を下にして，コイルに上から近づける。

② N極を下にして，コイルから上へ遠ざける。

(1)		(2)		(3) ①		②	

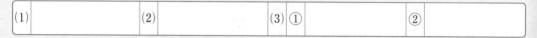

3 ポリエチレンのひもを細くさいたものとポリ塩化ビニルのパイプを，それぞれティッシュペーパーで強くこすった。次に，ポリエチレンのひもの真下からポリ塩化ビニルのパイプを近づけると，ひもが空中に浮いた。これについて，次の問いに答えなさい。ただし，ティッシュペーパーでこすると，ポリ塩化ビニルのパイプは－の電気を帯びるものとする。

4点×6（24点）

(1) 摩擦によって物体が帯びる電気を何というか。

(2) 物体をこすり合わせたとき，一方の物体からもう一方の物体に移動するのは，＋，－どちらの電気を帯びた粒子か。

(3) ティッシュペーパーでポリ塩化ビニルのパイプをこすったとき，(2)の粒子はどちらに移動するか。

(4) ティッシュペーパーでこすったポリエチレンのひもは＋の電気，－の電気のどちらを帯びているか。

(5) この実験で，ポリエチレンのひもが空中に浮く理由を答えなさい。

ポリエチレンのひも

ポリ塩化ビニルのパイプ

(6) ティッシュペーパーでこすったポリ塩化ビニルのパイプにけい光灯の電極を接触させると，けい光灯はどのようになるか。次のア，イから選びなさい。

　　ア　接触させている間，光り続ける。　　イ　一瞬だけ光る。

(1)		(2)		(3)			(4)	
(5)							(6)	

4 クルックス管の電極Aと電極Bに電圧をかけると，図1のようにけい光板にまっすぐな明るいすじが見えた。また，図1の電極板Cと電極板Dに電圧をかけると，図2のように，明るいすじは上へ曲がった。これについて，次の問いに答えなさい。

4点×6（24点）

(1) クルックス管の陽極は，電極A，電極Bのどちらか。

(2) 図2で，電極板Cは陽極，陰極のどちらか。

(3) 明るいすじを何というか。

(4) 明るいすじは何という粒子の移動によって生じたか。

(5) (4)の粒子は＋の電気，－の電気のどちらを帯びているか。

(6) (4)の粒子が移動する向きはどのようになっているか。次のア，イから選びなさい。

　　ア　電極Aから電極B

　　イ　電極Bから電極A

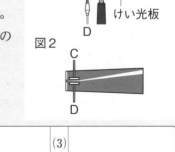

図1

C

明るいすじ

A　　　　　B

けい光板

D

図2

C

D

(1)		(2)		(3)	
(4)		(5)		(6)	

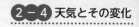

第**7**回
予想問題

第1章　大気の性質と雲のでき方
第2章　天気の変化
第3章　日本の天気

解答 ▶ p.39

60分

/100

1 1辺の長さがそれぞれ20cm，25cm，30cmで，質量1.5kgの直方体の物体がある。100gの物体が受ける重力の大きさを1Nとして，次の問いに答えなさい。　　3点×4（12点）

(1) 面**A**を下にして置いたとき，台にはたらく圧力は何Paか。

(2) 台にはたらく圧力が最も小さくなるのは，**A**，**B**，**C**のどの面を下にして置いたときか。

(3) (2)のことから，はたらく力の大きさが同じである場合，圧力の大きさは何に関係することがわかるか。

(4) 空気の重さによる圧力を何というか。

(1)	(2)	(3)	(4)

2 右の表は，それぞれの温度での飽和水蒸気量を表したものである。これについて，次の問いに答えなさい。　　2点×3（6点）

(1) ある日の朝，気温をはかると，15℃であった。次に露点を調べると10℃であった。このときの湿度は何％か。小数第1位を四捨五入して整数で求めなさい。

温度〔℃〕	0	5	10	15	20	25	30	35
飽和水蒸気量〔g/m³〕	4.8	6.8	9.4	12.8	17.3	23.1	30.4	39.6

(2) (1)の日の午後，気温が30℃になった。空気中の水蒸気量は朝と同じであったとするとき，湿度は何％か。小数第1位を四捨五入して整数で求めなさい。

(3) (2)の空気1 m³中には，あと何gの水蒸気をふくむことができるか。

(1)	(2)	(3)

3 右の図のような装置で，フラスコ内をぬらし，線香の煙を少量入れて，ピストンを引いてから押した。これについて，あとの問いに答えなさい。　　2点×6（12点）

デジタル温度計につなぐ。

ピストン

(1) ピストンを引くと，フラスコ内の温度はどうなるか。

(2) (1)のとき，フラスコ内のようすはどうなるか。

(3) (2)のようになる理由を答えなさい。

(4) ピストンを押すと，フラスコ内の温度はどうなるか。

(5) (4)のとき，フラスコ内のようすはどうなるか。

(6) (5)のようになる理由を答えなさい。

(1)		(2)		(3)	
(4)		(5)		(6)	

4 右の図は，日本付近のある場所における気圧配置である。これについて，次の問いに答えなさい。
2点×9（18点）

(1) 図にかかれている曲線を何というか。

(2) 図のAの太い線で示される気圧は何hPaか。

(3) 図の細い曲線は何hPaごとに引くか。

(4) ①高気圧，②低気圧の中心を，それぞれ図のA〜Eから選びなさい。

(5) 上昇気流が生じていると考えられる地点を，図のA〜Eから選びなさい。

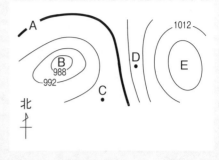

(6) 図のBとEの地表付近での風のふき方を表したものとして，最も近いものを，それぞれ次の㋐〜㋓から選びなさい。

(7) 図のCとDで，より強い風がふいていると考えられるのはどちらか。

(1)		(2)		(3)	
(4) ①	②	(5)	(6) B	E	(7)

5 右の図は，日本のある地点を前線が通過したときの気象観測の記録の一部である。これについて，次の問いに答えなさい。
2点×6（12点）

(1) 前線が通過したと考えられる時刻を，次のア，イから選びなさい。
　ア　11時から12時の間
　イ　15時から16時の間

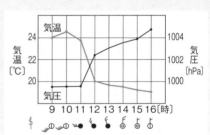

(2) (1)のように判断した理由を答えなさい。

(3) このとき通過した前線の名称を答えなさい。

(4) (3)の前線付近に発達する雲の名称を答えなさい。

(5) (4)の雲による雨の降り方を，時間と雨の強さについて答えなさい。

(6) (3)の前線付近の暖気と寒気のようすを，次の㋐〜㋓から選びなさい。

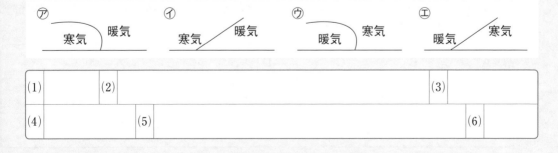

(1)		(2)		(3)	
(4)		(5)		(6)	

6　右の図は，ある日の日本付近における気圧配置を表したものである。これについて，次の問いに答えなさい。

2点×5（10点）

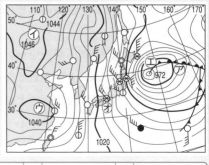

(1)　図の㋐の前線名を答えなさい。

(2)　図の㋑～㋔から，高気圧をすべて選びなさい。

(3)　図の地点㋕での，天気，風向，風力をそれぞれ答えなさい。ただし，天気図の上を北とする。

(1)		(2)		(3) 天気		風向		風力	

7　次のA～Dの文は，日本の梅雨，夏，秋，冬の時期の天気について述べたものである。これについて，あとの問いに答えなさい。

2点×15（30点）

> A　高気圧と低気圧が周期的におとずれ，晴れの日と雨の日をくり返す。
> B　日本列島付近には前線が停滞し，雨やくもりの日が多い。
> C　大陸では低気圧が，太平洋上では高気圧が発達して，蒸し暑い日が続く。
> D　大陸上に高気圧が発達し，太平洋側では乾燥した晴れの日が多くなる。

(1)　A～Dの文は，梅雨，夏，秋，冬のうち，それぞれどの時期のものか。

(2)　Aで，下線部のような高気圧のことを何というか。

(3)　Bで，この時期に見られる下線部の前線を特に何というか。

(4)　Cで，太平洋上にできる気団を何というか。

(5)　Dで，大陸上にできる気団を何というか。

(6)　次の㋐～㋓から，それぞれ梅雨，夏，冬の天気図を選びなさい。

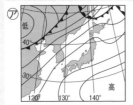　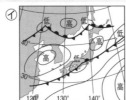　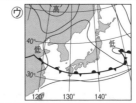　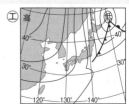

(7)　(6)の㋓のような気圧配置を何というか。

(8)　次の文の（　）の①，②にあてはまる方位（東，西，南，北），③にあてはまる言葉を答えなさい。

> 日本付近の天気は，（　①　）から（　②　）へと移り変わることが多い。これは，日本付近の上空を（　③　）という風がふいているからである。

(1) A		B		C		D		(2)		(3)	
(4)			(5)			(6) 梅雨		夏		冬	
(7)			(8) ①		②		③				

教科書ワーク 理科 特別ふろく

無料アプリ どこでもワーク

こちらにアクセスして，ご利用ください。
https://portal.bunri.jp/app.html

重要事項を
3択問題で確認！

3問目/15問中

Q3. 冷たく湿った気団Aを
何という？

ふせん

シベリア気団

小笠原気団

オホーツク海気団

ポイント
解説つき

3問目/15問中

A3.
・オホーツク海気団は，冷たく湿った
気団である。
・小笠原気団とともに，初夏に日本付
近にできる停滞前線の原因となる。

ふせん　　　　　　　　　　次の問題

✕ シベリア気団

✕ 小笠原気団

○ オホーツク海気団

間違えた問題だけを何度も確認できる！

無料ダウンロード ホームページテスト

無料でダウンロードできます。
表紙カバーに掲載のアクセス
コードを入力してご利用くだ
さい。
https://www.bunri.co.jp/infosrv/top.html

問題▶

テスト対策や
復習に使おう！

同じ紙面に解答があって，
採点しやすい！

▼解答

1 図の顕微鏡を使って，生物を観察した。これについて，次の問いに答えなさい。

(1) 図のa，bの部分を何というか。

(2) 次のア〜エの操作を，顕微鏡の正し
い使い方の手順に並べなさい。

ア　真横から見ながら，調節ねじを回
し，プレパラートと対物レンズをで
きるだけ近づける。

イ　接眼レンズをのぞき，bを調節し
て視野が明るく見えるようにする。

ウ　プレパラートをステージにのせる。

エ　接眼レンズをのぞき，調節ねじを
回し，プレパラートと対物レンズを遠ざけながら，ピントを合わせる。

(3) 対物レンズを低倍率のものから高倍率のものに変えた。このとき，視野の範囲と明るさはそ
れぞれどうなるか。簡単に書きなさい。

(1)a を回して，対物レンズを変える。視野が暗いときは，b の角度を変えて明るさを調節する。　(2)ピントを合わせると
き，プレパラートと対物レンズを近づけないのは，対物レンズをプレパラートにぶつけないためである。

		レボルバー
(1)		反射鏡
(2)	イ→ウ→ア→エ	
(3)	範囲はせまくなり， 明るさは暗くなる。	

2 アブラナとマツの花のつくりをルーペで観察した。図は，アブラナの花のつくりを表したも
のである。これについて，次の問いに答えなさい。

(1) 手に持ったアブラナの花をルー

注意　●サービスやアプリの利用は無料ですが，別途各通信会社からの通信料がかかります。
●アプリの利用には iPhone の方は Apple ID，Android の方は Google アカウントが必要です。対応 OS や対応機種については，各ストアでご確認ください。
●お客様のネット環境および携帯端末により，ご利用いただけない場合，当社は責任を負いかねます。ご理解，ご了承いただきますよう，お願いいたします。

中学教科書ワーク

解答と解説

学校図書版

理科2年

この「解答と解説」は，取りはずして 使えます。

－1 化学変化と原子・分子

第1章　物質のなりたちと化学変化(1)

~3　ステージ1

科書の要点

①化学変化　②酸化　③酸化物　④燃焼
⑤原子　⑥元素記号　⑦周期表
①硫化鉄　②硫化銅　③単体　④化合物
①分子　②化学式　③H_2O　④純粋な物質
⑤混合物

科書の図

①増え　②流れない
①硫化鉄　②つかない　③硫化水素
①純粋な物質　②混合物　③単体　④化合物

~5　ステージ2

(1)スチールウールをよく燃やすため。
(2)エ　(3)ア　(4)ア
(5)①水素(気体)が発生した。
②変化しなかった。
(6)燃焼
(1)①イ　②ウ　③ア　(2)イ　(3)エ
(1)㋐Ca　㋑Ag　㋒Fe　㋓Cu　㋔Na
㋕Mg　㋖S　㋗Cl　㋘O　㋙H　㋚C
㋛N
(2)周期表

解説

(1)空気をふきこんで，スチールウールがすべてえるようにする。
~(6)物質が酸素と結びつく化学変化を酸化とい。スチールウールは激しく熱や光を出しながら化する。このような酸化を，特に燃焼という。が酸化すると，酸化鉄という黒色の物質になる。きた酸化鉄の質量は，燃やす前のスチールウールの質量よりも増えている。また，酸化鉄には金属光沢がなく，電気を通さないなど，金属に特有の性質がない。

❷ (1)(2)物質をつくっている，それ以上分割できない小さな粒子を原子という。原子には，①それ以上分割できない，②種類によって大きさと質量が決まっている，③ほかの原子になったり，なくなったり，新しくできたりしないという性質がある。原子は100種類以上ある。

原子の性質

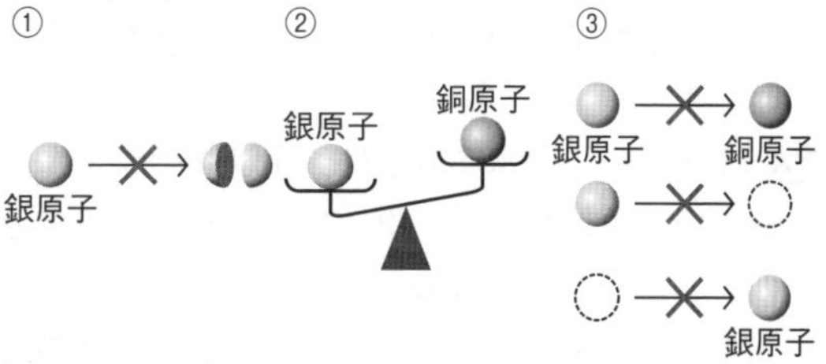

(3)原子の大きさは種類によって決まっていて，どれも非常に小さい。水素原子は，大きさや質量が原子の中で最も小さい。

❸ (1)元素を表す記号を元素記号といい，アルファベット1文字または2文字で表される。

[注意] 元素記号は，アルファベット1文字の場合は大文字の活字体で，アルファベット2文字の場合は大文字の活字体と小文字の活字体または筆記体で書く。

p.6~7　ステージ2

❶ (1)イ　(2)ア
(3)スチールウール…ア
加熱後の物質…イ
(4)イ　(5)硫化鉄　(6)FeS
(7)硫化銅　(8)CuS　(9)化合物

❷ (1)原子　(2)単体　(3)ウ

❸ (1)化学式
(2)①H_2　②H_2O　③Cu　④NaCl

(3)①水素　②水　③銅　④塩化ナトリウム
(4)①，③　(5)②，④　(6)③，④
(7)㋐Fe　㋑CO_2　㋒CuO

解説

❶ (1)鉄と硫黄が結びつくときに熱が生じる。そのため，一度変化が起こると加熱しなくても変化が進む。
(2)~(4)鉄は，金属光沢があり，磁石につき，塩酸を加えるとにおいのない気体である水素が発生する。一方，鉄と硫黄が結びついた物質は，黒色で金属光沢がなく，磁石につかず，塩酸を加えると卵のくさったようなにおいをもつ硫化水素が発生する。
(5)(6)鉄Feと硫黄Sが結びつくと，硫化鉄FeSという別の物質ができる。
(7)(8)銅Cuと硫黄Sが結びつくと，硫化銅CuSという別の物質ができる。
(9)硫化鉄FeSや硫化銅CuSのように，２種類以上の原子が結びついてできている物質を，化合物という。

❷ (2)酸素分子や水素分子は，１種類の原子からできている単体である。単体には，鉄のように分子のまとまりがないものもある。
(3)アンモニア分子は，水素原子３個と窒素原子１個が結びついてできている化合物である。化合物には，塩化ナトリウムのように，分子のまとまりがないものもある。

❸ (2)~(7)いくつかの原子が結びついて，１つの単位になっている粒子を分子という。

分子としてのまとまりがある物質とない物質

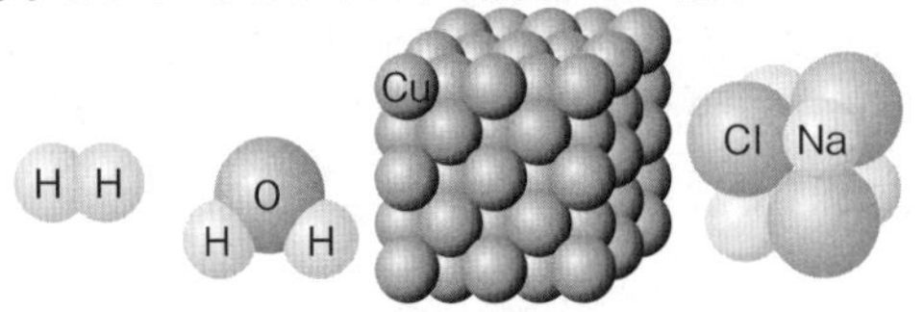

①水素分子　②水分子　③銅　④塩化ナトリウム

分子からできている。　分子のまとまりがない。

上の図のように，単体や化合物には，分子からできているものと，分子のまとまりがないものがある。①の水素は，分子からできている単体である。水素原子が２個結びついているので，H_2と表す。②の水は，分子からできている化合物である。水素原子２個と酸素原子１個が結びついているので，H_2Oと表す。③の銅は，分子のまとまりが
単体である。銅原子１個で代表させて，Cuと
④の塩化ナトリウムは，分子のまとまりがな
合物である。ナトリウム原子１個と塩素原子
の組で代表させて，NaClと表す。

p.8~9　ステージ3

❶ (1)イ　(2)㋑
(3)鉄に空気中の酸素が結びついたから。
(4)㋐　(5)ア
(6)別の種類の物質になった。

❷ (1)酸化　(2)酸化物
(3)激しく熱や光を出しながら酸化する化学
化。

❸ (1)それ以上分割することができない小さな
子。
(2)㋐水素　㋑窒素　㋒炭素　㋓酸素
(3)①H_2　②O_2　③NH_3　④CO_2
(4)水素　(5)CuO

❹ (1)硫黄の蒸気が試験管から出ないようにす
ため。
(2)イ
(3)A…水素　B…硫化水素
(4)硫化鉄　(5)硫化

解説

❶ スチールウールを加熱すると，熱や光を出
がら燃える。このような酸化を，特に燃焼と
鉄が燃焼すると，鉄に結びついた酸素の分だ
量が増え，鉄とはちがう性質をもつ黒い物質
る酸化鉄になる。酸化鉄には金属特有の性質
く，鉄のように磁石につく性質もない。

❷ 物質が酸素と結びつく化学変化を酸化とい
空気中で鉄がさびるような化学変化は，おだ
な酸化である。

❸ (4)(5)物質には，いくつかの原子が結びつい
子の状態で存在しているものがある。水素，
窒素，アンモニア，二酸化炭素などの物質は
子からできている。一方，鉄，銅，酸化銅，
ナトリウムなどの物質は，分子のまとまりが

❹ (1)実験で出てくる硫黄の蒸気を吸いこまな
め，脱脂綿で軽くふさぐ。
(2)(3)鉄に塩酸を加えたときに発生する水素に
においがない。硫化鉄に塩酸を加えたときに

る硫化水素は，卵がくさったようなにおいがす
。

第１章　物質のなりたちと化学変化(2)
第２章　化学変化と物質の質量(1)

0~11　ステージ1

科書の要点

①分解　②水素　③酸素　④炭酸ナトリウム
①硫酸バリウム　②質量　③変わらない
④減って　⑤質量保存の法則　⑥数
⑦化学反応式　⑧数　⑨$2H_2$

科書の図

①水素　②酸素　③２　④１　⑤二酸化炭素
⑥炭酸ナトリウム　⑦水
①変わらない　②減る　③質量保存

2~13　ステージ2

(1)㋑　(2)水酸化ナトリウム水溶液
(3)気体A…ウ　気体B…イ
(4)気体A…水素　気体B…酸素
(5)２：１　(6)電気分解
(1)(石灰水が)白くにごる。　(2)イ
(3)加熱後の物質　(4)加熱後の物質
(5)炭酸ナトリウム，二酸化炭素，水
(順不同)
(1)硫酸バリウム　(2)溶けない。
(3)変わらなかった。
(1)二酸化炭素　(2)変わらなかった。
(3)質量保存の法則　(4)減った。
①FeS　②$2H_2$

解説

(2)純粋な水は電流を流さないので，水酸化ナトリウムを加えて電流を流しやすくする。
(4)気体Aは水素で，気体Bは酸素である。水素は気体そのものが燃える性質がある。また，酸には物質を燃やす性質がある。
(6)１種類の物質から２種類以上の別の物質がでる化学変化を分解といい，電流によって物質を解することを電気分解という。水の電気分解で，陰極側に水素が，陽極側に酸素が発生する。のとき発生する気体の体積の比は，水素：酸素２：１になる。
(1)(5)炭酸水素ナトリウムを加熱すると，炭酸ナトリウム，二酸化炭素，水の３つの物質に分解できる。二酸化炭素には，石灰水を白くにごらせる性質がある。
(2)試験管の口もとについた液体は水なので，青色の塩化コバルト紙をうすい赤色(桃色)に変化させる。
(3)(4)試験管に残った物質(炭酸ナトリウム)は，炭酸水素ナトリウムよりも水によく溶けて，その水溶液は強いアルカリ性を示す。

3 (2)水溶液中にあった物質が，化学変化によって水に溶けにくい物質になり，沈殿が生じる。
(3)化学変化の前後で，全体の質量は変わらない。

4 (1)(2)(4)塩酸に石灰石を入れると，二酸化炭素が発生する。ペットボトルを密閉しているとき，二酸化炭素はペットボトルの外へ出ていくことができないので，全体の質量は変わらない。しかし，ふたをゆるめると，二酸化炭素がペットボトルの外に出ていくため，その分だけ全体の質量が減る。
(3)沈殿が生じる化学変化でも，気体が生じる化学変化でも，化学変化の前後で原子の種類と数は変わらないため，全体の質量は変わらない。これを質量保存の法則という。

5 ①鉄原子１個と硫黄原子１個が結びついて硫化鉄(FeS)ができる化学変化である。化学変化の前後で，原子の組み合わせは変わっているが，原子の種類と数は変わらない。
②水分子２個が水素分子２個と酸素分子１個に分かれる化学変化である。化学変化の前後で，原子の組み合わせは変わっているが，原子の種類と数は変わらない。分解後，水素原子４個は４Hにならず，$2H_2$となることに注意する。

p.14~15　ステージ3

1 (1)発生した液体が加熱部分に流れないようにするため。
(2)白くにごる。　(3)二酸化炭素
(4)塩化コバルト紙
(5)青色からうすい赤色(桃色)
(6)炭酸ナトリウム　(7)イ，ウ(順不同)
(8)試験管㋐に水が流れこまないようにするため。

2 (1)白い沈殿ができた。
(2)変わらなかった。

❸ (1)同じになっている。

(2)質量保存の法則

(3)原子が結びつく組み合わせ

(4)減っている。

(5)二酸化炭素がペットボトルの外に出ていったため。

(6)H_2O

❹ (1)㋒　(2)変わらない。(同じになる。)

(3)水分子…H_2O　水素分子…H_2

酸素分子…O_2

(4)$2H_2O \longrightarrow 2H_2 + O_2$

解説

❶ (1)発生した液体(水)が試験管の底に流れると，試験管が割れることがある。

(2)(3)発生した気体に石灰水を入れてふると白くにごるので，二酸化炭素であることがわかる。

(4)(5)試験管の口もとについた液体は青い塩化コバルト紙をうすい赤色に変化させるので，水であることがわかる。

(6)(7)試験管㋐に残った物質は炭酸ナトリウムで，水に溶けやすく，水溶液は強いアルカリ性を示すので，フェノールフタレイン溶液を加えると濃い赤色になる。一方，炭酸水素ナトリウムは水に少しだけ溶け，水溶液は弱いアルカリ性を示すので，フェノールフタレイン溶液を加えると，うすい赤色になる。

(8)ガラス管の先を水に入れたまま加熱をやめると，試験管㋐に水が流れこみ，試験管が割れるおそれがある。

❷ 化学変化によって水に溶けにくい物質ができ，沈殿が生じる。このとき，化学変化の前後で全体の質量は変わらない。

❸ (1)(2)密閉されたペットボトルの中では，化学変化で生じた二酸化炭素がペットボトルの外に出ていかない。そのため，化学変化の前後で全体の質量は変わらない。

(4)(5)ふたをゆるめると化学変化で生じた二酸化炭素がペットボトルの外に出ていくので，全体の質量が減る。

(6)化学変化では原子の種類と数は変わらない。そのため，化学反応式の⟶の左側と右側で，原子の種類と数が等しくなるようにする。

❹ (1)(2)原子は，化学変化によって新しくできたり，なくなったり，別の種類の原子になったりし
よって，⟶の左側と右側で，原子の種類と
等しくなっている㋒のカードが正しい。

(3)(4)酸素原子や水素原子はそれぞれ分子をつ
ことに注意する。

第2章　化学変化と物質の質量(2)

p.16〜17　ステージ1

●教科書の要点

❶ ①限界がある　②酸化銅　③一定　④一定

❷ ①CO_2　②水　③O_2　④銅　⑤塩素

⑥$CuCl_2$　⑦Cl_2　⑧酸素　⑨銀

⑩$2Ag_2O$　⑪$4Ag$

●教科書の図

[1] ①$2CuO$　②$2MgO$　③比例　④4：1

⑤3：2

[2] ①銅　②塩素　③Cl_2

[3] ①$2H_2$　②O_2

p.18〜19　ステージ2

❶ (1)酸素　(2)酸化銅

(3)(1.2gの)銅と結びつく酸素の質量には
界があるから。

(4)0.3g

❷ (1)1.0g　(2)0.2g　(3)4：1

(4)酸化マグネシウム　(5)3：2

❸ (1)銅　(2)塩素　(3)ウ

(4)$CuCl_2 \longrightarrow Cu + Cl_2$

❹ (1)ウ　(2)ア　(3)金属光沢が出る。

(4)炎を上げて燃える。　(5)銀，酸素

(6)$2Ag_2O \longrightarrow 4Ag + O_2$

解説

❶ (3)2つの物質はいつも一定の質量の比で結
く。すべての銅が酸素と結びついて酸化銅に
と，加熱をくり返しても質量は増えない。

(4) [注意] 銅と結びついた酸素の質量は，(酸
の質量－銅の質量)で計算する。

グラフより，1.2gの銅を十分に加熱すると1.
酸化銅ができることがわかる。

1.5－1.2＝0.3〔g〕

より，1.2gの銅と結びついた酸素の質量は0.
ある。

(1)(2)グラフより，銅0.8gを加熱すると，酸化銅が1.0gできている。よって，銅0.8gと結びついた酸素の質量は，1.0－0.8＝0.2〔g〕

(3)銅0.8gと結びつく酸素は0.2gなので，質量の比は，0.8：0.2＝4：1

(4)(5)グラフより，マグネシウム0.6gを加熱すると，酸化マグネシウムが1.0gできている。よって，マグネシウム0.6gと結びつく酸素の質量は，1.0－0.6＝0.4〔g〕

これより，結びつくマグネシウムと酸素の質量の比は，0.6：0.4＝3：2

(1)～(3)塩化銅水溶液に電流を流すと，陰極には銅が付着し，陽極からは特有の刺激臭のある塩素が発生する。

(4)化学反応式で表すとき，──→の左側と右側で原子の種類と数が等しくなるようにする。

(5)黒色の酸化銀を加熱すると，白色の銀に変化し，酸素が発生する。銀は金属なので，こすると金属光沢が現れる。また，酸素には物質を燃やすはたらきがある。

20～21 ▶▶ **ステージ3**

(1)右図

(2)比例

　（の関係）

(3)3：2

(4)1.2g

(5)3.0g

(6)6.0g

(7)1.0g

(8)2Mg＋O₂──→2MgO

(9)①イ　②8.8g

(10)2Cu＋O₂──→2CuO

(1)ウ　　(2)うすい赤色(桃色)

(3)水　　(4)2H₂＋O₂──→2H₂O

(1)陽極　　(2)電気分解

(3)CuCl₂──→Cu＋Cl₂

(1)火のついた線香を気体の中に入れると，線香が(炎を上げて)燃える。

(2)酸素　　(3)銀　　(4)分解(熱分解)

(5)2NaHCO₃──→Na₂CO₃＋CO₂＋H₂O

◀◀▶ **解説** ◀▶▶

(2)(3)表をもとにしてグラフをかくと，原点を通

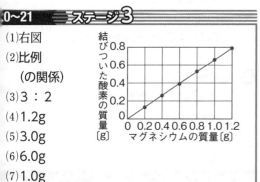

る直線となることから，マグネシウムの質量と結びついた酸素の質量は比例していることがわかる。1.20gのマグネシウムと結びついた酸素の質量が0.80gなので，その質量の比は，1.20：0.80＝3：2

(4)マグネシウム1.8gと結びつく酸素の質量をxgとすると，1.8：x＝3：2　x＝1.2〔g〕

(5)マグネシウム1.8gと結びつく酸素の質量は1.2gなので，できる酸化マグネシウムの質量は，1.8＋1.2＝3.0〔g〕

(6)マグネシウム9.0gと結びつく酸素の質量をygとすると，9.0：y＝3：2　y＝6.0〔g〕

(7)マグネシウム9.0gと結びつく酸素の質量は6.0gなので，マグネシウムと結びつかないで残る酸素の質量は，7.0－6.0＝1.0〔g〕

(8)マグネシウムの化学式はMg，酸素の化学式はO₂，酸化マグネシウムの化学式はMgOである。

(9)②銅7.0gが酸素と結びついてできる酸化銅の質量をzgとすると，7.0：z＝4：5　z＝8.75〔g〕

(10)銅の化学式はCu，酸素の化学式はO₂，酸化銅の化学式はCuOである。

❷　水素と酸素を混合した気体に点火すると，酸素と水素が結びつき，水ができて袋の中がくもる。できた水は混合した気体よりも体積が小さいので袋はしぼむ。水は青色の塩化コバルト紙をうすい赤色(桃色)に変える。

❸　(1)塩化銅水溶液に電流を流すと，陰極には赤色の銅が付着し，陽極からは塩素が発生する。塩素には，プールの消毒剤のようなにおいがある。

❹　(1)(2)酸化銀を加熱すると酸素が発生する。集めた酸素に火のついた線香を入れると，線香が炎を上げて燃える。

(3)(4)酸化銀を加熱すると，銀が残る。酸化銀を加熱すると銀と酸素に分解されるように，加熱したときに起こる分解を熱分解という。

(5)炭酸水素ナトリウム(NaHCO₃)は，炭酸ナトリウム(Na₂CO₃)，二酸化炭素(CO₂)，水(H₂O)に熱分解される。

第３章　化学変化の利用

p.22〜23　ステージ1

●教科書の要点

1 ①鉱物　②鉄　③銅　④製錬

2 ①銅　②酸素　③還元　④酸化
⑤C　⑥CO_2

3 ①有機物　②水　③上がる　④発熱反応
⑤下がる　⑥吸熱反応

●教科書の図

[1] ①還元　②酸化　③二酸化炭素

[2] ①酸素　②水　③CO_2

[3] ①上がる　②発熱　③下がる　④吸熱

p.24〜25　ステージ2

1 (1)酸化鉄　(2)①鉄鉱　②酸素
(3)二酸化炭素

2 (1)白くにごる。
(2)ガラス管を石灰水から出しておく。
(3)赤色
(4)①銅　②二酸化炭素
(5)A…還元　B…酸化
(6)$2CuO+C \longrightarrow 2Cu+CO_2$

3 (1)水　(2)水素原子　(3)二酸化炭素
(4)炭素原子　(5)出る。

4 (1)上がった。　(2)発熱反応
(3)酸化鉄　(4)下がった。
(5)吸熱反応　(6)外部から熱を吸収する反応
(7)二酸化炭素　(8)図１

解説

1 金属の多くは酸化物の状態で鉱物の中にふくまれている。鉄鉱石には鉄が酸化鉄としてふくまれている。炭素は鉄よりも酸素と結びつきやすく，鉄鉱石を炭素とともに加熱することによって，酸化鉄は鉄に，炭素は二酸化炭素になる。

2 (2)加熱をやめる前にガラス管を石灰水から出しておかないと，加熱をやめたときに石灰水が試験管㋐に流れこみ，試験管が割れるおそれがある。
(4)(5)銅よりも炭素の方が酸素と結びつきやすいので，酸化銅は酸素を取り除かれて銅となり，炭素は酸化されて二酸化炭素になる。酸化物から酸素が取り除かれる化学変化を還元といい，還元と酸化は同時に起こる。

3 有機物であるガスには，炭素原子と水素原子がふくまれている。そのため，ガスを燃やすと二酸化炭素と水ができる。このとき，熱が発生する。

4 化学変化が起こるときには，熱の出入りがともなう。図１のように熱が発生して温度が上がる反応を発熱反応，図２のように熱を吸収して温度が下がる反応を吸熱反応という。図１の化学変化はカイロに利用されていて，カイロの中の鉄が空気中の酸素と結びついて，熱が発生する。

p.26〜27　ステージ3

1 (1)石灰水　(2)炭素　(3)銅
(4)黒色から赤色　(5)還元
(6)酸化物から酸素を取り除く化学変化。
(7)酸化　(8)炭素
(9)$2CuO+C \longrightarrow 2Cu+CO_2$

2 (1)水　(2)ウ
(3)$CuO+H_2 \longrightarrow Cu+H_2O$
(4)イ

3 (1)$C+O_2 \longrightarrow CO_2$
(2)二酸化炭素
(3)$2H_2+O_2 \longrightarrow 2H_2O$　(4)水
(5)$CH_4+2O_2 \longrightarrow CO_2+2H_2O$
(6)熱

4 (1)発熱反応
(2)熱を外部に放出する反応。
(3)吸熱反応
(4)外部から熱を吸収する反応。
(5)図２

解説

1 (1)石灰水は，二酸化炭素を通すと白くにご
(5)〜(8)酸化銅は炭素によって酸素を取り除か
銅になる。この化学変化を還元という。炭素
化銅から取り除いた酸素によって酸化され，
化炭素になる。このことから，銅よりも炭素
が酸素と結びつきやすいことがわかる。

2 (1)〜(3)銅より水素の方が酸素と結びつきや
そのため，酸化銅は水素によって酸素を取り
れて(還元されて)銅になり，水素は酸化銅か
り除いた酸素によって酸化されて水になる。
(4)次の図のように，ガスは有機物であるため，
素原子や水素原子がふくまれている。そのた
酸化銅をガスバーナーの内側の炎の中に入れ

酸化銅は炭素や水素によって酸素を取り除かれて(還元されて)銅になる。

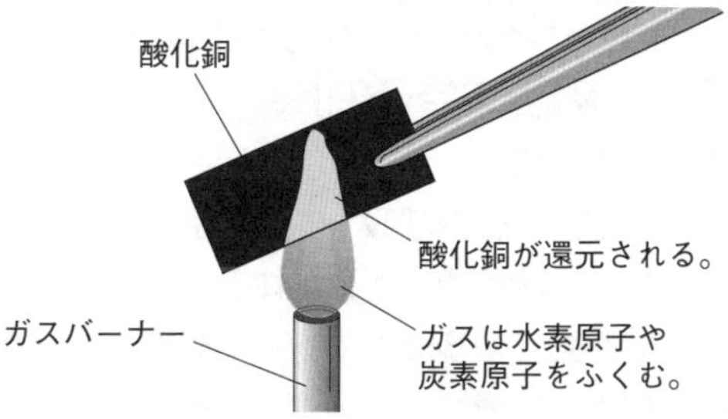
酸化銅
酸化銅が還元される。
ガスバーナー
ガスは水素原子や
炭素原子をふくむ。

有機物は，炭素原子と水素原子をふくんでいる。そのため，燃焼すると，炭素が酸化されて二酸化炭素が，水素が酸化されて水ができる。メタンも炭素原子と水素原子からなる物質なので，燃焼すると二酸化炭素と水ができる。有機物の燃焼は，外部に熱を放出する発熱反応である。

(1)～(4)図1のように，化学変化にともなって熱を外部に放出し，温度が上がる反応を，発熱反応という。図2のように，化学変化にともなって外部から熱を吸収し，温度が下がる反応を，吸熱反応という。

(5)化学変化を表す式では，外部から熱を吸収しているので，吸熱反応である。

28～29 《 単元末総合問題

(1)電流を流しやすくするため。
(2)㋐水素　㋑酸素
(3)2：1
(4)化学変化　(5)電気分解　(6)ウ

(1)気体㋑，気体㋒　(2)還元
(3)$2CuO+C \longrightarrow 2Cu+CO_2$
(4)H_2O　(5)0.88g

(1)CO_2　(2)変わらない。
(3)原子が結びつく組み合わせが変わっているだけだから。
(4)減っている。

(1)$2Cu+O_2 \longrightarrow 2CuO$
(2)右図
(3)4：1
(4)イ

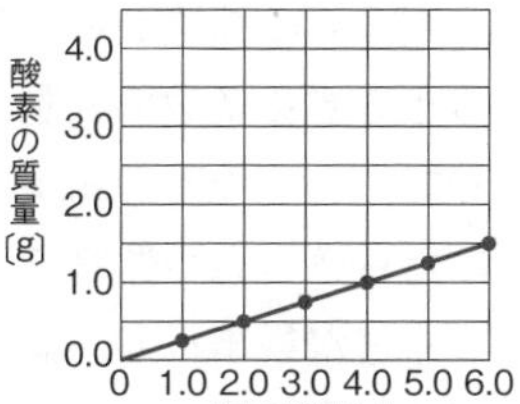
酸素の質量〔g〕
4.0
3.0
2.0
1.0
0.0
0
1.0
2.0
3.0
4.0
5.0
6.0
銅の質量〔g〕

》解 説《

1》 (1)純粋な水には電流が流れない。そのため，水酸化ナトリウム水溶液を使って電気分解を行う。
(6)硫化鉄に塩酸を加えると，硫化水素という，卵がくさったようなにおいのする気体が発生する。石灰石に塩酸を加えると，二酸化炭素が発生する。亜鉛や鉄などの金属に塩酸を加えると，水素が発生する。

2》 (1)実験１では酸素が，実験２と実験３では二酸化炭素が発生する。石灰水を白くにごらせるのは二酸化炭素である。
(2)酸化物から酸素を取り除く化学変化を還元という。実験２では，酸化銅が炭素によって還元されて，銅に変化している。
(3)酸化銅は還元されて銅に，炭素は酸化されて二酸化炭素になる。
酸化銅＋炭素 ⟶ 銅＋二酸化炭素
(4)炭酸水素ナトリウムは，炭酸ナトリウム，二酸化炭素，水に熱分解される。
(5)化学変化の前後で，物質全体の質量は変わらない。化学変化前の炭酸水素ナトリウムの質量は3.36gなので，化学変化後の全体の質量も3.36gになる。水が0.36g，炭酸ナトリウムが2.12gできているので，発生した二酸化炭素の質量は，
$3.36-0.36-2.12=0.88$〔g〕

3》 (1)石灰石に塩酸を加えると，二酸化炭素が発生する。
(2)(3)化学変化によって，原子の組み合わせが変わり，もとの物質とはちがう物質ができるが，原子の種類や数は変わらない。そのため，気体がにげないような容器の中で反応させると，化学変化の前後で，全体の質量は変わらない。これを質量保存の法則という。
(4)化学変化後にペットボトルのふたをゆるめると，発生した二酸化炭素は空気中へにげる。そのため，全体の質量は減る。

4》 (1)銅を空気中で加熱すると，酸化されて酸化銅ができる。
(2)図２で，酸化銅の質量と銅の質量の差が，銅と結びついた酸素の質量である。結びつく酸素の質量は加熱する銅の質量に比例するため，グラフは原点を通る直線になる。
(3)図３のグラフより，銅4.0gに結びついた酸素の

質量は1.0gである。したがって，銅と酸素は，4：1の質量の比で結びつくことがわかる。

(4)銅の質量が8.0g，加熱後の物質の質量が9.5gであることから，銅と結びついた酸素の質量は，

$9.5-8.0=1.5$[g]である。

銅と酸素は，4：1の質量の比で結びつくので，酸素1.5gと結びついた銅の質量をxgとすると，

$x:1.5=4:1$　$x=6.0$[g]

よって，酸化しないで残っている銅の質量は，

$8.0-6.0=2.0$[g]

2－2 動植物の生きるしくみ

第1章　生物のからだと細胞
第2章　植物のつくりとはたらき(1)

p.30~31 ステージ1

●教科書の要点

❶ ①細胞　②細胞呼吸　③単細胞生物

❷ ①核　②細胞膜　③葉緑体　④液胞
⑤細胞壁　⑥多細胞生物　⑦組織　⑧器官

❸ ①根毛　②道管　③師管　④維管束
⑤気孔　⑥蒸散

●教科書の図

[1] ①動物　②植物　③核　④細胞膜
⑤液胞　⑥葉緑体　⑦細胞壁　⑧細胞質

[2] ①根毛　②道管　③師管　④維管束

p.32~33 ステージ2

❶ (1)㋐
(2)細胞壁が見られるから。
(3)核　(4)1個　(5)細胞質　(6)細胞膜

❷ (1)アメーバ　(2)単細胞生物
(3)多細胞生物　(4)組織
(5)器官　(6)個体

❸ (1)道管　(2)ア　(3)イ
(4)師管　(5)維管束

❹ (1)葉脈　(2)孔辺細胞　(3)気孔
(4)①水蒸気　②蒸散　(5)イ

解説

❶ (1)(2)植物の細胞は，1つ1つが細胞壁で囲ま
ているので規則的にならんで見える。
(3)(4)核は，1つの細胞の中に1つある，酢酸(さくさん)カ
ミン液や酢酸オルセイン液などの染色液に染ま
やすいつくりである。

❷ (1)(2)アメーバなどのように，からだが1つの
胞からなる生物を単細胞生物という。単細胞生
は，生命活動に必要なはたらきのすべてを1つ
細胞で行っている。
(3)~(6)多くの細胞からなる多細胞生物は，同じ
たらきをする多数の細胞が集まって組織をつく
そして，いくつかの組織が集まって，決まった
とはたらきをもつ器官をつくる。さらに，さま
まな器官が集まって，個体がつくられている。

❸ 図2で赤く染まった部分は，根から吸収され

水が通った管である。この管を道管といい，根か
ら茎，葉につながっている。一方，葉でつくられ
た養分が通る管は師管という。道管と師管が何本
もまとまって束のようになっているつくりを，維
管束という。

(1)道管や師管は，根から茎を通って葉までつな
がっていて，葉では葉脈をつくっている。

(2)～(5)葉の表皮には，ところどころに孔辺細胞が
あり，この細胞に囲まれた小さなすき間を気孔と
いう。多くの植物で，気孔は葉の裏側に多く見ら
れる。根から吸い上げられた水の大部分は，水蒸
気となって気孔から空気中に出される。

の中心側にあり，葉でつくられた養分が通る師管
は茎の外側にある。

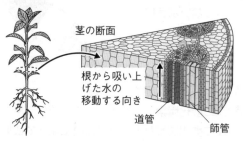

茎の断面

根から吸い上げた水の移動する向き

道管　師管

(5)根毛が土の粒の間に入りこむことで，根の表面
積が大きくなり，水などを効率よく吸収できる。

❸ (2)維管束は，根から茎を通って葉までつながっ
ていて，葉では葉脈をつくっている。葉の維管束
では，表側に道管が，裏側に師管がある。

(3)～(7)根から吸い上げられた水が，水蒸気となっ
て植物のからだから出ていくことを蒸散という。
蒸散は気孔の開閉によって調節される。昼には気
孔が開いて，蒸散がさかんに行われる。蒸散に
よって，根からの水の吸い上げがさかんになり，
水が植物全体にいきわたる。

❹ (1)鏡筒にごみが入らないように，接眼レンズを
先にはめる。

(2)はじめに対物レンズとプレパラートをできるだ
け近づけておき，対物レンズをプレパラートから
遠ざけながらピントを合わせる。

(4)高倍率にするほど，見える範囲はせまくなり，
視野は暗くなる。

(5)顕微鏡の視野は，上下左右が逆向きになってい
る。

34～35 ■ステージ**❸**

(1)酢酸カーミン液，酢酸オルセイン液
　　などから１つ

(2)ア　　(3)ア

(4)A…葉緑体　B…核　C…細胞膜
　　D…細胞壁

(5)液胞　　(6)細胞呼吸(内呼吸)

(1)ア　　(2)イ　　(3)輪状にならんでいる。

(4)植物のからだを支えるはたらき。

(5)根毛

(1)細胞　　(2)ア道管　イ師管

(3)植物のからだから水が水蒸気となって出て
　　いくこと。

(4)エ　　(5)昼　　(6)裏側

(7)水がからだ全体にいきわたること。

(1)接眼レンズ　　(2)イ→ア→エ→ウ

(3)400倍　　(4)暗くなる。　　(5)イ

▶ 解　説 ◀

(1)酢酸カーミン液や酢酸オルセイン液などの染
色液を用いると，核が染色されて観察しやすくな
る。

(2)アでは染色液を用いていないので，核が見えな
い。一方，イやウでは，B(核)が染色液に染まっ
てよく見える。

(3)(4)アには葉緑体(A)があるので，オオカナダモ
の葉だとわかる。イは細胞壁(D)がないので，ヒ
トのほおの粘膜の細胞，ウは葉緑体がないので，
タマネギの表皮の細胞である。

(1)～(3)ホウセンカの茎では，維管束が輪状にな
らんでいる。次の図のように，水が通る道管は茎

第2章　植物のつくりとはたらき(2)

p.36～37 ■ステージ**❶**

●教科書の要点

❶ ①日光　②ヨウ素液　③葉緑体
　　④二酸化炭素　⑤酸素

❷ ①光合成　②デンプン　③水　④二酸化炭素

❸ ①呼吸　②呼吸　③二酸化炭素　④酸素

●教科書の図

1 ①できている　②できていない　③葉緑体

2 ①変化しない　②白くにごる　③二酸化炭素

❶ (1)葉に日光が当た
らないようにす
るため。
(2)右図 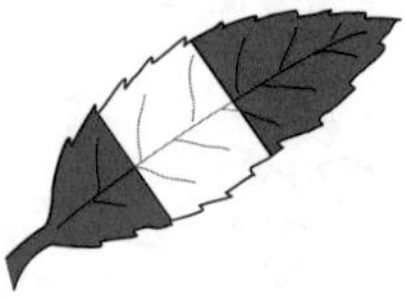
(3)日光

❷ (1)イ　　(2)葉緑体　　(3)デンプン

❸ (1)二酸化炭素　　(2)⑦　　(3)二酸化炭素
(4)二酸化炭素がアジサイの葉によって吸収さ
れたことを確かめるため。

❹ (1)⑦　　(2)二酸化炭素　　(3)酸素
(4)二酸化炭素　　(5)ウ
(6)二酸化炭素を取り入れ，酸素を出している
ようにみえる。

━━━ 解説 ━━━

❶ (1)デンプンをつくるときに日光が必要かどうか
調べるためには，日光という条件だけを変えて，
ほかの条件はそろえて比べる必要がある。
(3)日光が当たった部分だけが青紫色になり，デン
プンができている。このことから，デンプンがで
きるためには，葉に日光が当たることが必要であ
るとわかる。

❷ (1)ヨウ素液による色の変化がわかりやすいよう
に，葉緑体の色をエタノールで脱色する。また，
葉を熱湯につけると，やわらかくなって脱色しや
すくなる。
(2)(3)葉緑体の部分だけにヨウ素デンプン反応が見
られる。このことから，葉緑体でデンプンができ
ていることがわかる。

❸ (1)息には，空気よりも多くの二酸化炭素がふく
まれている。
(2)～(4)⑦では石灰水が白くにごらなかったが，④
～⑤では石灰水が白くにごったことから，アジサ
イの葉に日光を当てると，二酸化炭素を吸収する
ことがわかる。この実験では，条件を次の図のよ
うにしている。

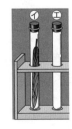

実験の条件

	葉	日光
⑦	ある	ある
④	ある	ない
⑤	ない	ある
⑤	ない	ない

葉があり，日光を当て
た試験管の二酸化炭素
だけが減る。

⑦，④と⑤，⑤では，葉があるかないかという〔条〕
件だけを変えているので，実験結果のちがいは〔アジ〕
ジサイの葉によることがわかる。また，⑦，⑤〔と〕
④，⑤では，日光に当てるか当てないかという〔条〕
件だけを変えているので，実験結果のちがいは〔日〕
光によることがわかる。

❹ (1)～(5)植物も，動物と同じように1日中呼吸〔し〕
ていて，酸素を取り入れて二酸化炭素を出して〔い〕
る。
(6)植物は，1日中呼吸している一方で，日光に〔当〕
たっているときは，光合成をさかんに行ってい〔て，〕
呼吸によって出入りする気体の量よりも，光合〔成〕
によって出入りする気体の量の方が多いため，〔全〕
体では二酸化炭素を取り入れて酸素を出してい〔る〕
ようにみえる。

❶ (1)葉の緑色を脱色するため。
(2)①変化しない。　②変化しない。
③青紫色になる。　④変化しない。
(3)デンプン　　(4)日光　　(5)葉緑体

❷ (1)二酸化炭素
(2)線香が炎を上げて燃える。　　(3)酸素

❸ (1)光合成　　(2)⑦水　④二酸化炭素
(3)酸素　　(4)気孔
(5)水に溶けやすい物質(ショ糖)。
(6)種子，果実，いもなどから1つ

❹ (1)⑦白くにごる。　④変化しない。
(2)二酸化炭素　　(3)呼吸　　(4)対照実験

━━━ 解説 ━━━

❶ (1)温めたエタノールを使うと，葉緑体の緑色〔が〕
脱色され，ヨウ素液による色の変化がわかりや〔す〕
くなる。
(2)日光に当てた緑色の部分だけが青紫色になる〔。〕
(4)日光の条件だけを変えている。
(5)葉緑体の条件だけを変えている。

❷ (1)水に二酸化炭素を多く溶かしておき，オオ〔カ〕
ナダモが光合成を行うときの原料にする。
(2)(3)二酸化炭素が溶けている水にオオカナダモ〔を〕
入れ，日光を当てると，オオカナダモが光合成〔を〕
行う。発生した気体を集めて火のついた線香を〔入〕
れると，線香が炎を上げて燃えることから，こ〔の〕
気体は酸素であることがわかる。

(1)~(3)植物は，空気中から取り入れた二酸化炭素と根から吸い上げた水を原料に，光のエネルギーを利用して，デンプンなどの養分をつくり出す。これを光合成という。このとき，酸素も発生する。
(5)(6)葉でつくられた養分は，水に溶けやすい物質に変えられ，からだ全体に運ばれる。そして，生命を維持するエネルギーとなったり，からだをつくるために使われたりする。一部は種子や果実，いもなどにたくわえられる。
(2)(3)植物は呼吸によって，酸素を取り入れて，二酸化炭素を出している。
(4)実験の結果が野菜によるものであることを確かめるために，野菜を入れるという条件だけを変え，ほかの条件はそろえた実験を行う。これを，対照実験という。

第3章　動物のつくりとはたらき(1)

p.42~43 ステージ1

教科書の要点

①動脈　②静脈　③弁　④毛細血管
⑤循環系　⑥動脈血　⑦静脈血
⑧肺循環　⑨体循環
①呼吸　②肺胞　③横隔膜　④呼吸運動
⑤ガス交換　⑥動脈血

教科書の図

①肺静脈　②大動脈　③大静脈　④肺動脈
⑤肺循環　⑥体循環
①気管　②肺胞　③二酸化炭素　④酸素
①ろっ骨　②横隔膜　③ろっ骨　④横隔膜

p.44~45 ステージ2

(1)㋐右心房　㋑右心室
㋒左心房　㋓左心室
(2)拍動　(3)[い]，[う]
(4)①記号…B　名称…大動脈
②記号…C　名称…大静脈
③記号…D　名称…肺動脈
④記号…A　名称…肺静脈
(5)C，D　(6)弁　(7)体循環
(8)リンパ管
(1)㋐気管　㋑気管支　㋒肺
㋓肺胞　㋔毛細血管
(2)[あ]酸素　[い]二酸化炭素　(3)呼吸
(4)ガス交換　(5)動脈血　(6)心臓

3 (1)A…胸の空間　B…肺　C…横隔膜
(2)ふくらむ。　(3)下がるから。
(4)しぼむ。(もとの大きさにもどる。)
(5)㋑

解説

1 心臓は，非常にじょうぶな筋肉でできている臓器で，下の図のように4つの部屋に分かれている。血液が流れこむ部屋を心房，心臓から血液を送り出す部屋を心室という。

心臓のつくり

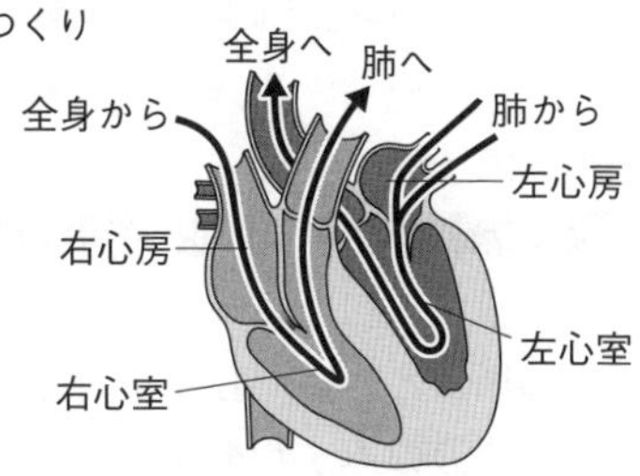

心臓の左心室から送り出された血液は，大動脈を通って全身をめぐり，大静脈を通って右心房にもどる。この循環を体循環という。右心房から右心室に送られた血液は，肺動脈を通って肺に送られ，肺静脈を通って左心房にもどる。この循環を肺循環という。全身から心臓にもどり，心臓から肺に送られる血液は，二酸化炭素を多くふくむ静脈血である。肺から心臓にもどり，心臓から全身に送られる血液は，酸素を多くふくむ動脈血である。

2 鼻や口から吸いこまれた空気は，気管を通り，気管支をへて左右の肺に入る。気管支の末端は，肺胞というとても小さな袋状のつくりになっていて，その外側は毛細血管が取りまいている。空気中の酸素は肺胞で毛細血管の中に取りこまれ，血液中の二酸化炭素は毛細血管から肺胞の中に排出される。これをガス交換という。

3 ろっ骨が上がり，横隔膜が下がると，胸の空間が広がり，空気が取りこまれる(㋐)。ろっ骨が下がり，横隔膜が上がると，胸の空間がせばまり，空気が出る(㋑)。

p.46~47 ステージ3

1 (1)心臓　(2)ア，ウ　(3)イ　(4)エ
(5)肺循環　(6)ウ　(7)体循環

(8)A，C，D，F　(9)A，B，D，G
(10)酸素を多くふくんだ血液。　(11)H
(12)血流が逆もどりしないようにするはたらき。
(13)リンパ液

❷ (1)肺胞
(2)肺の表面積が大きくなってガス交換の効率が高くなる。
(3)毛細血管　(4)㋑　(5)動脈
(6)呼吸器官　(7)呼吸系
(8)㋓ろっ骨　㋔横隔膜
(9)①A　②上が　③下が

❸ (1)㋐酸素　㋑二酸化炭素
(2)二酸化炭素は空気よりも呼気の方が多いから。
(3)水蒸気

解説

❶ (5)(7)心臓から肺を通って心臓にもどる血液の道すじを肺循環といい，心臓から全身を通って心臓にもどる血液の道すじを体循環という。
(6)肺循環では，血液は，右心室→肺動脈(C，F)→肺→肺静脈(B，G)→左心房の順に流れている。
(8)心臓から送り出された血液が流れる血管を動脈といい，心臓にもどる血液が流れる血管を静脈という。
(9)(10)動脈血は酸素を多くふくむ血液(肺から心臓にもどり，全身に送られる血液)で，肺動脈以外の動脈と肺静脈を流れる。静脈血は二酸化炭素を多くふくむ血液(全身から心臓にもどり，肺に送られる血液)で，肺静脈以外の静脈と肺動脈を流れる。

❷ (1)〜(3)肺胞のまわりは毛細血管が取りまいていて，肺胞と毛細血管の間で，酸素を血液中に取りこみ，二酸化炭素を血液から出すガス交換が行われている。肺胞が多数あるため，肺の表面積が大きくなり，気体が効率よく交換される。
(4)(5)心臓から肺に向かう血液は，二酸化炭素が多くふくまれる静脈血である。また，この血液が流れる血管は，心臓から送り出された血液が通る動脈(肺動脈)である。動脈・静脈と，動脈血・静脈血を混同しないように注意が必要である。
(8)(9)肺には筋肉がないため，自らふくらんだり縮んだりすることができない。空気を吸うときは，横隔膜が下がり，ろっ骨が上がることで，胸の空間が広がる。空気をはくときは，横隔膜が上が
ろっ骨が下がることで，胸の空間がせばまる。

❸ (1)(2)呼吸では，酸素を取りこみ，二酸化炭素
体外に排出している。したがって，呼気は，空
(吸気)に比べて，酸素の割合が減り，二酸化炭
の割合が増えている。
(3)水分(水蒸気)は，二酸化炭素とともに呼気に
じって体外に出される。

第3章　動物のつくりとはたらき(2)

p.48〜49　ステージ1

●教科書の要点

❶ ①消化管　②消化　③消化液　④柔毛
⑤毛細血管　⑥リンパ管

❷ ①血小板　②血しょう　③赤血球
④ヘモグロビン　⑤組織液　⑥尿素
⑦腎臓　⑧尿

●教科書の図

1 ①ブドウ糖　②アミノ酸　③モノグリセリド
2 ①毛細血管　②リンパ管　③柔毛

p.50〜51　ステージ2

❶ (1)試験管…㋑　色…B　(2)デンプン
(3)試験管…㋐　色…D　(4)麦芽糖(ばくがとう)など
(5)デンプンを麦芽糖などに変えるはたらき。

❷ (1)だ液…㋐　すい液…㋕
胃液…㋔　胆汁…㋒
(2)消化酵素　(3)ペプシン
(4)タンパク質　(5)アミノ酸
(6)㋖　(7)㋑

❸ (1)①白血球　②赤血球　③血小板
(2)ヘモグロビン
(3)酸素の多いところでは酸素と結びつき，酸素の少ないところでは酸素をはなす性質。
(4)血しょう　(5)組織液　(6)養分，酸素
(7)水，二酸化炭素

❹ (1)㋐腎臓　㋑ぼうこう
(2)アンモニア　(3)尿素　(4)尿

解説

❶ (1)(2)試験管㋐の溶液では，だ液のはたらきで
ンプンが分解されたためヨウ素液に反応しない
試験管㋑の溶液では，デンプンが変化していな

ためヨウ素液を加えると青紫色になる。
3)〜(5)だ液を加えた試験管㋐の溶液はヨウ素液に反応しなかったので，だ液のはたらきでデンプンがなくなったことがわかる。また，だ液を加えた試験管㋐の溶液はベネジクト液に反応したので，だ液のはたらきでデンプンが麦芽糖などに変化したことがわかる。
(2)〜(4)消化酵素は，それぞれはたらく養分が決まっている。胃液にふくまれるペプシンという消化酵素は，タンパク質だけにはたらく。
6)(7)養分は主に小腸で吸収される。このうち，ブドウ糖は小腸の柔毛から吸収されて毛細血管に入り，血液によって肝臓に運ばれる。そして，一部がグリコーゲンに合成されて一時たくわえられる。
(1)(4)血液には，赤血球，白血球，血小板とよばれる固形の成分と，血しょうとよばれる液体の成分がある。
2)(3)赤血球にふくまれているヘモグロビンには，酸素の多いところでは酸素と結びつき，酸素の少ないところでは酸素をはなす性質がある。肺などの酸素が多いところで酸素と結びつき，筋肉などの酸素が少ないところで酸素をはなすことで，からだの各部分に酸素を運ぶことができる。
5)細胞は，血液によって運ばれてきた酸素や養分を，組織液を通して受け取る。また，不要になった物質を組織液に出し，組織液は血液にもどる。組織液を通した物質のやり取りは，下の図のようにまとめられる。

組織液のはたらき

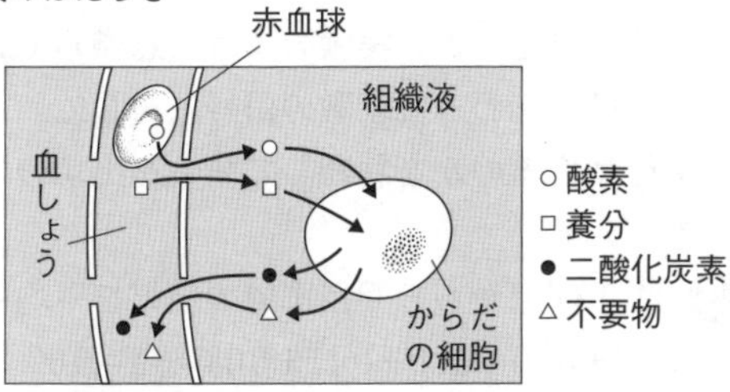

細胞の活動によって生じた有毒なアンモニアは，肝臓で無毒な尿素に変えられる。血液中の尿素は腎臓でこしとられ，よぶんな水分や塩分とともに尿となる。尿はぼうこうに一時的にためられたあと，体外に排出される。

p.52〜53 ステージ3

1 (1)消化管
(2)①記号…㋖　名称…すい臓
②記号…㋕　名称…胃
③記号…㋒　名称…胆のう
④記号…㋘　名称…肛門
(3)脂肪

2 (1)加熱する。　(2)デンプン
(3)デンプンが麦芽糖などに変化したこと。
(4)デンプンが変化するのは，だ液のはたらきによることを確かめるため。
(5)アミラーゼ

3 (1)柔毛　(2)㋑リンパ管　㋒毛細血管
(3)①ブドウ糖　②アミノ酸
③脂肪酸，モノグリセリド
(4)㋒　(5)③
(6)表面積が大きくなり，養分を吸収する効率が高くなること。

4 (1)①記号…㋑　名称…赤血球
②記号…㋒　名称…血小板
(2)ヘモグロビン　(3)組織液　(4)㋓
(5)酸素や養分を細胞にわたし，二酸化炭素や水などの不要物を細胞から受け取る。
(6)リンパ液

解説

1 (1)食物は口から入って，食道，胃，小腸，大腸，肛門へと運ばれて，体外に排出される。このひとつながりの食物の通り道を消化管という。
(2)①デンプン，タンパク質，脂肪のすべてにはたらくのはすい液で，すい臓から出される。
②胃から出される胃液には，ペプシンというタンパク質を分解する消化酵素がふくまれる。
③胆のうから出される胆汁は，消化酵素をふくんでいないが，脂肪の分解を助けている。
④消化されなかったものを便として排出するのは，消化管の最後の部分にある肛門である。
(3)リパーゼはすい液にふくまれる消化酵素で，脂肪を脂肪酸とモノグリセリドに分解する。

2 (2)ヨウ素液の色が変化しているので，デンプンがあることがわかる。
(3)ベネジクト液が赤褐色になるので，麦芽糖などがあることがわかる。また，ヨウ素液の色は変化していないので，デンプンが麦芽糖などに変化し

たことがわかる。

❸ (1)(6)小腸の内側の壁は，柔毛でおおわれている。柔毛の表面にはさらに小さな突起もあり，小腸の表面積は非常に大きくなっている。そのため，養分を吸収する効率が高くなる。

(3)～(5)デンプンはブドウ糖，タンパク質はアミノ酸，脂肪は脂肪酸とモノグリセリドに分解される。このうちブドウ糖とアミノ酸は毛細血管に入る。また，脂肪酸とモノグリセリドは柔毛から吸収されたあと，再び脂肪に合成されてからリンパ管に入る。

❹ (1)㋐は白血球，㋑は赤血球，㋒は血小板，㋓は血しょうを表している。

(2)赤血球にはヘモグロビンという赤い物質がふくまれている。ヘモグロビンには，酸素の多いところでは酸素と結びつき，酸素の少ないところでは酸素をはなす性質があり，酸素をからだ中に運ぶことができる。

(3)～(6)毛細血管から血しょうの一部がしみ出して，細胞のすき間を満たしている。この液体を組織液という。細胞は，組織液を通して，血液との間で物質のやり取りをしている。組織液の一部はリンパ管に入り，リンパ液とよばれる。

第3章　動物のつくりとはたらき(3)

p.54～55　ステージ1

●教科書の要点

❶ ①運動器官　②骨格　③関節　④けん

❷ ①感覚器官　②感覚細胞　③脳

❸ ①神経系　②中枢神経　③末しょう神経
④感覚神経　⑤運動神経　⑥反射

●教科書の図

[1] ①レンズ　②網膜　③鼓膜　④うずまき管

[2] ①感覚神経　②脳　③運動神経　④脊ずい
⑤短い

p.56～57　ステージ2

❶ (1)骨格　(2)運動器官
(3)保護するはたらき。

❷ (1)㋐こうさい　㋑レンズ　㋒網膜　㋓神経
(2)㋒　(3)脳
(4)①鼻　②舌　③皮膚　(5)感覚細胞

❸ (1)脊ずい　(2)背骨　(3)中枢神経
(4)感覚器官　(5)感覚神経　(6)運動神経
(7)末しょう神経

❹ (1)0.2秒　(2)①感覚　②運動　(3)脳

❺ (1)0.09秒　(2)①→⑤→③→④→②
(3)反射　(4)脊ずい　(5)短い。

解説

❶ 運動器官は主に骨格と筋肉からできている。格には，からだを支える，からだを動かす，内を保護する，内臓の位置を支えるなどのはたらがある。

❷ (1)～(3)目に入った光は，レンズ(㋑)で屈折し網膜(㋒)上に像をつくる。網膜には光の刺激をけ取る細胞がある。光の刺激は神経(㋓)を通し脳に送られる。こうさい(㋐)は，目に入る光のを調節している。

(4)においの刺激は鼻で，味の刺激は舌で受け取また，圧力や温度，痛みなどの刺激は皮膚で受取る。

❸ 神経系には，脳や脊ずいからなる中枢神経とそこから枝分かれしている末しょう神経がある末しょう神経には，感覚器官から中枢神経に刺の信号を伝える感覚神経と，中枢神経からの命の信号を運動器官に伝える運動神経がある。

❹ (1)2.8秒間で14人が動作を行うので，1人当りにかかる時間は，2.8〔秒〕÷14＝0.2〔秒〕

(2)(3)感覚器官からの刺激の信号は，感覚神経よって中枢神経に伝えられる。中枢神経からの令の信号は，運動神経によって運動器官に伝えれる。また，この実験のように意識して起こす応では，伝わった刺激の信号に対して，どのよに行動するのかを判断して命令を出すのは脳である。

❺ (1)1回目から5回目までの結果を平均すると
(0.07＋0.10＋0.09＋0.11＋0.08)÷5＝0.09
よって，0.09秒

(2)～(5)この実験のように，意識とは無関係に反が起こることを反射という。実験の反射では，激の信号に対して，脊ずいから直接，運動器官命令が出される。このとき，感覚器官からの信は脳にも伝えられ，反応したあとに感覚が生じ信号を脳に伝える時間や，脳が判断する時間がいので，反応が起こるまでの時間が短い。

58~59 ステージ3

(1)耳…イ　目…オ
(2)記号…㋑　名称…鼓膜
(3)記号…㋖　名称…網膜
(4)像(実像)

(1)目
(2)目(感覚器官)→感覚神経→中枢神経→運動神経→筋肉(運動器官)

(1)A，B
(2)(皮膚→)C→B→D(→筋肉)
(3)(皮膚→)C→B→A→B→D(→筋肉)
(4)(2)　(5)反射　(6)(起こった)あと
(7)危険からすばやく身を守ること。

(1)けん　(2)関節　(3)B
(4)ゆるんでいる。
(5)からだを支えるはたらき。からだを動かすはたらき。内臓を保護するはたらき。内臓の位置を支えるはたらき。から２つ

解説

(1)(2)耳の鼓膜㋑が空気の振動を受け取って振動し，耳小骨㋐，うずまき管㋒と伝えられる。この刺激の信号が感覚神経によって脳に伝わると，聴覚が生じる。

「ものさしが落ちる」という光の刺激は，目が受け取る。この信号が感覚神経によって脳に伝えられ，脳が判断して「ものさしをつかめ」という命令を出すと，脊ずい，運動神経を伝わって，指の筋肉が動き，ものさしをつかむ反応が起こる。

(2)~(7)反射では，意識とは無関係に決まった反応が起こる。刺激や命令の信号が経由する距離が短いので，危険からすばやく身を守るのに役立っている。
一方，意識して起こす反応では，刺激の信号が感覚神経によって脳に伝わり，脳からの命令の信号が運動神経によって筋肉に伝えられる。

(1)骨につく筋肉の両端はけんとよばれるじょうぶなつくりになっていて，関節をまたいで２つの骨についている。
(3)(4)うでを伸ばすときには，Bの筋肉が縮み，Aの筋肉がゆるむ。逆に，うでを曲げるときには，Aの筋肉が縮み，Bの筋肉がゆるむ。このように，一対の筋肉の一方がゆるみ，他方が縮むことで，関節でうでを曲げられる。

p.60~61 単元末総合問題

1 (1)㋒　(2)道管
(3)維管束　(4)㋔
(5)気孔　(6)蒸散

2 (1)葉に日光が当たらないようにするため。
(2)イ　(3)㋑　(4)日光，葉緑体(順不同)

3 (1)①㋐　②㋔　③㋓
(2)㋓から㋐
(3)表面積が大きくなっているから。
(4)イ

4 (1)温度，圧力，痛み　から１つ
(2)感覚神経　(3)中枢神経
(4)反射　(5)イ

解説

1 根から吸収した水や，葉でつくられた養分は，茎の中の決まったところを通って運ばれる。色水が通って赤く染まる部分は，根から吸収された水の通り道になっている管で，道管という。一方，葉でつくられた養分の通り道を師管という。何本もの道管と師管が束になったものを維管束という。維管束は根から茎を通って葉までつながっている。茎や葉の断面は，次の図のようになっている。

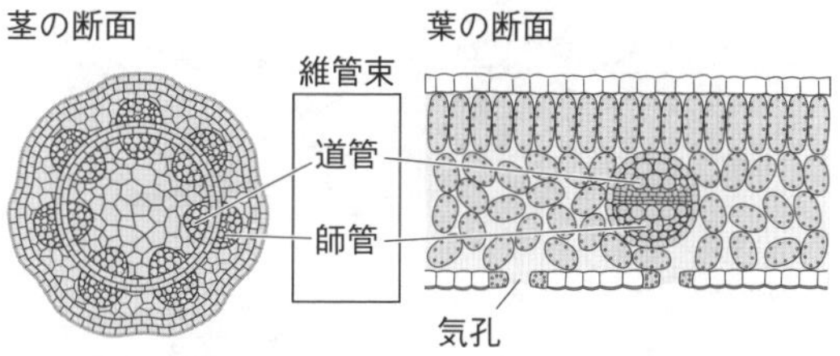

葉の裏側には気孔という小さなすき間が多く見られる。根から吸い上げられた水が，気孔から水蒸気になって出ていくことを蒸散という。

2 (1)葉に日光を当てない部分をつくって，日光が当たった部分と比べることによって，光合成に日光が必要であるかどうかがわかる。
(2)葉をヨウ素液に入れると，デンプンのある部分が青紫色に変わる。葉を温めたエタノールに入れると，葉緑体の緑色を脱色することができ，色の変化が観察しやすくなる。
(3)(4)日光を受けると，葉緑体で光合成が行われ，水と二酸化炭素を原料にしてデンプンなどの養分がつくられる。この実験で葉をヨウ素液に入れたときの反応を調べると，葉に日光が当たっていない部分や葉緑体がないふの部分は，ヨウ素液に反

応しない。一方，葉が緑色で，日光が当たった部分は青紫色に変わる。このことから，葉緑体があり，日光が当たっている部分で光合成が行われ，デンプンができることがわかる。

3》 (1)(3)表の①は肺である。気管支の末端は肺胞という小さな袋状になっていて，まわりを毛細血管が取りまいている。肺胞によって，空気にふれる面積が非常に大きくなり，効率よくガス交換ができるようになっている。②は小腸である。小腸内部の表面は柔毛という突起でおおわれている。柔毛があることで小腸の表面積は非常に大きくなり，養分を効率よく吸収することができるようになっている。③は心臓である。じょうぶな筋肉でできた，ヒトのにぎりこぶしくらいの大きさの器官で，たえず拍動し，全身に血液を送り出すポンプとしてはたらいている。肺や小腸のつくりは，次の図のようになっている。

肺のつくり

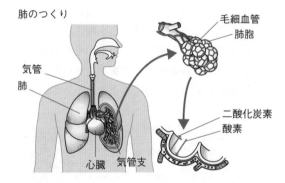

小腸のつくり

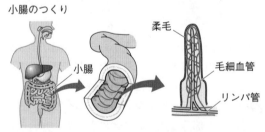

(2)血液中の二酸化炭素は，肺で体の外に出される。よって，心臓から送り出されて肺に流れこむ血液が，最も多くの二酸化炭素をふくんでいる血液であるといえる。

(4)消化液にふくまれている消化酵素は，それぞれが決まった養分を分解するはたらきをもっている。胃から出される胃液にはペプシンという消化酵素がふくまれていて，タンパク質を分解するはたらきがある。

4》 (2)皮膚などの感覚器官には，感覚細胞という刺激を受け取る細胞がある。感覚細胞で受け取った刺激は信号に変えられ，感覚神経を通して脳などの中枢神経に伝えられる。

(4)(5)意識とは無関係に決まった反応が起こることを，反射という。反射では，信号が脳を経由する反応と比べて，刺激を受けてから反応が起きるまでの時間が短い。これは，危険から身を守ることなどに役立っている。

定期テスト対策

スピード チェック

教科書の 重要用語マスター

理科 2年

＼付属の赤シートを／
使ってね！

学校図書版

スピードチェック

第1章　物質のなりたちと化学変化⑴

図でチェック

▶酸化

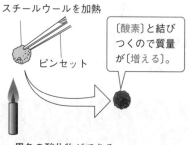

スチールウールを加熱

ピンセット

〔酸素〕と結びつくので質量が〔増える〕。

・黒色の酸化物ができる。

▶化学式

物質名	化学式	物質名	化学式
水素	H_2	水	H_2O
酸素	O_2	硫化鉄	FeS
硫黄	S	二酸化炭素	CO_2
鉄	Fe	酸化銅	CuO
銅	Cu	塩化ナトリウム	$NaCl$

ファイナルチェック

☐❶物質そのものが変化することにより，別の種類の物質ができる変化を何というか。　化学変化

☐❷鉄は，空気中で燃やすと何という物質と結びつくか。　酸素

☐❸物質が酸素と結びつくことを何というか。　酸化

☐❹酸化によってできた物質を何というか。　酸化物

☐❺激しく光や熱を出しながら酸化することを何というか。　燃焼

☐❻物質を構成していて，それ以上分割することができない小さな粒子を何というか。　原子

☐❼物質を構成する原子の種類を表す記号を何というか。　元素記号

☐❽元素を原子番号などにもとづいて整理した表を何というか。　周期表

☐❾鉄と硫黄の粉末を加熱したときにできる物質は何か。　硫化鉄

☐❿1種類の原子からできている物質を何というか。　単体

☐⓫2種類以上の原子が結びついてできている物質を何というか。　化合物

☐⓬いくつかの原子が結びついてできた，1つの単位になっている粒子を何というか。　分子

☐⓭元素記号を使って表した物質の記号を何というか　化学式

2 － 1　化学変化と原子・分子

第1章　物質のなりたちと化学変化(2)

図で チェック

▶水の電気分解

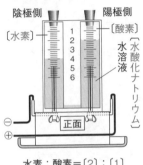

陰極側　　　陽極側

〔水素〕　　〔酸素〕

水酸化ナトリウム水溶液

1 2 3 4 5 6

正面

⊖
⊕

水素：酸素＝〔2〕：〔1〕

▶炭酸水素ナトリウムの熱分解

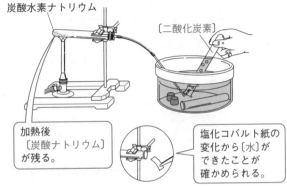

炭酸水素ナトリウム

〔二酸化炭素〕

加熱後
〔炭酸ナトリウム〕
が残る。

塩化コバルト紙の
変化から〔水〕が
できたことが
確かめられる。

ファイナル チェック

☐❶水に電流を流したとき，陰極側に発生する気体は何か。　　**水素**

☐❷水に電流を流したとき，陽極側に発生する気体は何か。　　**酸素**

☐❸たまった水素にマッチの炎を近づけると，どのようになるか。　　**水素が音を立てて燃える。**

☐❹たまった酸素に火のついた線香を入れると，どのようになるか。　　**線香が激しく燃える。**

☐❺１種類の物質から何種類かの別の物質ができる化学変化を何というか。　　**分解**

☐❻電流によって物質を分解することを何というか。　　**電気分解**

☐❼炭酸水素ナトリウムを加熱したときにできる固体は何か。　　**炭酸ナトリウム**

☐❽炭酸水素ナトリウムを加熱したときにできる気体は何か。　　**二酸化炭素**

☐❾炭酸水素ナトリウムを加熱したときにできる液体は，塩化コバルト紙を何色に変えるか。　　**うすい赤色(桃色)**

☐❿炭酸水素ナトリウムと炭酸ナトリウムで，水によく溶けるのはどちらか。　　**炭酸ナトリウム**

☐⓫炭酸水素ナトリウムと炭酸ナトリウムの水溶液で，アルカリ性が強いのはどちらか。　　**炭酸ナトリウムの水溶液**

☐⓬加熱したときに起こる分解を何というか。　　**熱分解**

2−1 化学変化と原子・分子

第2章 化学変化と物質の質量

図で チェック

▶質量保存の法則

石灰石(炭酸カルシウム)＋塩酸 ⟶ 塩化カルシウム＋〔二酸化炭素〕＋水

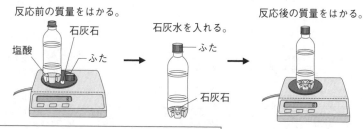

反応前の質量をはかる。

石灰水を入れる。

反応後の質量をはかる。

石灰石

塩酸

ふた

ふた

石灰石

反応後の質量は〔変わらない〕。⟶〔質量保存〕の法則

ファイナル チェック

☐❶硫酸ナトリウム水溶液と塩化バリウム水溶液を混ぜた。混ぜる前後で全体の質量は変化するか。 　変化しない。

☐❷塩酸の入ったペットボトルの中に石灰石を入れて，すぐにふたをした。反応の前後で全体の質量は変化するか。 　変化しない。

☐❸化学変化の前後で，全体の質量は変化しないという法則を何というか。 　質量保存の法則

☐❹次の◻にあてはまる化学式は何か。 　FeS
　　$Fe + S \longrightarrow$ ◻

☐❺次の◻にあてはまる数は何か。 　2
　　$2H_2O \longrightarrow$ ◻$H_2 + O_2$

☐❻2.4gの銅を空気中で加熱すると，3.0gの酸化銅ができた。何gの酸素と結びついたか。 　0.6g

☐❼銅と酸素が結びつくときの質量の比(銅：酸素)を，最も簡単な整数で表しなさい。 　4：1

☐❽1.2gのマグネシウムを空気中で加熱すると，2.0gの酸化マグネシウムができた。何gの酸素と結びついたか。 　0.8g

☐❾マグネシウムと酸素が結びつくときの質量の比(マグネシウム：酸素)を，最も簡単な整数で表しなさい。 　3：2

2 - 1　化学変化と原子・分子
第3章　化学変化の利用

図で チェック

▶還元

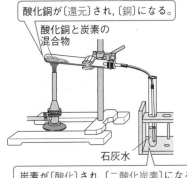

酸化銅が〔還元〕され，〔銅〕になる。

酸化銅と炭素の混合物

石灰水

炭素が〔酸化〕され，〔二酸化炭素〕になる。

▶化学変化と熱

食塩水

ガラス棒でよく混ぜる。

鉄粉と活性炭

温度が〔上がる〕反応

↓

〔発熱〕反応

炭酸水素ナトリウム

クエン酸水溶液

温度が〔下がる〕反応

↓

〔吸熱〕反応

ファイナル チェック

□❶酸化銅の粉末と炭素粉末の混合物を加熱すると，何という固体が残るか。 ／ 銅

□❷酸化銅の粉末と炭素粉末の混合物を加熱すると，何という気体が発生するか。 ／ 二酸化炭素

□❸❶の固体を薬さじでこすると，何が見られるか。 ／ 金属光沢

□❹二酸化炭素を石灰水に入れてよくふると，石灰水はどのようになるか。 ／ 白くにごる。

□❺酸化物から酸素を取り除く化学変化を何というか。 ／ 還元

□❻還元と同時に起こる化学変化は何か。 ／ 酸化

□❼銅と炭素のうち，酸素と結びつきやすいのはどちらか。 ／ 炭素

□❽次の□□にあてはまる化学式は何か。 ／ CuO

　　　$2\boxed{} + C \longrightarrow 2Cu + CO_2$

□❾鉄粉，活性炭，バーミキュライトを混ぜたものに食塩水を加えて混ぜると，温度は上がるか，下がるか。 ／ 上がる。

□❿クエン酸水溶液に少量の炭酸水素ナトリウムを入れると，温度は上がるか，下がるか。 ／ 下がる。

□⓫化学変化が起こるとき，温度が上がる反応を何というか。 ／ 発熱反応

□⓬化学変化が起こるとき，温度が下がる反応を何というか。 ／ 吸熱反応

スピードチェック

図で チェック

▶細胞

〔植物〕の細胞　　　〔動物〕の細胞

〔細胞壁〕

〔液胞〕

〔細胞膜〕

〔核〕

〔葉緑体〕

〔1〕つの細胞で
できている。
↓
〔単細胞〕生物

▶単細胞生物

〔ゾウリムシ〕

〔アメーバ〕

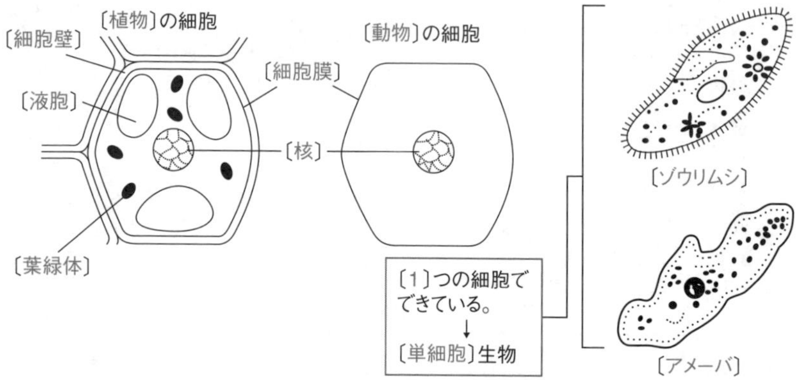

ファイナル チェック

☐❶顕微鏡で観察すると見られる，生物のからだをつくる小さなしきりの1つひとつを何というか。　細胞

☐❷細胞が行う，酸素を取り入れ，二酸化炭素を排出するはたらきを何というか。　細胞呼吸(内呼吸)

☐❸ふつう，1つの細胞に1つあり，酢酸カーミン液などの染色液に染まりやすい丸いつくりを何というか。　核

☐❹細胞質の最も外側にある膜状の部分を何というか。　細胞膜

☐❺植物の細胞に見られる，細胞膜の外側のじょうぶなしきりを何というか。　細胞壁

☐❻植物の細胞に見られる，緑色をした粒状のつくりを何というか。　葉緑体

☐❼植物の細胞に見られる，液体がつまった袋状のつくりを何というか。　液胞

☐❽細胞の，核と細胞壁以外の部分をまとめて何というか。　細胞質

☐❾からだが1つの細胞からできている生物を何というか。　単細胞生物

☐❿からだが多数の細胞からできている生物を何というか。　多細胞生物

☐⓫いくつかの組織が集まり，決まった形とはたらきをもつつくりを何というか。　器官

2 － 2　動植物の生きるしくみ
第2章　植物のつくりとはたらき

図で チェック

▶茎の維管束の並び方

ホウセンカ
〔道管〕
〔師管〕
維管束

トウモロコシ
〔師管〕
〔道管〕
維管束

▶光合成

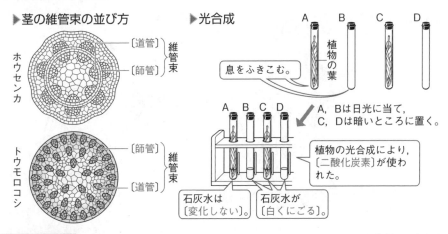

植物の葉

息をふきこむ。

A, Bは日光に当て，C, Dは暗いところに置く。

植物の光合成により，〔二酸化炭素〕が使われた。

石灰水は〔変化しない〕。　石灰水が〔白くにごる〕。

ファイナル チェック

☐❶根の先端近くに数多く見られる，毛のように細い突起を何というか。　根毛

☐❷根，茎，葉を通してつながっていて，根から吸収した水などが通る管を何というか。　道管

☐❸根，茎，葉を通してつながっていて，葉でつくられた養分が通る管を何というか。　師管

☐❹道管と師管が何本もまとまって束のようになっている部分を何というか。　維管束

☐❺葉の表皮にある，くちびるのような形の一対の細胞に囲まれた小さなすき間を何というか。　気孔

☐❻植物のからだから水が水蒸気となって出ていくことを何というか。　蒸散

☐❼植物が，光のエネルギーを利用してデンプンなどの養分をつくり出すはたらきを何というか。　光合成

☐❽光合成が行われているのは，細胞の中のどこか。　葉緑体

☐❾植物が，光合成の原料として気孔から取り入れている気体は何か。　二酸化炭素

☐❿植物は，昼も呼吸をしているか。　している。

スピードチェック

2－2 動植物の生きるしくみ
第3章 動物のつくりとはたらき(1)

図で チェック

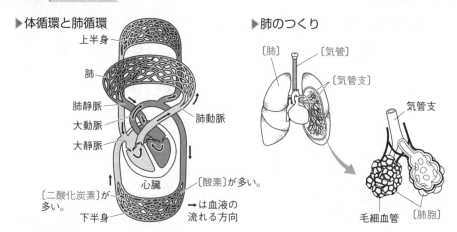

▶体循環と肺循環

上半身
肺
肺静脈
大動脈
大静脈
肺動脈
心臓
〔二酸化炭素〕が多い。
〔酸素〕が多い。
下半身
→は血液の流れる方向

▶肺のつくり

〔肺〕　〔気管〕
〔気管支〕
気管支
毛細血管　〔肺胞〕

ファイナル チェック

- ☐❶血液を送り出すポンプとしてはたらく器官を何というか。 ┃ 心臓
- ☐❷心臓から送り出された血液が通る血管を何というか。 ┃ 動脈
- ☐❸心臓にもどる血液が通る血管を何というか。 ┃ 静脈
- ☐❹動脈と静脈をつなぐ非常に細い血管を何というか。 ┃ 毛細血管
- ☐❺心臓や血管，血液，リンパ管，リンパ液をまとめて何というか。 ┃ 循環系
- ☐❻血液が心臓から出て全身をめぐって心臓にもどる道すじを何というか。 ┃ 体循環
- ☐❼血液が心臓から出て肺をめぐって心臓にもどる道すじを何というか。 ┃ 肺循環
- ☐❽酸素を多くふくむ血液を何というか。 ┃ 動脈血
- ☐❾二酸化炭素を多くふくむ血液を何というか。 ┃ 静脈血
- ☐❿肺をめぐって心臓にもどる血液が多くふくむのは，酸素か，二酸化炭素か。 ┃ 酸素
- ☐⓫ヒトの肺で，気管支の末端の多数の小さな袋状のつくりを何というか。 ┃ 肺胞
- ☐⓬肺で空気を出し入れできるのは，ろっ骨とその筋肉のほかに何の動きによるか。 ┃ 横隔膜

2−2　動植物の生きるしくみ
第3章　動物のつくりとはたらき(2)

図で チェック

▶消化と吸収

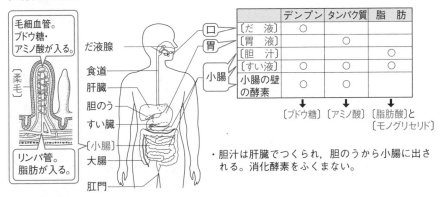

毛細血管。
ブドウ糖・
アミノ酸が入る。

〔柔毛〕

リンパ管。
脂肪が入る。

だ液腺
食道
肝臓
胆のう
すい臓
〔小腸〕
大腸
肛門

口
胃
小腸

	デンプン	タンパク質	脂　肪
〔だ　液〕	○		
〔胃　液〕		○	
〔胆　汁〕			○
〔すい液〕	○	○	○
小腸の壁の酵素	○	○	

〔ブドウ糖〕　〔アミノ酸〕　〔脂肪酸〕と〔モノグリセリド〕

・胆汁は肝臓でつくられ，胆のうから小腸に出される。消化酵素をふくまない。

ファイナル チェック

☐❶消化液にふくまれ，食物を分解するはたらきをもつものを何というか。 　消化酵素

☐❷だ液にふくまれ，デンプンを分解する消化酵素は何か。 　アミラーゼ

☐❸デンプンは，最終的に何という物質にまで分解され，小腸で吸収されるか。 　ブドウ糖

☐❹タンパク質は，最終的に何という物質にまで分解され，小腸で吸収されるか。 　アミノ酸

☐❺脂肪は，最終的に何という物質にまで分解され，小腸で吸収されるか。2つ答えなさい。 　脂肪酸　モノグリセリド

☐❻小腸内側の壁に多数あり，消化された物質が体内に吸収されるつくりを何というか。 　柔毛

☐❼ブドウ糖やアミノ酸が吸収されるのは，柔毛の中の毛細血管か，リンパ管か。 　毛細血管

☐❽血液に入ったブドウ糖やアミノ酸は，何という器官をへて全身に運ばれるか。 　肝臓

☐❾血液の成分で，酸素を運ぶはたらきがあるものは何か。 　赤血球

☐❿血しょうは，毛細血管からしみ出して何になるか。 　組織液

☐⓫血液中から尿素などをこしとる器官は何か。 　腎臓

スピード チェック

2－2　動植物の生きるしくみ
第3章　動物のつくりとはたらき(3)

図で チェック

▶目のつくり

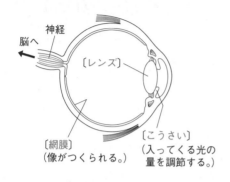

▶反射

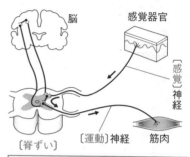

刺激に対して意識とは無関係に決まった反応が起こることを〔反射〕という。

ファイナル チェック

☐❶骨と骨とのつなぎ目の部分を何というか。　　　　　関節

☐❷骨についている筋肉の両端の部分を何というか。　　けん

☐❸うでを曲げたとき，曲がったひじの内側の筋肉はゆるん　縮んでいる。
　でいるか，縮んでいるか。

☐❹光，音などの刺激を受け取る器官を何というか。　　感覚器官

☐❺目で，レンズを通った光が像をつくる部分を何というか。　網膜

☐❻耳で，空気の振動を受け取り振動する部分を何というか。　鼓膜

☐❼耳で，感覚細胞がある部分を何というか。　　　　　うずまき管

☐❽脳や脊ずいからなる神経を何というか。　　　　　　中枢神経

☐❾中枢神経から枝分かれしている神経を何というか。　末しょう神経

☐❿感覚器官からの信号を中枢神経に伝える神経を何という　感覚神経
　か。

☐⓫中枢神経からの命令を運動器官や内臓に伝える神経を何　運動神経
　というか。

☐⓬刺激に対して意識とは無関係に決まった反応が起こるこ　反射
　とを何というか。

☐⓭熱いものに触れたときの反射では，命令の信号はどこか　脊ずい
　ら出されるか。

2−3 電流とそのはたらき
第1章　電流と電圧

図で チェック

▶直列回路と並列回路

・電流

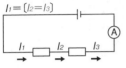

$I_1 = (I_2 = I_3)$

$I_1 = (I_2 + I_3) = I_4$

・電圧

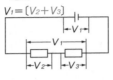

$V_1 = (V_2 + V_3)$

$V_1 = (V_2 = V_3)$

▶オームの法則

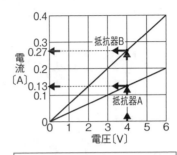

・抵抗器A…電流が流れ〔にくい〕。
・抵抗器B…電流が流れ〔やすい〕。

ファイナル チェック

☐❶電流が流れる道すじを何というか。		回路(電気回路)
☐❷電流計で大きさが予想できない電流をはかるとき，−端子は50mA，500mA，5Aのどの端子を用いるか。		5A
☐❸枝分かれしないでつながっている回路を何というか。		直列回路
☐❹途中で枝分かれしてつながっている回路を何というか。		並列回路
☐❺回路を流れる電流の大きさがどこも同じなのは，直列回路か，並列回路か。		直列回路
☐❻各豆電球にかかる電圧の大きさが等しいのは，直列回路か，並列回路か。		並列回路
☐❼金属線に流れる電流の大きさは，金属線にかかる電圧の大きさに比例するという関係を何というか。		オームの法則
☐❽抵抗器に8Vの電圧をかけると2Aの電流が流れた。この抵抗器の抵抗は何Ωか。		4Ω
☐❾金属など，電流が流れやすい物質を何というか。		導体
☐❿電流と電圧の積で，Wという単位で表すものは何か。		電力
☐⓫電熱線で発生する熱量を大きくするには，電流を流す時間をどのようにすればよいか。		長くする。
☐⓬Jという単位で表す電力量は，電力と何の積か。		時間

2−3 電流とそのはたらき
第2章 電流と磁界

図で チェック

▶電流と磁界

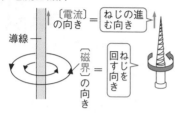

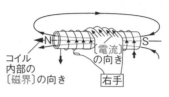

電流の向きに合わせて右手でコイルをにぎる。

▶電磁誘導

ファイナル チェック

☐❶磁石による力を何というか。　　　　　　　　　　　　　磁力

☐❷磁力がはたらいている空間には，何があるか。　　　　　磁界

☐❸磁界の向きをなめらかに結んだ曲線を何というか。　　　磁力線

☐❹磁力線の矢印の向きは，N極からS極か，S極からN極　N極からS極
か。

☐❺磁力が強いのは，磁力線の間隔がせまいところか，広い　せまいところ
ところか。

☐❻磁界の中で導線に電流を流したとき，電流が受ける力の　電流の向き
向きは，磁界の向きと何の向きによって決まるか。

☐❼❻で磁界の向きを逆にすると，電流が受ける力の向きは　逆になる。
どのようになるか。

☐❽コイルの中の磁界が変化したときに，電圧が生じてコイ　電磁誘導
ルに電流が流れる現象を何というか。

☐❾電磁誘導によって流れる電流を何というか。　　　　　　誘導電流

☐❿コイルの同じ部分にN極を近づけたときとS極を遠ざけ　同じ
たときで，誘導電流の向きは同じか，逆か。

☐⓫向きが周期的に変わる電流を何というか。　　　　　　　交流

☐⓬向きが常に一定である電流を何というか。　　　　　　　直流

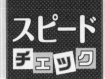

2 − 3　電流とそのはたらき

第３章　電流の正体

図でチェック

▶静電気

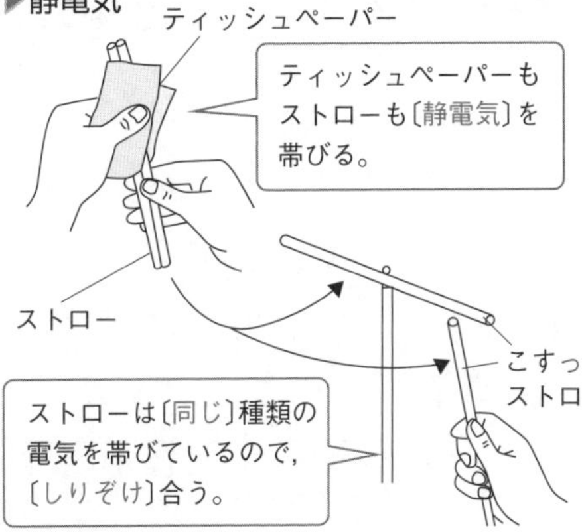
ティッシュペーパー
ティッシュペーパーもストローも〔静電気〕を帯びる。
ストロー
こすったストロー
ストローは〔同じ〕種類の電気を帯びているので，〔しりぞけ〕合う。

▶電子線

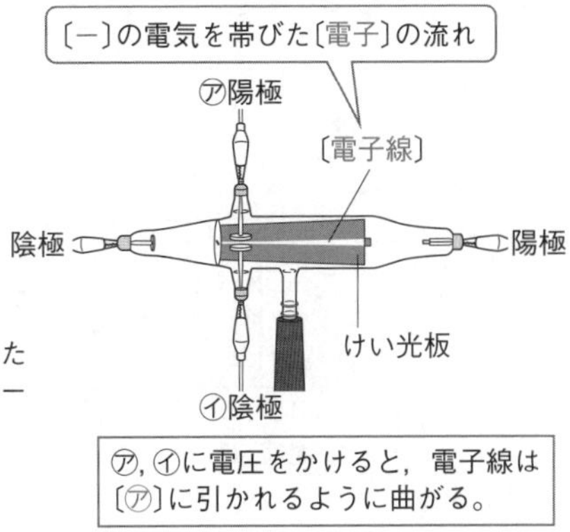
〔−〕の電気を帯びた〔電子〕の流れ
㋐陽極
〔電子線〕
陰極
陽極
けい光板
㋑陰極
㋐, ㋑に電圧をかけると，電子線は〔㋐〕に引かれるように曲がる。

ファイナルチェック

☐❶ ２種類の物体どうしをこすり合わせたときに発生し，このとき物体が帯びる電気を何というか。	静電気
☐❷物質がもっている−の電気を帯びた粒子を何というか。	電子
☐❸電流が流れているとき，電子の移動する向きは＋極から−極か，−極から＋極か。	−極から＋極
☐❹電流の向きと電子が移動する向きは同じか，逆か。	逆
☐❺＋の電気を帯びた物体は，＋と−のどちらの電気を帯びた物体と引き合うか。	−の電気
☐❻電流が空間を流れたり，たまっていた電気が流れ出したりする現象を何というか。	放電
☐❼けい光灯の内部のように，気体の圧力を非常に低くした空間を電流が流れる現象を何というか。	真空放電
☐❽クルックス管の電極に電圧をかけると明るいすじとして現れる，陰極から陽極への電子の流れを何というか。	電子線
☐❾原子よりも小さな粒子の流れや光の一種である，電子線やエックス線などを何というか。	放射線
☐❿放射線を出す能力を何というか。	放射能
☐⓫放射線を出す物質を何というか。	放射性物質

スピード チェック

2−4 天気とその変化
第1章　大気の性質と雲のでき方

図で チェック

▶飽和水蒸気量

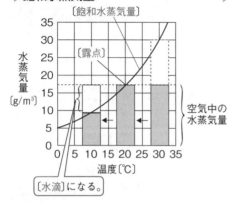

▶雲のでき方

ピストンを引くとフラスコ内の空気が〔膨張〕する。

↓

フラスコ内の温度が下がり〔露点〕に達し，〔水滴〕ができる。

ファイナル チェック

- □❶雲量が7のときの天気は何か。 **晴れ**
- □❷風向は，風がふいてくる方向か，風がふいていく方向か。 **ふいてくる方向**
- □❸地球をとりまく大気の層を何というか。 **大気圏**
- □❹大気が面を押す作用を何というか。 **大気圧（気圧）**
- □❺空気を冷やしていったとき，水蒸気の凝結が始まるときの温度をその空気の何というか。 **露点**
- □❻1 m³の空気が水蒸気で飽和しているときの水蒸気量のことを何というか。 **飽和水蒸気量**
- □❼飽和水蒸気量は，温度が下がるとどのように変化するか。 **小さくなる。**
- □❽ある温度の空気にふくまれる実際の水蒸気量が，飽和水蒸気量の何%になるかを表した値を何というか。 **湿度**
- □❾フラスコ内をぬらし，線香の煙を入れてフラスコ内の空気を膨張させると，フラスコ内はどのようになるか。 **水滴ができる。（くもる。）**
- □❿❾のとき，フラスコ内の温度は上がるか，下がるか。 **下がる。**
- □⓫空気のかたまりが上昇し，膨張して温度が下がり，空気の中の水蒸気が水滴や氷の粒に変わると何ができるか。 **雲**
- □⓬雲ができやすいのは，上昇気流と下降気流のどちらがあるところか。 **上昇気流**

2−4　天気とその変化

第2章　天気の変化(1)

図で チェック

▶晴れの日の気温と湿度

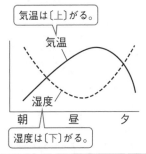

気温は〔上〕がる。

気温

湿度

朝　　昼　　夕

湿度は〔下〕がる。

晴れの日では，気温の変化と
湿度の変化が〔逆〕になっている。

▶高気圧・低気圧

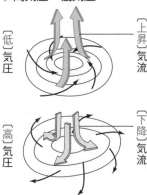

〔低〕気圧

〔上昇〕気流

〔高〕気圧

〔下降〕気流

ファイナル チェック

☐❶晴れの日と雨の日で，1日の気温の変化が大きいのはどちらか。 / 晴れの日

☐❷晴れの日，昼過ぎごろにかけて気温が上がると湿度はどうなるか。 / 下がる。

☐❸気圧の同じ地点をなめらかにつないだ曲線を何というか。 / 等圧線

☐❹等圧線は，何 hPa ごとに太くするか。 / 20hPa

☐❺等圧線が丸く閉じていて，中心の気圧がまわりよりも高いところを何というか。 / 高気圧

☐❻等圧線が丸く閉じていて，中心の気圧がまわりよりも低いところを何というか。 / 低気圧

☐❼風は，気圧の高い方，低い方のどちらからどちらに向かってふくか。 / 高い方から低い方。

☐❽強い風がふいているのは，等圧線の間隔がせまいところか，広いところか。 / せまいところ

☐❾北半球で，風が反時計回りに外側からうずを巻くように中心へとふきこんでいるのは，高気圧，低気圧のどちらか。 / 低気圧

☐❿上昇気流が生じるのは，高気圧，低気圧のどちらの中心付近か。 / 低気圧

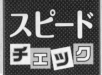

2−4　天気とその変化
第2章　天気の変化(2)
第3章　日本の天気

図で チェック

▶前線

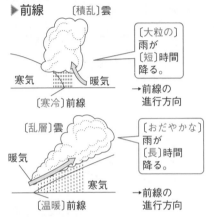

〔積乱〕雲

〔大粒の〕雨が〔短〕時間降る。

寒気　暖気

〔寒冷〕前線

→前線の進行方向

〔乱層〕雲

〔おだやかな〕雨が〔長〕時間降る。

暖気

寒気

〔温暖〕前線

→前線の進行方向

▶日本周辺の高気圧

〔シベリア〕高気圧〔冬〕に発達

〔オホーツク海〕高気圧　初夏などに発達

〔太平洋〕高気圧〔夏〕に発達

ファイナル チェック

☐❶温度や湿度が一様になった，大規模な空気のかたまりを何というか。　気団

☐❷寒気が暖気側に進んでいく前線を何というか。　寒冷前線

☐❸暖気が寒気側に進んでいく前線を何というか。　温暖前線

☐❹ほぼ同じ勢力の寒気と暖気がぶつかるときにできる前線を何というか。　停滞前線

☐❺寒冷前線が温暖前線に追いついて重なってできる前線を何というか。　閉塞前線

☐❻積乱雲が発達して，短時間に大粒の雨が降る前線は，寒冷前線か，温暖前線か。　寒冷前線

☐❼長時間，おだやかな雨が降り，前線通過後に気温が上がるのは，寒冷前線か，温暖前線か。　温暖前線

☐❽日本付近の上空にふく，西よりの風を何というか。　偏西風

☐❾冬に日本の北西の大陸上で発達する高気圧を何というか。　シベリア高気圧

☐❿夏に日本の南の海上で発達する高気圧を何というか。　太平洋高気圧

☐⓫冬に日本付近でよく見られる気圧配置を何型というか。　西高東低型

☐⓬梅雨前線は，寒冷前線，温暖前線，停滞前線，閉塞前線のうちどれか。　停滞前線